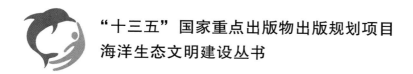

“十三五”国家重点出版物出版规划项目

海洋生态文明建设丛书

渤海海洋资源开发和环境问题研究

王　倩　李亚宁　主编

U0195105

海洋出版社

2018年·北京

图书在版编目（CIP）数据

渤海海洋资源开发和环境问题研究/王倩，李亚宁主编．—北京：海洋出版社，2017.10
ISBN 978-7-5027-9959-5

Ⅰ．①渤…　　Ⅱ．①王…②李…　　Ⅲ．①渤海–海洋资源–资源开发–研究②渤海–海洋环境
–研究　　Ⅳ．①P74②X145

中国版本图书馆 CIP 数据核字（2017）第 259740 号

责任编辑：白　燕　林峰竹
责任印制：赵麟苏

海洋出版社　出版发行

http://www.oceanpress.com.cn
北京市海淀区大慧寺路 8 号　邮编：100081
北京朝阳印刷厂有限责任公司印刷　新华书店总经销
2018 年 5 月第 1 版　2018 年 5 月第 1 次印刷
开本：889 mm×1194 mm　1/16　印张：15.75
字数：365 千字　定价：99.00 元
发行部：62132549　邮购部：68038093　总编室：62114335
海洋版图书印、装错误可随时退换

前　言

　　渤海是我国唯一的半封闭型内海，被辽东半岛、山东半岛和华北平原"C"字形所环抱。环渤海经济圈处于东北亚经济区的中心地带，是我国北部的黄金海岸，在我国对外开放的沿海发展战略中占重要地位。

　　渤海上承黄河、海河和辽河3大流域，下接黄海、东海生态系，是世界上典型的半封闭海之一，也是我国诸多海域中生态环境最为脆弱的海域，其海水交换能力很差，近年来由于入海污染物大幅度增加，渤海环境质量急剧恶化。渤海岸线长3 000 km余，海域面积77 284 km^2，占全国海域面积的2.6%，分别有黄河、海河、辽河等40条大小河流入海，周边地区海洋资源丰富。渤海开发始于明代，随着人们对海洋认知的变化和技术的进步，环渤海地区开发程度日益加强，水产、港口、原油、海盐、滨海景观等海洋资源得到大规模开发，社会经济水平不断增长，环渤海地区成为我国海洋经济发展的重点功能区。特别是进入21世纪，环渤海地区区域经济和海洋经济均呈现出快速增长的发展态势，环渤海地区以其独特的区位条件和政策优势，成为继"珠三角"、"长三角"之后的第三个经济高速发展区域，具有巨大的发展潜力。2014年，国家提出"京津冀一体化"方案，要通过坚持优势互补、互利共赢、扎实推进，加强环渤海及京津冀地区经济协作，实现京津冀协同发展。这项重大国家战略的提出，更加夯实了环渤海地区作为经济发展核心的区域定位。长期以来，以环渤海区域作为对象的研究，往往只针对经济发展、生态环境、战略管理等某一个方面，缺少全面、综合、系统的分析，不利于统筹协调区域健康、可持续发展。

　　本书是在中国海洋研究中心2012年重大项目"渤海海洋资源开发和环境问题研究"成果的基础上编写的。本书客观评价了环渤海区域海洋资源时空变化趋势与开发利用状况，系统论述了区域海洋生态环境现状水平，全面分析了地区海洋经济发展趋势和发展潜力，同时，就渤海海洋经济、海洋资源开发、海洋环境保护等方面提出了可持续发展建议，为提升环渤海地区海洋产业结构等级，增强海洋经济影响力，保障海洋资源开发利用的可持续性，改善海洋生态环境质量和海洋生态系统健康程度提供参考。

　　全书共分为四部分。第一部分环渤海海洋资源与开发状况及分析，重点从海洋资源现状、海域功能分布、海域使用现状、典型海域用海现状和重点用海类型分析等方面，阐述环渤海海洋资源现状及开发利用情况。第二部分渤海海洋生态环境现状及分析，重点介绍渤海海洋生态环境现状、海洋生态环境演变特征与演变趋势、主要资源开发活动与海洋环境质量的关系。第三部分环渤海地区经济发展状况及分析，重点总结环渤海地区区域经济和海洋经济发展现状，分析发展形势并预测发展前景。第四部分渤海海洋资源开发和生态环境保护政策建议，借鉴国内外同类型海湾管理经验，探索打破现有海洋资源开发和环境保护管理格局的途径。

本书由王倩副研究员组织并参与全书各章节的内容编写与统稿。第一部分主要编写人为李亚宁、王倩，第二部分主要编写人为曾容、向先全、曲艳敏，第三部分主要编写人为朱凌、周怡圃、郑莉，第四部分主要编写人为谭论、曾容、朱凌。魏秀兰、白蕾、姚荔参与了有关章节的专题研究。国家海洋信息中心胡恩和研究员对本书编写给予了多方面的指导，提出了建设性的建议；崔晓健研究员、曹英志副研究员等在本书编写过程中给予了大力支持。本书编写过程中还得到诸多领导和专家的大力支持与无私帮助，在此一并感谢！

由于时间、条件和水平所限，加之学科跨度大，书中不当和错误之处在所难免，敬请批评指正。

目　　录

1 环渤海海洋资源与开发状况及分析

渤海是中国唯一的半封闭内海，为辽东半岛、华北平原和山东半岛所环抱，仅由南北宽约 57 n mile 的渤海海峡与黄海相通，岸线长 3 784 km，海域面积 77 284 km²，占全国海域 2.6%，平均水深 18 m，分别有黄河、海河、辽河等 40 条大小河流入海。① 近年来，渤海周边地区以其丰富的海洋资源，成为我国海洋经济发展的重点功能区。水产、港口、原油、海盐、滨海景观等海洋资源得到大规模开发。但长期以来追求经济增长的传统发展模式也造成对"高碳"特征突出的"发展排放"路径的依赖，资源高消耗和粗放增长造成的海洋经济发展与生态环境之间的不协调，已经成为制约环渤海海洋经济可持续发展的重要因素。②

本章重点从海洋资源现状、海域功能分布、海域使用现状、典型海域用海现状和重点用海类型分析 5 个方面，介绍环渤海海洋资源现状及开发利用情况。

1.1 环渤海海洋资源现状分析

海洋资源指的是与海水水体及海底、海面本身有着直接关系的物质和能量，是自然资源分类之一。海洋资源包括海水中生存的生物，溶解于海水中的化学元素，海水波浪、潮汐及海流所产生的能量、储存的热量，滨海、大陆架及深海海底所蕴藏的矿产资源，以及海水所形成的压力差、浓度差等。广义的海洋资源还包括海洋提供给人们生产、生活和娱乐的一切空间和设施。

在这里，我们主要围绕岸线资源、海岛资源、滨海湿地资源、港口资源、海洋矿产资源、滨海旅游资源等方面展开分析。

1.1.1 岸线资源

海岸线是指大潮平均高潮时水陆分界的痕迹线（国家技术监督局，1995，1998，2000；国家测绘局，1994）。我国的海岸线类型丰富，主要分为自然岸线、人工岸线和河口岸线 3 种类型；在自然岸线中，根据物质组成分为基岩岸线、砂砾质岸线、淤泥质岸线等类型。

1.1.1.1 海岸线概况

根据近年沿海各省（区、市）海岸线修测专项调查成果，我国大陆海岸线长约

---

① 宋南奇，王诺，魏了，等．基于系统动力学方法的渤海海洋资源可持续利用状态研究［J］．海洋湖沼通报，2013，（4）：154-162.

② 王树文．发展海洋低碳经济：基于海洋资源与环境保护的战略选择［N］．科学时报，2009，11（03）．

19 057 km。其中，自然岸线长度累计约 7 274 km，占总长度的 38.17%；人工岸线累计长度约 11 619 km，占总长度的 60.97%；河口岸线累计长度约 164 km，占总长度的 0.86%。

1）辽宁省

辽宁省海岸线自然类型由基岩岸、淤泥岸和砂砾岸 3 种类型组成（表 1-1，图 1-1）。其中，基岩海岸线长 452.02 km，占大陆岸线的 21.42%，分布在辽东半岛南段的东西两侧，大连湾、大窑湾、小窑湾、黄咀子湾、龙王塘湾、双岛湾等是典型的基岩港湾海岸。淤泥岸线长 964.50 km，占大陆岸线的 45.71%，主要分布在东港—庄河岸段和辽东湾顶部，平原淤泥岸以鸭绿江、大洋河、辽河、双台子河、大凌河等河口处最为典型，岬湾淤泥岸在海洋红、青堆子、庄河口、皮口、石河、复州湾、兴城曹庄等最为发育。砂砾岸线长 693.62 km，占大陆岸线的 32.87%，岬湾砂砾岸在杏树屯、黄龙尾、金州湾、太平湾、孙家湾（锦州）、炳家湾（兴城）等地较发育，其滨岸堆积体以弧形单一斜坡海滩占优；岸堤砂砾岸以熊岳、绥中两地最为典型，规模较大，分布连片，绥中六股河西岸最多分布 6 条岸堤。

表 1-1　辽宁省海岸类型及大陆海岸线长度统计　　　　　　　　　　　（单位：km）

海岸类型		分布	岸线长度	占大陆岸线比例（%）	人工岸线长度	人工岸线占总岸线比例（%）
基岩港湾岸		金州城山头—老铁山—甘井子黄龙尾	452.02	21.42	233.26	51.60
淤泥岸	平原淤泥岸	鸭绿江口—大洋河口	90.60	15.50	90.60	100.00
		盖州西崴子—锦州市小凌河口	236.03		233.52	98.94
	岬湾淤泥岸	大洋河口—金州老鹰咀	412.98	30.20	333.15	80.67
		石河北海—瓦房店仙浴湾	224.89		218.65	97.23
砂砾岸	岬湾砂砾岸	金州老鹰咀—金州城山头	44.45	23.70	36.67	82.50
		甘井子黄龙尾—石河北海	143.79		114.31	79.50
		瓦房店仙浴湾—瓦房店太平湾	109.05		64.99	59.60
		小凌河口—兴城—六股河	202.78		133.30	65.74
	岸堤砂砾岸	瓦房店太平湾—盖州西崴子	88.58	9.20	50.49	57.00
		六股河—山海关	104.99		65.79	62.66

辽宁省自然岸线长 535.40 km，占全省大陆海岸线的 25.37%，人工海岸长 1 574.74 km，占全省大陆海岸线的 74.63%（图 1-2）。淤泥岸线因为历史上已大部分开辟为围海养殖和盐田，人工岸线占较大比例，主要分布于东港、庄河、普兰店、瓦房店市南部岸段、营口市、盘锦市、锦州市。砂砾岸线中的人工岸线比例接近于 70%，主要是近年来围海养殖的增长，致使岸线人工化进程加快。基岩海岸人工岸线比例接近 50%，主要

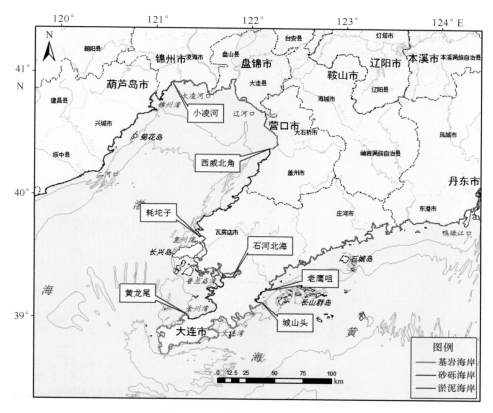

图 1-1 辽宁省海岸线类型分布

的人工化岸段是港口、工业区、城市岸段等，主要分布于大连湾、大窑湾、小窑湾等岸段。自然岸线主要为基岩陡崖岸段和部分砂砾岸段，主要分布在大连市南部海域、瓦房店市北部海域、葫芦岛兴城和绥中海域。

辽宁省的河口岸线累计长度为 54.60 km（约占全省大陆岸线总长度的 2.59%），主要分布在盘锦市和葫芦岛市，两个市的河口岸线累计长度为 40.90 km，占全省河口岸线总长度的 74.91%。

辽宁省沿海各市海岸线长度及其类型如下。

（1）丹东市

丹东市大陆岸线长 125.41 km，均为粉砂淤泥岸线，占全省大陆岸线的 5.94%，占全省淤泥岸线的 13.00%。

（2）大连市

大连市大陆岸线长 1 371.34 km，占全省大陆岸线的 64.99%。其中，基岩岸线长 452.02 km，全省的基岩海岸大多数集中在此；砂砾岸线长 316.26 km，占全省砂砾海岸的 45.6%；淤泥岸线长 603.06 km，占全省淤泥岸线的 62.53%。

（3）营口市

营口市大陆岸线长 121.4 km，占全省大陆岸线的 5.75%。其中，砂砾岸线长 69.6 km，占全省砂砾岸线的 10.03%；淤泥岸线长 51.81 km，占全省淤泥岸线的 5.37%。

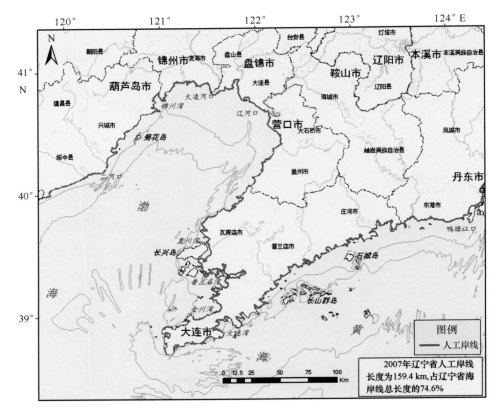

图 1-2　辽宁省人工岸线分布

（4）盘锦市

盘锦市大陆岸线长 107.36 km，且均为淤泥海岸，占全省大陆岸线的 5.09%，占全省淤泥岸线的 11.13%。

（5）锦州市

锦州市大陆岸线长 123.95 km，占全省大陆岸线的 5.87%。其中，砂砾岸线长 47.09 km，占全省砂砾岸线的 6.79%；淤泥岸线长 76.86 km，占全省淤泥岸线的 7.97%。

（6）葫芦岛市

葫芦岛市大陆岸线长 260.67 km，均为砂砾海岸，占全省砂砾岸线的 37.58%。

2）河北省

河北省大陆海岸线东起辽冀海岸分界线，南至大口河的冀鲁海域分界线（中间隔天津市），长 485 km（表 1-2）。其中，秦皇岛市和唐山市位于天津市以北，岸线长度合计约 393 km，约占全省大陆岸线总长度的 80.93%；沧州市位于天津市之南，岸线长度为 92 km，约占全省大陆岸线总长度的 19.07%。

表 1-2　河北省沿海地市大陆海岸线长度统计

地市名称	秦皇岛市	唐山市	沧州市	全省合计
岸线长度（km）	163	230	92	485
占全省比例（%）	33.55	47.38	19.07	

河北省大陆海岸线类型以人工岸线为主，全省人工岸线累计长度为 393.5 km，约占全省大陆岸线总长度的 81.15%。沿海各地市的人工岸线占辖区内大陆岸线总长度的59.60%~94.76%，唐山市人工岸线所占比例最高。

河北省基岩岸线长 33.59 km，占全省大陆岸线总长度的 6.93%，占自然岸线总长度的38.67%，基岩岸线仅分布在秦皇岛市区。砂砾岸线累计长度为 39 km，占全省大陆岸线总长度的 8.04%，占自然岸线的 44.85%，主要分布于秦皇岛市（占全省砂砾岸线总长度的79.49%）。沧州市无砂砾岸线分布。淤泥岸线累计长度为 14.3 km，占全省大陆岸线总长度的 2.95%，占自然岸线的 16.48%。唐山市西部岸段和沧州市均属于淤泥海岸，因多修筑防潮堤坝成为人工岸线；秦皇岛市无粉砂淤泥岸线分布。河口岸线累计长度约 4.5 km，约占全省大陆岸线总长度的 0.93%。

3）天津市

天津市海岸线南北两端均与河北省接壤，长度为 153 km。天津市海岸均属淤泥类型，主要分为缓慢淤积型海岸、相对稳定型海岸和冲刷型海岸 3 种类型。缓慢淤积型海岸主要分布在南堡—大神堂、蓟运河口—新港北、海河闸下及两侧滩面、独流减河—后唐堡等岸段。相对稳定型海岸主要分布在海河口以南—独流减河岸段。冲刷型海岸主要分布在蛏头沽—大神堂岸段。天津市海岸特点是岸线平直，地貌类型比较单一，潮滩宽广平坦，因开发建设，均为人工堤坝或为码头，海岸线类型均为人工岸线。

4）山东省

山东省大陆海岸线北起冀鲁分界的漳卫新河口，南至鲁苏分界的绣针河口，长度为3 345 km（表 1-3）。

表 1-3　山东省沿海地市大陆海岸线长度统计

地市名称	滨州	东营	潍坊	烟台	威海	青岛	日照
岸线长度（km）	88	413	149	765	978	785	167
占全省比例（%）	2.63	12.35	4.44	22.87	29.24	23.46	5.00

山东海岸线中，人工岸线累计长度为 1 278.3 km，约占大陆海岸线总长度的 38.22%；河口岸线累计长度为 25.3 km，约占大陆海岸线总长度的 0.76%；自然岸线累计长度为

2 053 km，约占大陆海岸线总长度的 62.02%。

全省的自然岸线中，基岩海岸线累计长度为 887.7 km，约占全省大陆海岸线总长度的 26.54%、占自然岸线的 43.49%；砂砾海岸线累计长度为 754.8 km，约占全省大陆海岸线总长度的 22.57%、占自然岸线的 36.98%；淤泥岸线累计长度为 398.6 km，约占全省大陆岸线总长度的 11.92%、占自然岸线的 19.53%，主要是因为莱州虎头崖以西的淤泥海岸普遍修筑了防潮堤坝成为人工岸线。

滨州、东营、潍坊 3 个市没有砂砾海岸线和基岩岸线，大部分为人工岸线。其中，滨州市人工岸线长约 72 km，约占全市岸线总长度的 81.8%；东营市人工岸线长约 264 km，约占全市岸线总长度的 63.9%；潍坊市人工岸线长约 143 km，约占全市岸线总长度的 96%。

砂砾岸线长度以烟台市最长，威海市次之，日照市最短。基岩岸线长度，则以威海市最长，青岛市次之，日照市的基岩岸线最短。

烟台市海岸，因莱州虎头崖以西的淤泥海岸修筑堤坝成为人工岸线，使淤泥岸线所占比例很低，占全市岸线总长度不足 1%。砂砾岸线约占全市岸线总长度的 44.3%；基岩岸线约占全市岸线总长度的 24.6%；全市约有 30.3% 为人工岸线。

威海市海岸为典型的基岩港湾海岸，入海河流都为山溪性季节河流，海湾相对较开敞，淤泥海岸不发育，该类岸线占全市岸线总长度不足 1%；砂砾岸线占全市岸线总长度约为 25.9%；基岩岸线占全市岸线总长度约为 43.9%；全市约有 29.8% 为人工岸线。

青岛市海岸，因胶州湾、丁字湾等半封闭性海湾内发育了淤泥质潮滩，淤泥岸线相对较长，约占全市岸线总长度的 23.2%；砂砾岸线占全市岸线总长度约为 23.2%；基岩岸线占全市岸线总长度约为 33.6%；全市约有 28% 为人工岸线。

日照市海岸，淤泥岸线约占全市岸线总长度的 25.1%，主要分布于涛雒潟湖；砂砾岸线占全市岸线总长度约为 28.7%；基岩岸线占全市岸线总长度约为 4.2%；全市约有 41.9% 为人工岸线。

1.1.1.2 岸线开发利用情况

1）辽宁省

至 2007 年，辽宁省未利用岸线 317.7 km，已利用岸线中，渔业养殖岸线 832.57 km，盐业利用岸线 355.25 km，港口利用岸线 223.5 km，工业利用岸线 191.24 km，旅游利用岸线 189.88 km，分布情况如图 1-3 至图 1-8 所示。辽宁省沿海各市的海岸线利用情况详见表 1-4。

表1-4　辽宁省大陆海岸线利用情况　　　　　（单位：km）

	港口利用	工业利用	养殖业利用	旅游利用	盐业利用	自然岸线
辽宁省	223.5	191.24	832.57	189.88	355.25	317.7
大连市	135.23	101.66	486.22	139.88	305.78	202.56
丹东市	8.5	14.17	98.18	4.55	—	—
营口市	31.43	56.13	12.82	10.3	—	12.15
锦州市	19.4	—	61.41	5.21	26.73	11.2
盘锦市	1.69	—	67.03	—	—	37.21
葫芦岛市	27.25	19.28	106.9	29.93	22.74	54.57

"—"表示无该项统计数据。

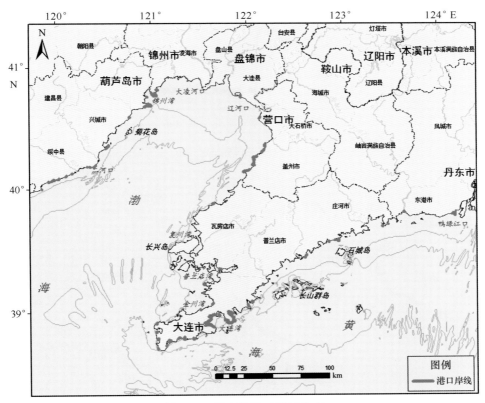

图1-3　辽宁省港口岸线分布

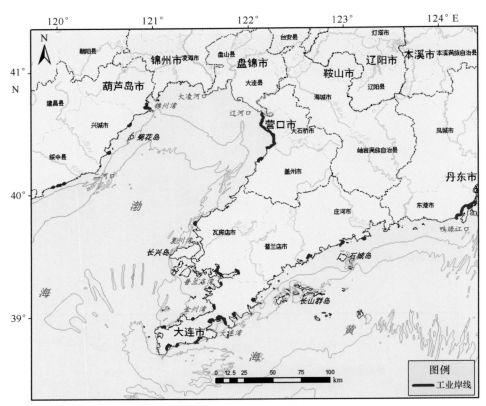

图1-4　辽宁省工业岸线分布

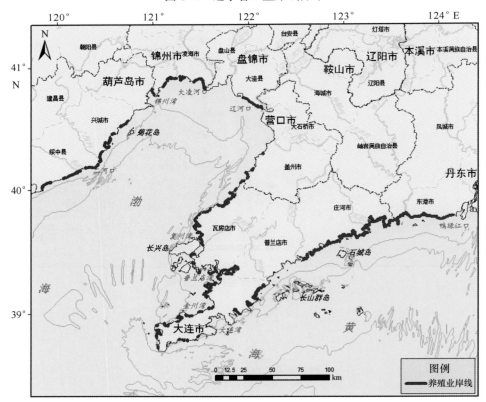

图1-5　辽宁省养殖业岸线分布

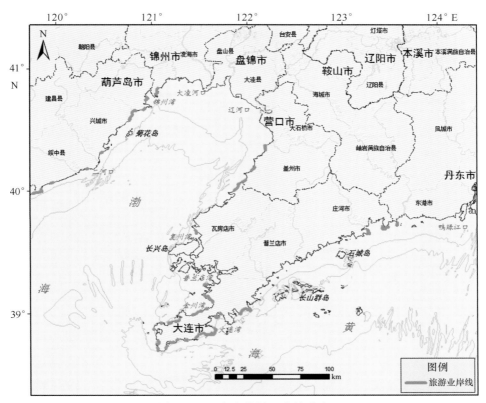

图1-6　辽宁省旅游业岸线分布

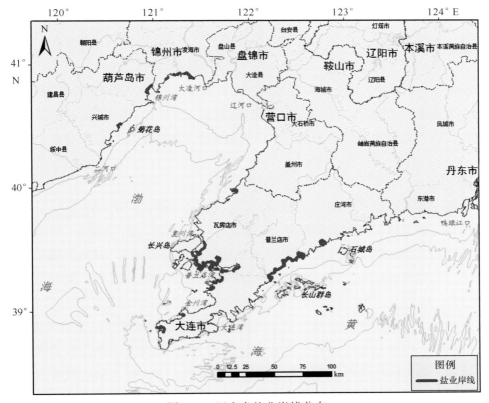

图1-7　辽宁省盐业岸线分布

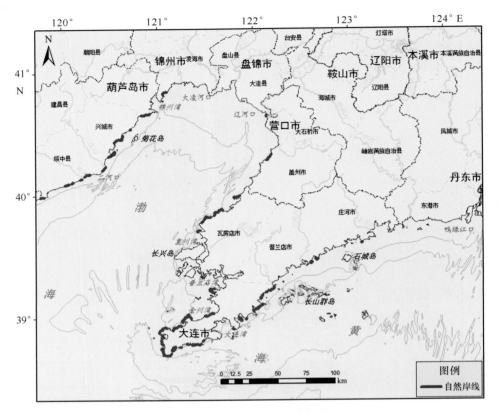

图 1-8　辽宁省自然岸线分布

2）河北省

20世纪50—60年代，河北省岸线基本处于自然发展状态，向海缓慢淤进。从70年代开始，各种人类开发活动涌现，岸线出现轻微侵蚀；80年代后，侵蚀状况明显加剧，北部陆向侵蚀距离、面积不断增加，南部在养殖池塘建设影响下岸线向海推进，并逐渐趋于稳定。

（1）基岩海岸

主要分布于戴河口以北，至河北省与辽宁省交界处张庄，区域构造上位于中生代燕山褶皱带的山海关隆起区，被基岩岬角分为东湾、中湾、西湾。20世纪80年代后，港口改扩建工程修建的丁坝、护堤、突堤等海岸构筑物，又将该段海岸分隔为数段人工岬角港湾，受海上人工建筑的影响，周边海岸呈现出不同的冲淤状态。

① 东湾

1956—1979年，人为干扰较小，主要受石河、沙河、新开河等径流输沙以及沿岸流、波浪携沙的影响，山海关船厂西堤—老龙头东北角、煤二期突堤码头—人工填筑地、新开河口西防波堤—南山突堤式码头岸段均表现为向海淤积，以山海关船厂西堤—老龙头东北角岸段淤积速率最大，新开河口西防波堤—南山突堤式码头岸段淤积速率最小，淤积速率呈现出由东北向西南逐渐递减的趋势，主要受该时段秦皇岛港甲、乙码头、油码头、山海关船厂的初期工程阻挡了 NE—SW 向沿岸泥沙流的作用所致。

1979—2007 年，人为干扰逐渐增强，秦皇岛港口码头、突堤及山海关船厂突堤、防波堤的建设，截断了沿岸泥沙流，表现为码头、突堤东侧淤积，西侧侵蚀。山海关船厂西堤—老龙头东北角、煤二期突堤码头—人工填筑地、新开河口西防波堤—南山突堤式码头岸段蚀退速率表现为先增加后减小，以新开河口西防波堤—南山突堤式码头岸段蚀退速率最大。

② 中湾

中湾与东湾衔接角度较大，为 60°~80°，岸线主要受汤河、赤土河径流输沙的补给，并为 S、E 常浪向以及 NNE、ENE 强浪向所侵蚀。

1956—1979 年，水上运动中心防波堤西侧—新澳海底世界、新澳海底世界—归堤寨、归堤寨—鸽子窝岸段受秦皇岛港初期码头建设的影响，表现为略有侵蚀，其中水上运动中心防波堤西侧—新澳海底世界岸段蚀退较为严重。

1979—2007 年，秦皇岛港煤码头四期工程、丙丁码头及热电贮灰场等改扩建工程形成突堤，截断了沿岸泥沙流，导致新澳海底世界—归堤寨岸段蚀退速率最快；水上运动中心防波堤西侧—新澳海底世界岸段受水上运动中心防波堤形成的波影区的影响，蚀退速率降低；归堤寨—鸽子窝岸段受赤土河泥沙的补给和人工改添潟湖的影响，蚀退速率较小。

③ 西湾

西湾境内无河流入海，上接低山丘陵，无向陆发育空间，在波浪、潮流等海洋动力的影响下，不断受到侵蚀。

1956—1979 年，金山咀—老虎石、栈桥西—戴河口岸段侵蚀速率较小；老虎石—栈桥西岸段略有淤积。

1979—2007 年，侵蚀状况较东湾、中湾相对严重，在无河流输沙补给的情况下，主要受沿岸流及波浪侵蚀的影响，以金山咀—老虎石岸段的蚀退速率最快。

④ 石河口—沙河口岸段

岸线的蚀淤主要受石河、沙河径流输沙，沿岸流携沙及波浪侵蚀的影响。岸滩由多条砾石堤构成，砾石堤的抗冲刷性能较好，为石河、沙河冲洪积平原的天然护岸堤。1956—2007 年历经 51 年，向陆蚀退的平均距离为 31.26 m，蚀退的平均速率为 0.63 m/a。

1979—1993 年，受秦皇岛港热电贮灰场等改扩建工程形成岬角阻挡了沿岸泥沙流的影响，蚀退的速率降低。1993—2007 年，蚀退平均速率先增大后减小。

（2）砂质海岸

① 戴河口—塔子沟岸段

本岸段为典型的沙丘海岸，岸线较为平直，开敞式岸滩，其中，大蒲河口以北为台地开敞式岸滩，大蒲河口以南为沙丘开敞式岸滩。开敞式岸滩后方陆地与前方海域砂质沉积物丰富，岸滩的沙源补给充分，但由于戴河、洋河、大蒲河为山溪性河流，入海泥沙量较低，受 E、ENE 向强浪向冲击和不饱和沿岸流的影响，沿岸净输沙量明显大于上游岸段来沙量，沙丘海岸表现为侵蚀。

② 塔子沟—浪窝口岸段

由于 20 世纪 80 年代以来，滦河三角洲冲积扇受人类控制，在海挡外不断修建养殖池塘，岸线逐年向海推进，同时，受上游水利工程建设影响，滦河径流输沙量骤减，三角洲外侧发育的滨外沙坝不断后退，潟湖面积逐年缩小。1979—1993 年岸线向海推进面积为 4.08×10^7 m²；1993—2007 年，受三角洲开发殆尽和沙坝侵蚀后退的影响，岸线向海推进面积减小，为 1.30×10^7 m²，高潮滩基本被人工改造为养殖池塘，如图 1-9 所示。

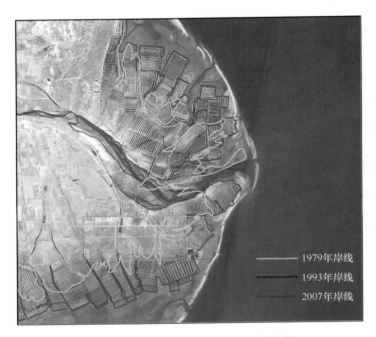

图 1-9　1979—2007 年滦河口岸线变化

③ 浪窝口—大清河口岸段

自 20 世纪 80 年代修建海挡以来，由于盐田、虾池在海挡外不断扩建，海岸线不断向海推进，岸线的演变已经完全被人工控制。滨外沙坝受人工直接影响较小，沙坝海侧基线变化是岸线自然演变下的响应。

蛇岗沙坝 1956 年为一个整体，1979 年分为两段，北段略有侵蚀，向陆移动，南段表现为向海侧移动且有向南移的趋势，1956—1979 年沙坝整体略有淤积，海侧边线向海淤积 100 m，淤积的平均速率为 4.35 m/a。1993 年沙坝整体表现为向陆蚀退，1979—1993 年海侧边线陆向蚀退平均距离为 250 m，蚀退的平均速率为 17.86 m/a。1993—2007 年沙坝海侧边线平均陆向蚀退 120 m，蚀退平均速率为 8.57 m/a，北段沙坝宽度变窄。1979—2007 年蛇岗沙坝海侧边线整体陆向移动平均距离为 370 m，蚀退平均速率为 13.21 m/a。

打网岗沙坝 1956—1979 年受滦河及附近河流物源补给充足，不断向海淤积，沙坝海侧边线淤积的平均距离为 700 m，向海淤积的平均速率为 30.43 m/a；1979 年后受滦河泥沙骤减的影响，1993 年表现为整体向陆蚀退，1979—1993 年沙坝海侧边线蚀退平均距离为 340 m，蚀退平均速率为 24.29 m/a；2007 年沙坝南段向海侧推进，北段向陆侧蚀退，沙坝整体略呈逆时针旋转，1993—2007 年沙坝海侧边线平均陆向蚀退 164 m，年均蚀退变化率为 11.71 m/a。

3）天津市

目前，天津市大陆岸线与 1983 年海岸带和海涂资源综合调查时的天津市海岸线相比增加了 2.266 km，尽管大陆岸线增加的绝对长度不大，但岸线走向和利用情况却发生了很大变化（图 1-10）。

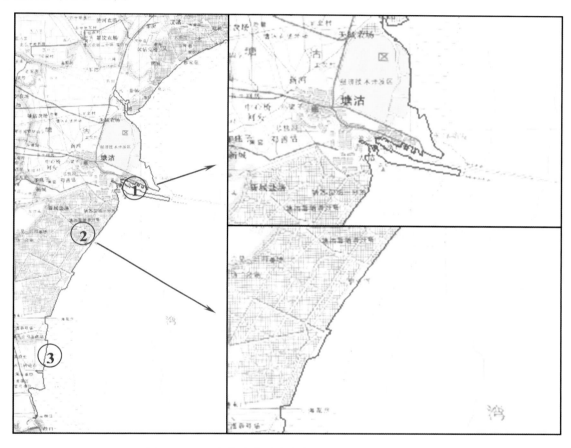

图 1-10 天津市海岸线变化情况（与 1983 年比较）

与 1983 年天津市海岸带和海涂资源综合调查时的海岸线状况相比，汉沽的海岸线基本没有变化。海岸线变化最大的岸段是天津港岸段，经过 20 多年天津港对北疆东突堤和南疆码头港池等工程项目的开发建设，天津港海岸线从 1983 年的 24.57 km 增加到现在的 38.83 km，岸线长度增加了 14.26 km，增幅达 58%。南疆码头以南至独流减河岸段海岸线变化也比较大，这主要是因为在修建人工海挡和海防路时，将原来较曲折的海岸"裁弯取直"所致。据测算，该段海岸约有 4.5 km 的岸线被"裁弯取直"，加之海滨浴场等旅游设施的兴建，造成岸线形态发生了较大变动。同样，大港的岸线变化也比较大，其主要原因是近 20 年来大港开展的大规模围海养殖活动，使海岸线向海推进了约 2 km，围垦潮间带面积达 2.34 km²；再加上大港油田在该岸段进行大规模的石油勘探开采，从而使海岸线发生了较大变化。

（1）已利用海岸线

天津市已利用的海岸线主要用海类型有港口、海水养殖、旅游娱乐、填海、工矿等（表1-5）。目前，天津市各类用海项目共占用海岸线 54 912.96 m，其中，港口用海占用 27 968.34 m，养殖用海占用 13 819.08 m，旅游用海占用 4 998.14 m，工业用海占用 4 489.91 m，其他用海占用 3 637.49 m。

表 1-5 天津市已利用海岸线情况

序号	用海项目名称	占用海岸线长度（m）	所属地区	用海类型
1	天津港港池	23 393.53	塘沽	港口用海
2	南疆一期和下游吹泥场	3 322.19	塘沽	港口用海
3	南疆二期围埝	1 252.62	塘沽	港口用海
4	**港口用海合计**	**27 968.34**		
5	洒金坨村东养虾池	2 333.00	汉沽	海水养殖
6	洒金坨村西养虾池	1 245.45	汉沽	海水养殖
7	营城镇大神堂村虾塘	1 006.75	汉沽	海水养殖
8	张洪义虾池 1-2	375.95	大港	海水养殖
9	康金山虾池	213.18	大港	海水养殖
10	程汝峰虾池	1 096.84	大港	海水养殖
11	杨军虾池	988.17	大港	海水养殖
12	水产增殖站	1 124.00	大港	海水养殖
13	马棚口二村虾池 1	1 052.26	大港	海水养殖
14	马棚口二村虾池 2	2 683.16	大港	海水养殖
15	马棚口一村虾池	1 700.32	大港	海水养殖
16	**养殖用海合计**	**13 819.08**		
17	国际游乐港	2 364.19	汉沽	旅游用海
18	海滨浴场	2 633.95	塘沽	旅游用海
19	**旅游用海合计**	**4 998.14**		
20	临港工业	2 981.70	塘沽	工业、填海
21	大港油田第一作业区导堤	1 508.21	大港	工矿用海
22	**工业用海合计**	**4 489.91**		
23	大港电厂泵站取水口	—	大港	其他用海

序号	用海项目名称	占用海岸线长度（m）	所属地区	用海类型
24	大港电厂引水渠	302.00	大港	其他用海
25	独流减排泥场等	903.99	大港	其他用海
26	海河口	2 431.50	塘沽	其他用海
27	**其他用海合计**	**3 637.49**		
28	总　计	54 912.96		

"—"表示项目不占用岸线。

（2）申请用海项目海岸线利用

天津市申请用海项目的用海类型主要有港口、填海和工矿用海等。目前，申请用海项目共3个，预计占用海岸线15 874.76 m（表1-6）。

表1-6　天津市申请用海项目海岸线利用情况

序号	用海项目名称	占用海岸线长度（m）	所属地区	用海类型
1	东疆港区	12 226.24	塘沽	港口区
2	南疆南围埝工程	3 648.52	塘沽	填海
3	临港工业	—	塘沽	填海
4	合计	15 874.76		

"—"表示项目不占用岸线。

（3）规划用海项目海岸线利用

天津市规划用海项目用海类型以海水养殖、旅游娱乐、填海、工矿用海等为主，规划项目预计占用海岸线长30 km余，其中规划填海11.42 km，规划渔业用海9.12 km，规划旅游用海10.30 km，规划其他用海1.53 km（表1-7）。

表1-7　天津市规划用海项目海岸线利用情况

序号	用海项目名称	占用海岸线长度（km）	所属地区	用海类型
1	临港产业	4.44	塘沽	填海
2	临港工业	6.98	塘沽	填海
3	**规划填海合计**	**11.42**		
4	洒金坨养殖区规划	4.78	汉沽	渔业用海
5	中心渔港	2.01	汉沽	渔业用海
6	中心渔港航道	—	汉沽	渔业用海

序号	用海项目名称	占用海岸线长度（km）	所属地区	用海类型
7	马棚口一村虾池	2.33	大港	渔业用海
8	**规划渔业用海合计**	**9.12**		
9	东方游艇会	1.99	汉沽	旅游娱乐
10	驴驹河生活旅游区规划	8.31	塘沽	旅游娱乐
11	**规划旅游用海合计**	**10.30**		
12	北疆电厂引水渠	0.28	汉沽	其他用海
13	永定新河口排泥场	1.25	塘沽	其他用海
14	**规划其他用海合计**	**1.53**		
15	总　计	32.37/20.46*		

32.37/20.46 km*，前者是规划项目占用海岸线的全部长度，其中包含实际利用的海岸线长度11.90 km；后者是规划项目占用海岸线的实际长度。

"—"表示项目不占用岸线。

（4）泄洪区占用海岸线

天津市泄洪区主要包括永定新河泄洪区、海河泄洪区、独流减河泄洪区、子牙新河泄洪区，各泄洪区占用海岸线情况如表1-8所示。泄洪区占用海岸线不能再被其他用海项目所利用，与其他用海项目具有功能排斥性。

表1-8　天津市泄洪区占用海岸线情况

序号	用海项目名称	占用海岸线长度（m）	所属地区	用海类型
1	永定新河泄洪区	16 962.46	塘沽	泄洪区
2	海河泄洪区	4 207.07	塘沽	泄洪区
3	独流减河泄洪区	1 002.21	大港	泄洪区
4	子牙新河泄洪区	7 393.68	大港	泄洪区
5	合　计	29 565.42		

从以上统计数据可以看出，天津市已利用海岸线占天津市海岸线总长的35.7%，申请用海项目海岸线占10.4%，规划用海项目海岸线占13.3%，泄洪区海岸线占19.3%，以上合计占天津市海岸线的78.7%。

4）山东省

对比20世纪80年代滩涂调查的海岸线与本次海岸线修测成果，初步得到山东省海岸线在近20年的变迁状况（图1-11）。可以看出，海岸线变迁剧烈的区域主要位于黄河三角洲、莱州湾南岸以及胶州湾、五垒岛湾、丁字湾等海湾处，这可能与上述区域三角洲演变及大规模盐田、养殖建设与废弃有关。由于 20 年时间较短，山东省北部、东部的基岩岸线相对稳定，但是在龙口湾、芝罘湾、胶州湾西侧等局部区域其海岸线仍然发生了较大的变化。虽然图 1-11 中没有明显看出山东省砂砾海岸线变化，但根据夏东兴等研究，该类海岸线在近 20 年也出现了大规模的侵蚀后退。

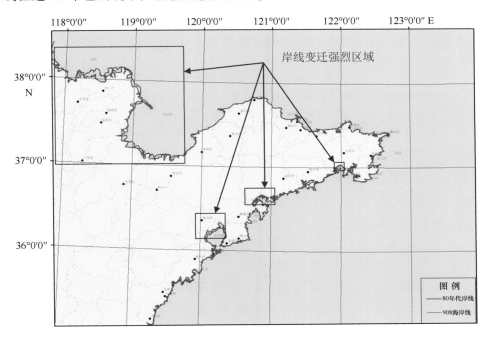

图 1-11　山东省近 20 年海岸线变迁

根据"908 岸线修测"的结果，山东省大陆岸线长 3 345 km，与 1986 年山东省大陆岸线的调查结果 3 024 km 相比，增加了 321 km。

通过表 1-9 可知，山东省重点海湾 2009 年岸线长度为 1 135.06 km，较之《中国海湾志》中的数据 833.18 km，增加了 301.88 km。

表 1-9　山东省重点海湾岸线长度　　　　　　　　　　　　　　　（单位：km）

年代	莱州湾	龙口湾	套子湾	芝罘湾	威海湾	朝阳港	马山湾	桑沟湾	石岛湾	北湾	胶州湾	琅琊台湾	万平口潟湖
2009 年数据	516.78	45.98	55.01	29.21	32.95	26.86	9.25	90.4	24.08	69.16	206.46	19.4	9.52
海湾志数据	319.06	24.5	44.22	21.14	29	19.6	10.11	74.4	33.1	64.59	187	6.46	—

"—"代表没有该数据。

山东海湾岸线的变化原因是多样的，其中最重要的原因之一就是人类在海湾内的开发利用活动改变了海湾岸线的自然形态，导致海湾内自然岸线消失，人工岸线增多。

根据《我国近海海洋综合调查与评价专项海域使用现状调查技术规程》，山东省海岸线利用状况主要包括渔业岸线、交通运输岸线、工矿岸线、旅游娱乐岸线、海底工程岸线、排污倾倒岸线、围海造地岸线、特殊岸线及其他岸线利用。岸线利用长度分别为916.914 km、223.7 km、73.4 km、147.2 km、0.15 km、0.94 km、11.3 km、200.43 km和0.46 km，山东省岸线利用总长度为 1 584.544 km，占山东省大陆岸线总长度（3 345 km）的47.37%。其中，渔业岸线最长，岸线占用率为27.411%；交通运输岸线和特殊岸线分列第二、第三位，岸线占用率分别为6.988%和5.922%。表1-10 中所列为山东省海岸线利用状况，各沿海市的岸线利用特点不同。

表1-10　山东省海岸线利用状况　　　　　　　　（单位：km）

岸线类型	青岛市	东营市	烟台市	潍坊市	威海市	日照市	滨州市	合计	岸线占用率（%）
渔业岸线	212.57	30.43	300	87.494	251.1	29.58	5.74	916.914	27.411
交通运输岸线	19.88	14.71	100	0.531	86.6	12.03	0	233.75	6.988
工矿岸线	7.61	0.15	10	8.049	46.3	1.29	0	73.4	2.194
旅游娱乐岸线	4.52	0	100	0	39.5	3.18	0	147.2	4.401
海底工程岸线	0.15	0	0	0	0	0	0	0.15	0.004
排污倾倒岸线	0	0	0	0	0.5	0.44	0	0.94	0.028
围海造地岸线	6.85	0	0	0	2	2.45	0	11.3	0.338
特殊岸线	0.52	191.57	0	0	0	2.41	5.93	200.43	5.992
其他岸线	0.46	0	0	0	0	0	0	0.46	0.014
合计	252.56	236.86	510	96.074	426	51.38	11.67	1 584.544	47.371
各地市岸线利用率（%）	32.17	57.35	66.67	64.48	43.56	30.77	13.26		

1.1.2　海岛资源

海岛按空间大小分为面积在 500 m² 以上和面积在 500 m² 以下，按照类型分类可划分为基岩岛、泥沙岛、珊瑚岛和人工岛4类。

1）辽宁省

辽宁省海岛呈弧形分布在黄海北部及辽东湾东、西两侧的浅海内陆架上，是我国北方主要海岛分布区。其分布的地理坐标为 119°53′50″—123°59′22″E，38°34′19″—40°52′32″N，东西横跨约 340 km，南北纵跨约 250 km。最东边的海岛为东港市近岸海域的东老母猪礁，地理坐标为 123°53′21.96″E，39°47′00.86″N；最西边的海岛为绥中县的孟姜女坟岛（即碣石），地理坐标为 119°53′50.48″E，39°59′36.00″N；最南边的海岛为遇岩，地理坐标为

121°38′21.59″E，38°34′18.80″N；最北端的海岛为锦州的小石山礁，地理坐标为121°07′17.22″E，40°52′31.95″N，也是我国纬度最高的海岛。

辽东湾海岛数量少，共计119个，占海岛总数的29.97%，分布零散；北黄海海岛数量多，共计283个，占海岛总数的70.07%，分布较密集，与ES、NE向主体构造方向一致，近岸海岛岩性亦与大陆岩性相同。有居民岛主要分布于黄海北部海区（主要是长山群岛），辽东湾东南部近岸海区及辽东湾西部海区。

如表1-11所示，辽宁省大部分海岛位于距大陆10 km之内的近岸海域，占全省海岛总数的63.3%。离大陆最远的海岛为长海县的南坨子岛，距大陆约67 km；距大陆最近的海岛为东港市大孤坨子，不足10 m。距大陆海岸1 km以下的海岛共有124个，占全省海岛总数的30.4%；距大陆海岸1~5 km的海岛共有85个，占21.4%；距大陆海岸5~10 km的海岛共有46个，占11.5%；距大陆超过10 km的海岛共有147个，占36.7%。

表1-11　辽宁省海岛分布特征

距大陆距离	<1 km	1~5 km	5~10 km	10~50 km	>50 km
海岛数（个）	124	85	46	133	14
占总数百分比（%）	30.4	21.4	11.5	33.2	3.5

辽宁沿海各市海岛数量分布很不均匀，大连市海域分布的海岛最多，共有346个，占总数的86.0%；营口市、盘锦市海域没有海岛（表1-12）。

表1-12　辽宁省沿海各地市海域海岛数量 （单位：个）

地市名称	本次调查海岛数量			HY/T 119—2008			备注
	总数	有居民岛	无居民岛	总数	有居民岛	无居民岛	
丹东市	34	3	31	18	2	16	含丹坨子
大连市	346	39	307	231	28	203	不含丹坨子
营口市	0	0	0	0	0	0	
盘锦市	0	0	0	0	0	0	
锦州市	3	0	3	2	0	2	
葫芦岛市	19	1	18	14	1	13	
合计	402	43	359	265	31	234	

2）河北省

河北省有海岛97个（含人工岛5个），集中分布于滦河口和曹妃甸海域。陆域面积70.10 km²，岸线长232.76 km。依据《我国近海海洋综合调查与评价专项——海岛界定技术规程（试行本）》，河北省海岛成因类型分为基岩岛、堆积岛和人工岛 3 类。

（1）基岩岛

共 11 个，面积 0.49 hm²，岸线长 0.86 km，分布于秦皇岛海域基岩岬角附近。

（2）堆积岛

共 81 个，面积 6 961.34 hm²，岸线长 231.93 km。按成因、地貌形态、物质组成及结构构造等续分为离岸沙坝岛、河口沙坝岛、蚀余岛、贝壳沙坝岛 4 种类型。

① 离岸沙坝岛

共 32 个，面积 6 413.98 hm²，岸线长 156.09 km，是河北省海域分布最普遍、最典型的海岛，分布于现代滦河三角洲外缘和古滦河三角洲外围。主要包括蛇岗诸岛（L-22~L-26）、滦河口外诸岛（L-27~L-34）、打网岗（C-01）、东坑坨（C-16~C-20）、曹妃甸（C-36~C-40）等岛屿。岛体一般呈长条形，两端因受潮水冲刷，向内陆弯曲。物质组成以中细砂、细砂为主，分选极好，沙坝向海坡的坡度较陡，向陆一侧，坡度平缓，离岸沙坝露出水面经风吹扬发育小型风成沙堆，局部发育有风成沙坡，偶见有零星沙生植物生长。由于规模小，物质组成松散，几乎无植被覆盖，岛体极不稳定。

现代滦河三角洲外围的离岸沙坝岛环绕三角洲分布，因距岸较近，内侧潟湖滩高水浅，是潜在的围海造陆区域。古滦河三角洲外围的离岸沙坝岛（以曹妃甸岛为代表），邻近深槽，是较理想的海岛深水港址。

② 河口沙坝岛

共 25 个，面积 142.28 hm²，岸线长 40.59 km。主要分布于滦河口及主要汊道，由河流注入海洋的泥沙受到海水波浪作用以及河口改道而形成，物质组成以中细砂、细砂为主，石英、长石含量较高，并有较多的具滦河代表性的颗粒"珠状砂"。河口沙坝岛除局部生有盐生植物外，大部分无植被覆盖，属于不稳定沙岛，在自然状态下多为海鸟栖息地。

③ 蚀余岛

共 11 个，面积 385.12 hm²，岸线长 23.90 km。分布在大清河口外，为古滦河三角洲在滦河改道后，经海水侵蚀及再堆积改造而成的蚀余岛。包括石臼坨、月坨（C-04~C-09）、腰坨（C-12~C-13）、西坨（C-14~C-15）诸岛。潮间带主要以淤泥滩为主，岛屿向海侧受海水冲刷，出露灰黄—灰黑色紧实亚砂土亚黏土，有机质含量较高，具铁质锈斑，含有大量"珠状砂"，为古三角洲相沉积层。表层主要由中细砂、细砂组成，发育风成沙丘、丘间洼地、古潟湖洼地、洼地、潟湖、平地、沼泽等地貌形态。岛屿向海坡坡度较大，组成物质较粗；向陆侧坡度平缓，组成物质较细。岛体相对较大，有植被生长，较为稳定。

蚀余岛自然景观海岛特色鲜明、植被类型多样，并栖息有以鸟类为代表的多种野生动物，极具自然保护和生态旅游价值。

④ 贝壳沙坝岛

共 13 个，面积 19.96 hm²，岸线长 11.35 km。分布于大清河口右岸，以蛤坨（C-21~C-27）、腰坨（C-30~C-35）最为典型。蛤坨（C-21~C-27）是目前保存较为完好的贝壳沙坝岛，它由两列沙堤组成，并在东北端汇合，在沙坝中发育横向沙嘴，使沙堤中间形成半封闭式潟湖，潟湖洼地中局部有积水，有少量盐生植物着生。向海侧地势较高，向陆逐渐降低。其内侧的潟湖沉积物平均粒径 4.8Φ~7.7Φ，分选极差，地势较高处生有少量沙引草、沙钻苔草、盐地碱蓬等植物。

贝壳沙坝岛是海陆变迁的重要物证，具有很高的学术价值。

（3）人工岛

共 5 个，面积 48.63 hm²，岸线长 15.56 km。分别为抚宁县南戴河黄金海岸的仙螺岛、冀东油田一号、张巨河人工岛、庄海 2×1 人工岛、埕海一号人工井场 5 个人工型海岛。均由围填海形成，主体利用方向为旅游、石油开采、港口和工业区建设。

3）天津市

天津拥有唯一一个面积大于 500 m² 的海岛——三河岛，位于永定新河河口。三河岛包括陆地和潮间带两部分，总面积 53 600 m²，属于"沙泥质滩涂型"的"裸滩地"亚类。三河岛潮滩的形成，经历了由侵蚀为主到淤积为主的变化过程。1975 年后，随着上游河道的淤积，淤积末端逐年向河口推进，纳潮量减小，河口潮水由冲刷转为淤积。至 1994 年，河道沙泥累计淤积量达 4 213×10⁴ m³，淤积末端距三河岛不足 4 km（即屈家店闸下 58 km 处）。三河岛所在河段、北塘水道和毗邻的渤海湾西北部，长期为潮流控制，沉积过程以淤积为主，是岛周边形成淤泥质潮滩湿地的原因。

三河岛陆地几乎全被天然灌草丛型植被覆盖，主要包括芦苇、碱蓬、狗尾草、白刺、白羊草、獐毛、白茅、猪毛蒿、鹅绒藤等。植被对保护三河岛地表免受雨水冲蚀，稳定岸坡，保持水分，起了重要作用。近年来，岛东侧潮滩开始出现簇生大米草，是蛏头沽—青坨子之间人工固淤试验场的大米草逐渐扩散的结果。

4）山东省

山东省现有海岛 456 个，其中面积在 500 m² 及以上的海岛有 320 个，面积在 500 m² 以下的海岛 136 个。20 世纪 90 年代初海岛调查确定的面积在 500 m² 及以上的海岛有 326 个，目前尚存 269 个，减少了 57 个，近年综合调查新增面积在 500 m² 及以上的海岛 51 个。

（1）面积在 500 m² 及以上的海岛

现有面积在 500 m² 及以上的海岛中，淤积型砂质岛 66 个，基岩岛 254 个。岛陆岸线长度为 554.24 km，总面积为 110.96 km²。山东省共有常住居民岛 34 个，常驻居民总人口为 55 070 人。

滨州海域海岛位于山东省北部、渤海湾南侧、海图零米等深线以浅海域（37°58′40″—38°15′51″N，117°51′40″—118°24′29″E）。现存 47 个砂质岛，海岛陆域总面积 5.62 km²，岸线总长 72.11 km。

东营海域海岛位于现代黄河三角洲东部及北部、海图零米等深线以浅海域（37°37′15″—38°13′06″N，118°37′50″—119°20′14″E）。共有 4 个海岛，海岛陆域总面积 9.07 km²，岸线总长 24.37 km。

潍坊海域海岛主要位于小清河及潍河口附近、海图零米等深线以浅海域（37°02′15″—37°20′35″N，118°50′46″—119°28′45″E）。共有 10 个海岛，海岛陆域总面积 0.50 km²，岸线总长 6.58 km。

烟台海域海岛包括烟台西北部（长岛县、龙口市、莱州市）和烟台东南部（芝罘区、牟平区、海阳县、莱阳市）海岛。其中烟台西北部海岛分布在 37°18′46″—38°23′24″N，119°48′54″—120°56′06″E 范围内，具有岛链和团组分布的特点。烟台东南部海岛分布在 36°15′57″—37°38′03″N，120°48′33″—121°38′53″E 范围内，亦有明显的团组状分布特点。共有 77 个海岛，海岛陆域总面积为 67.86 km²，面积最大的为南长山岛（13.2 km²），岸线总长 242.03 km。

威海海域海岛位于山东半岛东部，36°41′00″—37°34′20″N，121°28′43″—122°42′18″E 范围内。共有 98 个海岛，陆域总面积为 13.20 km²，面积最大为镆铘岛（4.6 km²），岸线总长 102.78 km。

青岛海域海岛位于山东半岛南部，均为基岩岛，沿青岛市海岸线沿岸展布，距陆较近，分布范围为 35°35′30″—36°29′19″N，119°43′58″—121°00′33″E。共有 73 个海岛，陆域总面积为 14.31 km²，岸线总长 97.54 km。

日照海域海岛位于山东省西南部，均为基岩岛，分布在海州湾内，分布范围为 34°59′06″—35°28′14″N，119°33′49″—119°54′37″E。共有 11 个海岛，陆域总面积 0.40 km²，岸线总长度 8.83 km。多数海岛距大陆较远，其中达山岛最远，距离陆地最近点为 47.83 km。

（2）面积在 500 m² 以下的海岛

根据近年海洋综合调查结果，山东省现有面积在 500 m² 以下的海岛 136 个，全部为基岩岛。

1.1.3 滨海湿地*

1）辽宁省

辽宁省海岛滨海湿地总面积 322.094 km²。其中，人工湿地 148.466 km²，自然湿地 173.628 km²。自然湿地，包括岩石性海岸湿地、砂质海岸湿地、淤泥质海岸湿地和滨岸沼泽，面积分别为 31.264 km²、71.296 km²、71.044 km² 和 0.024 km²。丹东市海岛全部为濒岸海岛，开发利用程度高，以粉砂淤泥质海岸湿地和养殖池塘人工湿地为主，两者面

---

* 此处滨海湿地的统计资料仅限海岛滨海湿地。

积分别为 48.875 km² 和 30.707 km²。大连沿海各市县，大岛和远岸小岛滨海湿地以岩石性海岸湿地和砂质海岸湿地为主，两者面积分别为22.029 km² 和 21.004 km²；濒岸海岛滨海湿地以人工湿地和砂质海岸湿地为主，人工湿地包括养殖池塘和盐田，两者面积分别达到 74.346 km² 和 36.396 km²，砂质海岸湿地为 49.568 km²。锦州市海岛仅有砂质海岸湿地 0.281 km²。葫芦岛市主要滨海湿地类型为淤泥质海岸湿地和岩石性海岸湿地，两者面积分别为 5.582 km² 和 2.077 km²。

2）河北省

河北省海岛共有各类滨海湿地 72.068 km²。其中，滨岸沼泽湿地 0.164 km²，占滨海湿地总面积的 0.22%；粉砂淤泥质海岸湿地 70.351 km²，占滨海湿地总面积的 97.62%；人工湿地 1.553 km²，占湿地总面积的 2.16%。在地域分布上，石臼坨滨海湿地 17.173 km²，占滨海湿地总面积的 23.83%；月坨岛滨海湿地 17.430 km²，占滨海湿地总面积的 24.19%；曹妃甸滨海湿地 37.465 km²，占滨海湿地总面积的 51.99%。

3）山东省

山东省海岛滨海湿地面积总计 220.083 km²。其中，岩石性海岸面积 17.664 km²，砂质海岸面积 5.227 km²，粉砂淤泥质海岸面积 134.862 km²，养殖池塘面积 14.041 km²，盐田面积 48.157 km²。在地域分布上，滨州市海岛滨海湿地总面积为 150.254 km²，其中，粉砂淤泥质海岸 101.979 km²，占 67.87%；盐田 48.157 km²，占 32.05%；水库 0.118 km²，占 0.08%。东营市海岛滨海湿地总面积为 20.756 km²，全为粉砂淤泥质海岸。潍坊市海岛滨海湿地总面积为 1.279 km²，全为粉砂淤泥质海岸。长岛县海岛滨海湿地总面积为 5.772 km²，其中，岩石性海岸 3.455 km²，占 59.86%；砂质海岸 1.809 km²，占 31.34%；水库 0.014 km²，占 0.24%；养殖池塘 0.494 km²，占 8.56%。烟台市海岛滨海湿地总面积为 18.198 km²，其中，岩石性海岸 2.610 km²，占 14.34%；砂质海岸 1.599 km²，占 8.79%；粉砂淤泥质海岸 7.314 km²，占 40.19%；养殖池塘 6.675 km²，占 36.68%。威海市海岛滨海湿地总面积为 17.389 km²，其中，岩石性海岸 7.095 km²，占 40.80%；砂质海岸 0.533 km²，占 3.07%；粉砂淤泥质海岸 3.534 km²，占 20.32%；养殖池塘 6.227 km²，占 35.81%。青岛市海岛滨海湿地总面积为 5.793 km²，其中砂质海岸面积 0.857 km²，岩石性海岸 4.291 km²，养殖池塘 0.645 km²。日照市海岛滨海湿地总面积为 0.642 km²，其中，岩石性海岸 0.213 km²，占 33.18%；砂质海岸 0.429 km²，占 66.82%。

1.1.4 港口资源

1.1.4.1 港口资源类型

1）辽宁省

辽宁省宜港岸线约 1 000 km，深水岸线主要分布在辽东半岛南部城山头至黄龙尾、西中岛至长兴岛西侧、瓦房店市红沿河至将军石等岸段，中水岸线主要分在辽东半岛南部、营口仙人岛、葫芦岛港至兴城、天龙寺至大赵屯等岸段（图1-12）。

辽宁省现有丹东港、大连港、营口港、盘锦港、锦州港、葫芦岛港及若干大小渔港等。大连港和营口港为国家主要港口，丹东港和锦州港为区域性重要港口，盘锦港和葫芦岛港等为一般性港口。到2004年年底，全省沿海港口共有287个泊位，其中万吨级以上深水泊位101个，码头岸线总长41 187 m，通过能力2.2×10^8 t，总吞吐量24 957.4×10^4 t（表1-13和表1-14）。另外，营口仙人岛港区于2005年开始奠基修建，目前已建成30万吨级原油泊位1个，2010年，长兴岛港区建设完成公共港区和STX港区，已建成万吨级以上泊位13个。

表1-13　2004年辽宁省沿海港口码头泊位情况

港口名称	生产性泊码头			综合通过能力			
	码头长度（m）	泊位个数（个）	万吨级（个）	货物（×10^4 t）	集装箱（×10^4 TEU）	旅客（万人次）	汽车（万辆）
合计	41 187	287	101	21 923	287	1 245	150
大连港	27 079	196	59	14 499	216	1 150	126
丹东港	2 173	14	7	1 116	18	60	5
锦州港	2 641	12	10	1 285	15	—	—
营口港	7 762	53	22	4 508	58	—	—
盘锦港	379	4	—	70	—	—	—
葫芦岛港	1 151	8	3	455	—	—	—

"—"代表没有该项数据或数据为0。

表1-14　2004年辽宁省沿海港口吞吐量

港口名称	总吞吐量（×10^4 t）	外贸吞吐量（×10^4 t）	集装箱（×10^4 TEU）	滚装（万辆）	旅客（万人次）
合计	24 957.4	7 740.5	298.8	78.6	641.7
大连港	14 516.2	4 921.5	221.1	76.9	614.7
丹东港	1 073.7	289.0	9.0	—	22.9
营口港	5 977.7	1 983.7	58.3	1.8	4.1
盘锦港	50.0	2.5	—	—	—
锦州港	2 455.2	443.7	10.3	—	—
葫芦岛港	884.5	—	—	—	—

资料来源：辽宁省近海海洋综合调查与评价专项成果数据。

"—"代表没有该项数据或数据为0。

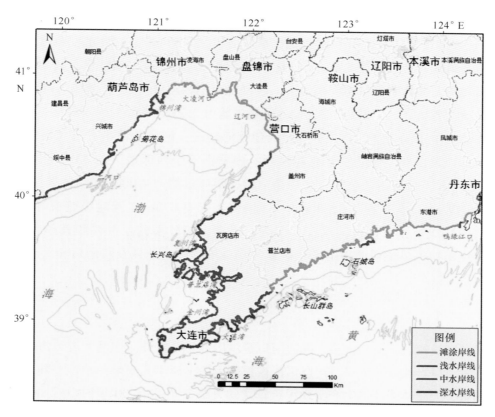

图 1-12　辽宁省各类水深岸线分布

2) 河北省

曹妃甸港：全称唐山港曹妃甸港区，主要运营矿石码头，拥有 2 座 25 万吨级矿石泊位，码头前沿不需要挖泥自然水深就达 -25 m，可以停靠 25 万吨级的远洋巨轮，是整个环渤海 1 000 km 余海岸线少有的天然深水港址。5 万~10 万吨级散杂货码头，设计年吞吐量 350×10^4 t，堆场面积 26×10^4 m²。首钢搬迁曹妃甸后，依托曹妃甸这个深水良港，25 万吨级矿石巨轮可自由出入，不用卸载，矿石可通过传送带直接炼铁，每吨钢的成本下降了 200 元。矿石码头的建设每年可为国家节省运输费用 5 亿~10 亿元，对充分利用国外资源，促进我国钢铁工业的发展，具有非常重要的现实意义和长远的发展意义。

京唐港区：地处京津唐一级经济区网络之中，环渤海经济圈的中心地带，国家重点开放开发地区。其地理位置正是沟通华北、东北和西北地区的最近出海口，背靠北京、天津、唐山、承德、张家口等 20 座工业城市，占据华北与东北的交通咽喉地带，上能同京九、京沪、京广交通大动脉相连，下能同京哈、京承、京包欧亚大通道相联结。腹地广阔，货源充足，交通便捷。直接经济腹地唐山是中国重要的能源、原材料基地和多种农副产品富集地区，已形成煤炭、钢铁、电力、建材、机械、化工、陶瓷、纺织、造纸、食品十大支柱产业，又是沟通东北及华北的商品集散地和运输要道，每年有大量的内外运货物。间接经济腹地可覆盖河北、北京、山西、宁夏、内蒙古和陕西等地。

秦皇岛港：是以能源运输为主的综合性国际贸易口岸，世界上最大的煤炭输出港和散货港。港口地处渤海北岸，河北省东北部，自然条件优良，港阔水深，不冻不淤，共有12.2 km码头岸线，陆域面积11.3 km²，水域面积226.9 km²，分为东、西两大港区。东港区以能源运输为主，拥有世界一流的现代化煤码头；西港区以集装箱、散杂货进出口为主，拥有装备先进的杂货和集装箱码头。港口现有生产泊位45个，其中万吨级以上泊位42个，最大可接卸15万吨级船舶，设计年通过能力2.23×10⁸ t。

黄骅港：位于渤海湾的穹顶，北接天津滨海新区，南接黄河生态三角洲，可覆盖河北省中南部以及鲁北、豫北、晋北和陕西、内蒙古等中西部地区的33个设区市。港口拥有8个10万吨级通用散杂货、多用途泊位，年通过能力4 000×10⁴ t。堆场面积200×10⁴~300×10⁴ m²，堆存能力1 500×10⁴ t。同时，配有一条10万吨级航道等配套设施。港口能够承运铁矿石、钢材、煤炭、化肥、粮食、盐、水泥、石料和其他件杂货等货物，为货主用户提供优质高效的码头装卸、场地堆存、仓储以及与港口相配套的贸易和物流服务。

3）天津市

天津海岸线较短，河口密集，除海河口泄洪区禁止开发外，作为主要入海河口的永定新河口、海河口、独流减河口，均已形成规模较大的隶属于天津港的港区。随着天津经济的快速发展，天津港的港口生产实现了跨越式的升级。20世纪90年代中后期，天津港以每年1 000×10⁴ t的增长速度进入了快速发展期，2001年，天津港吞吐量首次超过亿吨，成为我国北方的第一个亿吨大港。此后，又以每年3 000×10⁴ t的增长速度高速发展，2005年港口吞吐量达到2.4×10⁸ t，集装箱吞吐量480×10⁴ TEU；2010年吞吐量达到4.0×10⁸ t，集装箱吞吐量达到1 000×10⁴ TEU，天津港已经形成了以集装箱、原油及制品、矿石、煤炭为"四大支柱"，以钢材、粮食等为"一群重点"的货源结构，并形成以北疆港区、南疆港区为主，海河港区为辅，临港经济区、东疆港区和南港工业区齐步发展，北塘港区为补充的发展格局。

4）山东省

山东具有不同类型的海岸，港口资源丰富，自然环境优良，是长江口以北具有深水大港预选港址最多的岸段之一。可建深水泊位的港址有51处，其中10万~20万吨级港址有23处，5万吨级港址14处，1万吨级港址14处。具有众多适合建港的天然海湾，如胶州湾、龙口湾、芝罘湾、威海湾、石岛湾、古镇口等都具有建港的优良条件。岠嵎角、龙洞嘴、羊角湾、八角、鱼鸣嘴、朝阳嘴、石臼嘴、岚山头等，由于岬角深入大海深水处，适合建造抗风浪强的大吨位的深水泊位码头。此外，在河口处可建中小型港，如建在徒骇河上的东风港、小清河口上的羊口港等。航道和锚地是港口体系的重要组成部分。虎头崖以东港口航道主要利用天然深水区，适当开挖海底沉积物开通深水航道。基岩海岸港口的航道明显比河口港的航道短，航道水深大，可以接纳的船舶吨位也大，吞吐能力高。天然航道有老铁山水道、大钦水道、砣矶水道、登州水道、成山水道、斋堂水道、灵山水道等。锚地是船舶或船队用以待泊作业的水域，以胶州湾锚地的自然条件最为优越。

1.1.4.2　港口资源分布与评价

随着环渤海地区经济的兴起，对环渤海地区港口资源的开发利用也逐渐加快了步伐。经过 10 余年的建设，港口基础设施有了明显的改善，基本形成了由主枢纽港为骨干、区域性中型港口为辅助、小型港为补充的层次分明的港口布局体系。有学者也指出"环渤海区域港口的竞争主要体现在三个层次：不同港口群之间的竞争；同一港口群不同港口之间的竞争；同一港口内不同企业之间的竞争。"随着天津滨海新区及振兴东北等国家级战略的出台，环渤海地区经济十分活跃，各港口都不同程度地在"质"和"量"两个方面得到了迅猛的发展，主要表现在以下五个方面。①

（1）港口分布比较密集

环渤海地区港口腹地覆盖的东北、华北和西北等广大地区，能源矿产资源丰富，是我国煤炭、原油生产基地，冶金、石化和机械制造等重化工业基地及农业生产基地。该港口群与世界上 160 多个国家和地区有贸易往来，货物吞吐量占全国的 40% 以上，尤其是在粮食、煤炭、原油的进出口方面优势明显。在长达 5 800 km 的海岸线上，大连、天津、秦皇岛、青岛和日照等大小港口星罗棋布，形成中国乃至世界上最为密集的港口群。其中年吞吐量超过亿吨的有天津、青岛、秦皇岛、大连、日照、烟台和营口港 7 个港口，以唐山、黄骅、锦州、曹妃甸、龙口、蓬莱、烟台和威海为代表的颇具发展潜力的港口更是多达数十个，环渤海地区港口空前密集，几乎有市必有港，各个城市政府对建设港口倾注了高度的热情，港口不仅带动了城市的发展，也带动了区域的发展。当前环渤海地区港口群根据空间分布状况大致可分为三大子港口群：一是东北港口群，以大连港为核心，锦州港和营口港为主要支线港；二是京津冀港口群，以天津港为核心，以秦皇岛港、唐山港和黄骅港为主要支线港；三是山东港口群，以青岛港为核心，以龙口港、威海港和烟台港为主要支线港。

（2）港口吞吐能力增长迅速

环渤海地区历来是我国水上客货运输十分繁忙的地区，集中分布着我国能源输出的重要港口，客货滚装运输是该地区物资和人员往来的最主要和最普遍的方式之一。截至 2008 年，该地区主要港口共有生产性泊位 714 个，由于成功抓住世界产业转移的重要机遇，环渤海经济圈正形成中国经济增长的"第三极"，成为拉动中国北方地区经济发展的发动机，京津冀都市圈、辽东半岛和山东半岛三大板块都显示出了强劲的发展后劲，并由此催生了众多原材料和产成品的运输，直接推动了港口吞吐量的高速增长。

（3）港口规模迅速扩大

为争取发展先机，环渤海各港口竞相致力于建设和发展，在扩大港区面积、辟建码头

---

① 刘玉新，宋维玲，王占坤，等. 环渤海地区港口发展现状与趋势分析. 海洋开发与管理，2011，（7）.

泊位、拓展航道、增加设备、开辟货源腹地、吸纳航运公司和提高吞吐能力等方面都提出了各自的建设发展目标，并取得了显著成效。完善港口服务功能、强调大型化与专业化是这些港口建设发展的共同特点。如锦州港在"十一五"期间投资 54 亿元，新建万吨级以上泊位 14 个，航道浚深可满足 10 万吨级船舶进出，吞吐总量达到 6 645×10^4 t（其中油品 2 880×10^4 t，散货 2 965×10^4 t，集装箱 100×10^4 TEU），2015 年建成亿吨大港，成为一个集大型油品化工港、综合性集装箱港和区域性散杂货港为一体的现代化国际商港；黄骅港规划定位是以煤炭输出港为基础，拓展综合运输、临港工业和仓储物流等现代港口功能，逐步发展成为多功能综合性的现代化港口，将建成我国北方主要的煤炭装船港之一、"三西"（山西、陕西和内蒙古西部）煤炭外运第二通道的重要出海口。

（4）港口对区域经济的带动能力快速增强

当前港口的功能，已从单纯的货物集散运输转变为世界经济大循环中的纽带和大工业生产的枢纽。各地政府以港口为经济发展的突破点，纷纷在其周围设立经济区、布局大项目，成立了一大批经济技术开发区和保税区，成为吸引投资的重要窗口，促进了区域经济和城市的发展。这方面最明显的例子是营口港和曹妃甸港。

营口港：凭着东北及辽宁中部城市群最近港口的区位优势，被辽宁省确立为沈阳经济区"6+1"模式的出海港，成为东北老工业基地振兴的海上通道和辽宁中部城市群事实上的外港。随着"五点一线"沿海经济带的开发建设，营口港迎来了又一个新的发展契机。现已成为中国东北第二大港、中国第十大港。随之，鞍钢 500×10^4 t 精品钢材生产基地（总投资 226 亿元）、本钢二号冷轧生产线、辽阳石化年产 80×10^4 t PTA、华能营口二期工程等大项目建设进度加快，鞍钢营口鲅鱼圈 500×10^4 t 宽厚板、营口五矿 150×10^4 t 宽厚板、抚顺石化年产 100×10^4 t 乙烯等也迅速在此落地建厂。

曹妃甸港：2003 年被确立为河北省"一号工程"，2006 年被列入国家"十一五"发展规划。随着港口建设的快速推进，曹妃甸新区已进入产业聚集带动开发建设的新阶段。"新首钢"、二十二冶构、华润曹妃甸电厂、德龙海洋工程、荷兰 EAM 海洋装备和美国气体分站及设备制造等大批"巨"型项目纷纷落户，总投资达到 380 亿元。

（5）港口功能趋同性比较明显

受到腹地货源主要是能源种类的影响，环渤海地区部分港口功能比较单一。尤其是河北省的几个港口，主要为散货港，其中黄骅港煤炭比例为 100%，秦皇岛占到 80% 以上，而天津和青岛等港口所占比例也有扩大的趋势。天津和大连的铁矿石接卸也存在较大的趋同性，曹妃甸港的建成投产将对天津、大连的铁矿石产生较大的竞争力。此外，在建设北方国际航运中心上，实力相近的几大港口不仅都喊出了要打造国际航运中心的口号，还不约而同地将集装箱定为未来发展的重中之重，提出要加大国际集装箱的中转量。

1.1.5 海洋矿产资源

1.1.5.1 海洋油气资源

目前我国已在渤海完成二维地震勘探测线 24×10^4 km，完成三维地震探测数万平方千米，钻预探井 220 余口，发现 53 个含油气构造，13 个亿吨级的大油田。它们是：绥中 36-1 油田，探明石油地质储量 $3×10^8$ t；锦州 9-3 油田，探明石油地质储量 $1×10^8$ t；秦皇岛 32-6 油田，探明石油地质储量近 $2×10^8$ t；南堡 35-2 油田，探明石油地质储量 $1×10^8$ t；渤中 25-1 油田，探明石油地质储量 $2×10^8$ t；蓬莱 9-1 油田，探明石油地质储量 $2×10^8$ t；蓬莱 25-6 油田，探明石油地质储量 $1×10^8$ t；埕北油田，探明石油地质储量 $5×10^8$ t；蓬莱 19-3 油田，探明油气地质储量 $5×10^8$ t；曹妃甸 11-1 油田，探明石油地质储量 $1.6×10^8$ t；曹妃甸 12-1 油田，探明石油地质储量 $1×10^8$ t；旅大 27-2 油田，探明石油地质储量 $1.9×10^8$ t；冀东南堡油田，探明石油地质储量 $4.7×10^8$ t。渤海盆地探明石油地质储量已超过 $100×10^8$ t，是我国发现石油最多的盆地。

1）辽宁省

辽河滩海已探明石油地质总储量为 $11\,975×10^4$ t，其中辽海东部已探明石油地质储量为 $1\,635×10^4$ t，辽海中部已探明石油地质储量为 $9\,796×10^4$ t，辽海西部已探明石油地质储量为 $544×10^4$ t，资源探明率为 16%，勘探程度相对较低。通过类比按滩海地区最终探明程度达到 50% 计算，则剩余待探明储量约为 $2.55×10^8$ t，勘探潜力较大，详见表 1-15。

表 1-15　辽河滩海海洋油气资源序列表

区带	总资源量 ($×10^8$ t)	探明储量 ($×10^4$ t)				控制储量 ($×10^4$ t)	预测储量 ($×10^4$ t)	潜在资源量 ($×10^4$ t)
		已探明储量	现探明率%	终探明率%	待探明储量	Ⅰ类	Ⅰ类	Ⅰ类
辽海东部	2.8	1 635	3.8	50	12 365	—	830	15 429
辽海中部	2.8	9 796	35	50	4 204	1 621	1 200	4 913
辽海西部	1.9	544	2.9	50	8 956	—	—	3 450
辽河滩海	7.5	11 975	16	50	25 525	1 621	2 030	23 792

注：数据截至 2000 年。

"—" 代表无该项统计数据。

2）河北省

河北省海域地处国内重要的油气构造盆地，石油和天然气资源蕴藏丰富，是渤海油田、冀东油田、大港油田的主要勘采区。已探明石油储量 $10.13×10^8$ t，天然气储量 $134×10^8$ m³。

3）天津市

天津海岸带拥有丰富的石油、天然气资源，探明石油地质储量 $2.18×10^8$ t，探明天然气地质储量为 $624×10^8$ m³；滩海石油地质资源量为 $7.26×10^8$ t，其中探明石油地质储量为

1.13×10^8 t。大港油田和渤海油田是我国重要的沿海平原潮间带和海上油气开发区。大港油田所属的主要油田有塘沽油田、长芦油田、板桥油田和北大港油田，是我国开发较早的油田之一。塘沽油田位于滨海新区东南，已探明含油面积 33 km²，石油地质储量 $2\ 470 \times 10^4$ t，可采储量 401×10^4 t。长芦油田位于滨海新区塘沽盐场四分场以北，已探明含油面积 16 km²，石油地质储量 $1\ 320 \times 10^4$ t，可采储量 244×10^4 t。板桥油田位于滨海新区大港上古林乡，探明石油地质储量 $6\ 120 \times 10^4$ t，可采储量 $1\ 110 \times 10^4$ t；探明天然气地质储量 522×10^8 m³，可采储量 296×10^8 m³。北大港油田位于滨海新区南部，探明石油地质储量 $9\ 190 \times 10^4$ t，可采储量 $2\ 890 \times 10^4$ t；探明天然气地质储量 116×10^8 m³，可采储量 45×10^8 m³。

4）山东省

山东近海的渤海盆地和南黄海盆地是我国现已发现的 7 个大型近海含油气盆地中的两个。渤海盆地，面积约 7.3×10^4 km²，是一个巨型中新生代坳陷盆地，第三纪最大沉降幅度达 1×10^4 m 左右。据预测，山东渤海沿岸石油地质储量高达 $30 \times 10^8 \sim 35 \times 10^8$ t，已探明 2.29×10^8 t。石油地质储量的丰度平均为 231×10^4 t/km²，是我国断陷盆地中高度富集的含油区。南黄海盆地也是中新生代含油沉积盆地，分南北两个坳陷，靠近山东的北部坳陷面积 3.9×10^4 km²。其特点是面积大，沉积厚，具备良好的生、储油条件，其资源量还有待探明。

1.1.5.2 砂矿资源

我国滨海砂矿主要分布在海南、广东、广西、福建、台湾、山东和辽宁等省。河北、江苏、浙江三省矿点和异常区少，品位低，均未形成工业矿床。独居石、磷钇矿、钛铁矿、金红石、锡石、铌钽矿主要分布在广东、广西和海南等省；锆石、石英砂、砾石遍布于沿海各省；砂金分布在辽宁、山东、台湾三省；金刚石则见于辽宁省复州湾。按所处大地构造位置，我国滨海砂矿的分布受华北、华南两大地块控制。华北地块以富含砂金、金刚石等矿产为特色，华南地块区则以有色、稀有、稀土矿物砂矿为主体（刘洪树，1989）。

环渤海地区的滨海砂矿主要分布在辽东半岛和山东半岛沿岸（图 1-13），主要矿种有金刚石、砂金、锆石、独居石和石英砂（表 1-16）。金刚石砂矿点分布在辽宁复县复州河口，其含量多达到工业品位，个别颗粒重达 39.74 Ct（1 Ct＝200 mg），多数为宝石级。砂金矿分布在山东莱州和招远滨海区。锆石、独居石、磷钇矿、金红石、锡石和钛铁矿主要分布在辽宁省的盖县至河北省的秦皇岛、北戴河滨海区。

表 1-16 环渤海地区滨海砂矿分布

省份	数量（个）	产地	主要矿种	成因
辽宁	4	庄河县英那河小孤山、新金县金厂湾及澄沙河等 16 个矿区、复州县复州河岚崮山、盖县仙仁岛	锆石、金、金刚石、独居石	冲积
河北	1	山海关—秦皇岛—北戴河	锆石、独居石	海积

续表

省份	数量（个）	产地	主要矿种	成因
山东	13	掖县三山岛、招远诸流河、黄县屺姆岛、牟平县云溪、威海双岛、荣城旭口、荣城仙仁桥、荣城石岛、乳山白沙滩、乳山风城、胶南白果树、日照县王家皂、日照县石臼所—金家沟	金、锆石、石英砂、磁铁矿	残坡积、海积、冲积、冲洪积、风积

资料来源：整理自谭启新和孙岩《中国滨海砂矿》，1988。

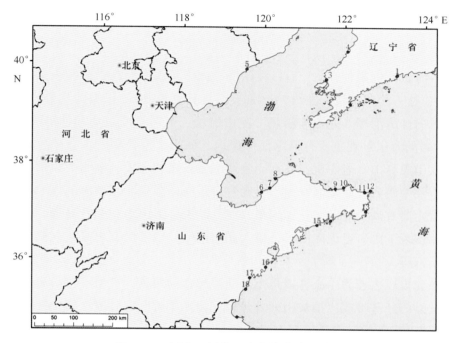

图 1-13　辽宁—河北—山东滨海砂矿分布
图中数据为由北向南顺序显示滨海砂矿分布地点

1）辽宁省

辽宁省海砂资源主要分布在辽东湾东岸太平湾至白沙湾外浅海、辽东湾西侧绥中近岸海域。瓦房店市李官海域的离岸沙脊群的海砂厚度可达 6~10 m 以上。辽西—冀北砂质海岸沿岸沙堤群在六股河口达 6 条之多，估计储量 $2×10^8$ m³。

2）山东省

截至目前，根据工业价值种类划分，山东省滨海砂矿主要包括贱金属、稀有和贵金属、宝石和碾磨料、石英砂、建筑砂砾等工业矿物亚类。根据已有资料进行统计，共有 107 个滨海砂矿矿床、矿点、矿化点。其中，砂金矿分布点 2 个，磁铁矿分布点 16 个，锆石矿分布点 54 个，锆石和磁铁矿复合矿分布点 8 个，玻砂分布点 5 个，型砂分布点 4 个，建筑用砂分布点 17 个，贝壳矿分布点 3 个，球石矿分布点 4 个。可以看出，锆石、磁铁矿和建筑用砂形成的矿床或矿点最多，是山东省滨海砂矿主要类型。锆石、建筑用砂、贝壳矿、球石矿规模较大，而砂金矿、磁铁矿规模较小。砂金矿分布有限，仅见于莱州—招远一带。磁铁矿矿区、锆石和磁铁矿复合矿主要分布于青岛—胶南一带，锆石矿主要分布于威海—荣成—乳山—海阳—青岛—胶南一带，玻璃砂主要分布于龙口—牟平—威海—荣成一带，型砂主要出现于胶南—日照一带，贝壳矿主要产处于东营和荣成，球石矿见于长岛。

1.1.6 滨海旅游资源

1.1.6.1 旅游资源类型

1）辽宁省

辽宁省滨海旅游资源种类主要有沙滩浴场、海岸景观、海岛景观和人文历史景观。沙滩浴场共计 88 处，沙滩岸线长度约 114 km，浴场长度在 6 km 以上的主要有芷锚湾浴场、仙人岛浴场、白沙湾浴场、龙王庙浴场、驼山浴场、东岗海滨浴场和仙浴湾浴场（表 1-17）。全省著名的海岸景观主要有鸭绿江口湿地、城山头连岛坝、金石滩象鼻山、大连南部海滨、老铁山象鼻山、老虎尾连岛坝、旅顺小黑石海蚀地貌、金州七顶山骆驼石、太平角海积阶地、绥中碣石、旅顺老铁山、盘锦双台子河口湿地、兴城海滨等 87 处海岸景观。全省海岛景观主要有海王九岛、长山列岛、蛇岛、大笔架山岛和菊花岛等。人文历史景观主要有金石滩发现王国、老虎滩海洋公园、星海广场、白玉山万忠墓、九门口长城、兴城古城以及碣石宫等。

目前，已建设以大连为中心，以丹东、葫芦岛市为两翼，贯通辽宁沿海各市的 6 个滨海旅游带，且沿海经济带提出把长山列岛建设成国际旅游度假胜地。但依托海岸带旅游资源建设的 4A 级及以上的滨海景区只有丹东鸭绿江国家风景区名胜区、大连金石滩国家旅游度假区、大连市南部海滨、大连虎滩乐园、大连圣亚海洋世界、旅顺世界和平公园等，规模化开发的沙滩浴场只有金石滩、仙浴湾、白沙湾以及芷锚湾，受开发条件的限制，其他沙滩浴场的开发和管理多为非规模化、规范化的自然状态。

表 1-17　辽宁省大型海滨浴场一览

名称	市、县、区	岸线长度（km）	可浴面积（km²）	物质组成
芷锚湾浴场	绥中	7.4	3.76	砂
仙人岛浴场	盖州	6	3.38	砂
白沙湾浴场	盖州	6	1.56	砂
龙王庙浴场	瓦房店	10	5	砂
驼山浴场	瓦房店	6.5	3.25	砾质砂
东岗海滨浴场	瓦房店	12	0.25	砂
仙浴湾浴场	瓦房店	6.4	1.8	砾质砂

2）河北省

根据908专项调查，河北省滨海地区共有151处旅游资源单位，其中，秦皇岛市104处，唐山市25处，沧州市已开发经营的滨海景区（点）21处。在空间分布上，河北省滨海不同等级的旅游资源单体具有一定的聚集性，特别是一些高等级旅游资源单体，明显在有些岸段聚集，形成高等级资源单体的高密度岸段。五级资源主要集中在北戴河区、山海关区、昌黎县和乐亭县滨海地区，旅游资源单体分别为11个、6个、5个和5个，三区县者占了河北省滨海五级旅游资源单体的81%；大清河以南滨海地区，主要分布三级以下的旅游资源单体。

3）天津市

天津滨海旅游资源分为自然景观旅游资源和人文景观旅游资源两大类，共有旅游景点26处，其中自然景观旅游资源景点8处，人文景观旅游资源景点18处。其中既有反映沧海桑田变迁的古海岸、贝壳堤等自然旅游资源，又有大沽炮台群、潮音寺等人文旅游资源。海河外滩公园、滨海航母主题公园、天津极地海洋馆等人造旅游景观为天津旅游业开发提供了较好的资源条件。

滨海新区处在京津冀环渤海城市的交汇点，交通便利，为滨海旅游业区发展创造了良好的区位优势。党中央、国务院将推进天津滨海新区开发开放纳入国家发展战略，为滨海旅游业发展创造了良好的外部条件。《天津市城市总体规划》和《天津市滨海新区城市总体规划（2005—2020年）》及《天津市海洋功能区划》等一系列规划制定实施，为滨海旅游业创造了良好的政策环境。

4）山东省

山东海岸带具有开发价值的景点有1 500多处，规模较大的滨海沙滩1 000多处，重要景区2 673处，尤其是省内大多数海岛景色秀丽，气候宜人，有开发价值的岛屿301处，是发展海洋旅游业的重要基础。旅游资源包括海洋景观、岛屿景观、奇特景观、生态景观、海底景观及人文景观等多种类型。

山东沿海"4S"（沙滩Sand、阳光Sunshine、海洋Sea、海鲜Seafood）旅游资源丰富。优质沙滩众多，山东省东部海岸的沙滩主要由中细砂组成，沙细坡缓，平展宽阔，海水清澈。主要沙滩有：青岛的第一海水浴场、仰口海水浴场、金沙滩海水浴场；烟台的海阳万米海滩浴场、第一海水浴场、开发区海水浴场；威海的国际海水浴场、乳山银滩；日照海水浴场等。盛夏7—8月的沿海平均气温25～28℃，很少有超过30℃的天数，是避暑度假的好场所。鲜活多样的海产品、鲍鱼、海参等海珍品同样吸引着成千上万的游客。

山东沿海不仅具有优质海滩，更是山海相连，相辅相成，造就另一番美景。如崂山、昆嵛山、塔山、烟台山、云峰山、罗山、浮来山、艾山等。各种沿海地貌展示了大自然的鬼斧神工，如海湾、潟湖、沙坝、滨海沼泽，尤其是海蚀崖、海蚀柱、海蚀穴、海蚀洞、海蚀平台等海蚀地貌巧夺天工，更具特色。

山东沿岸有许多珍贵的历史遗迹和文化遗址。古往今来留下许多帝位将相、文人墨客、儒道宗师的遗迹，这是不可多得的旅游资源。山东道教圣地青岛崂山、人间仙阁蓬莱阁、清朝北洋水师基地威海刘公岛、荣成"天尽头"、越王勾践所建琅琊台等，在国内外都有一定的知名度，游客常年不减。

滨海城市景观也是山东海岸带重要的旅游资源。例如有"万国建筑博览会"之称的青岛八大关别墅区，聚集着各国风格建筑，包括俄式、英式、法式、德式、美式、丹麦式、希腊式、西班牙式、瑞士式、日本式等20余个国家风格的建筑；烟台市区反映开埠文化的各国领事馆和欧式建筑群，风格各异，特色独具；还有青岛的栈桥、五四广场等，建筑特色与城市风格、历史与现代交相辉映，熠熠生辉。

1.1.6.2　旅游资源评价

1）滨海旅游开发存在的问题

（1）城市经济实力不足

环渤海地区的沿海城市整体经济发展速度和发达程度偏低，经济的辐射力和影响力不足，没有真正成为有重大影响的区域性中心城市。这一经济实力现状不仅影响着城市基础设施的建设和城市环境的改善，也制约着作为旅游目的地的总体吸引力的提高。

（2）旅游发展的产业地位较低

沿海地区在主导产业的选择上偏向工业产业，滨海城市的旅游功能并没有得到重视，旅游业的发展处于自然发展状态，基础资源优势缺乏科学的整合，缺乏大的投入，始终没有形成突破性的发展。虽有一流的沙滩却没有一流的浴场，尽管疗养院众多却没有形成独具魅力的度假地，说起来文化底蕴深厚，但具有垄断性吸引力的历史遗址不多。多年来，由于缺乏滨海地区旅游发展总体规划，各地旅游出现了许多近距离的重复建设，吸引力相互抵消，造成资源和财力的浪费。

（3）旅游发展的季节差异大、促销失误

作为海滨度假地，季节差是旅游业经营中的一大难题。长期以来，滨海游客集中在7—8月，淡旺季差异巨大。而由于多年来在产品开发和形象宣传中过分地强调"避暑胜地"特色，使"避暑"形象在市场上被认知、被锁定并不断被强化，为旅游业管理和经营造成很大的困难。

2）滨海旅游资源开发建议

（1）要突出特色，增强吸引力

特色是旅游区（点）的"特殊本质"，有特色才有生命力和竞争力，才有吸引力。特色有两种：一是根据滨海旅游资源本身固有，需要通过开发而进一步加强的；二是人工创造——创新的。滨海旅游资源开发要在突出特色上下工夫，应注意开发风格多样、特征各异的旅游产品，把旅游资源充分组合起来，设计出几条特色显著的专题旅游路线，力争做到唯我独有，人有我特。

（2）注意自然美与人工美的和谐统一

开发自然风光应注意突出"自然"二字，自然美是客观美、真实美，人工构景不宜过多、过大、过显，要巧妙选位和造型，依山就势，借物立意、高低错落有致，应注意与自然环境交织融合。开发人文历史景观应尽量保持原貌，因为历史遗迹除了具有审美、观赏价值外，还具有历史价值，新增设施和项目应注意突出景观的主题风格及意义。

（3）注意掌握市场需求的变化

开发旅游资源和增建人造景观应注意掌握市场需求的变化，以满足大多数游客的需求为开发和建设原则。旅游者动机与需求的不断变化，旅游业的激烈竞争，使旅游产品也随时面临着入时与过时、吸引力增强与减弱的问题，要搞好市场预测，掌握市场变化，确定开发目标及项目。对已被开发利用的要进行深入开发，增强开发利用的深度和广度，扩大旅游活动区域，创造出旅游新内容、新形式，在提高重游率上下工夫。

（4）加强旅游资源保护工作

滨海旅游资源是滨海旅游业存在和发展的基础，保护滨海旅游资源就是保护滨海旅游业。首先要强化旅游从业人员和全体公民的保护意识，加强管理，加强对旅游者的引导，加强法制建设，加强科学研究，控制环境容量。通过开发和保护延长旅游资源使用寿命，使旅游业持续发展。

1.1.7　海洋渔业资源

1.1.7.1　海洋渔业资源概况

1）辽宁省

辽宁省海域位于我国领海北端，地跨黄、渤两海，沿岸入海河流众多，海域饵料生物丰富，是众多海洋生物的产卵场和索饵场，有著名的海洋岛渔场和辽东湾渔场。据不完全统计，辽宁沿海海洋生物有 520 余种，其中，浮游生物数量 107 种，底栖生物数量超过 280 种，游泳生物数量包括头足类动物和哺乳动物共 137 种。由于黄、渤海海洋生物区系的不尽相同，两海海洋生物分布也各有特点。如黄海的皱纹盘鲍、紫石房蛤、紫海胆及虎头蟹等，在渤海极少发现；而渤海盛产的中国毛虾在黄海北部也十分稀少。近年来，随着辽宁沿岸渔船的不断增加，过度捕捞造成渔业资源逐年减少，渔获物小龄化、低龄化的现象十分严重。

2）河北省

河北省海域 2004 年春、夏两季共检出浮游植物 20 科 28 属 76 种，其中春季（5

月）检出浮游植物两大类 15 科 17 属 47 种，包括：硅藻类 13 科 15 属 44 种，占种类总数的 93.62%；甲藻类 2 科 2 属 3 种，占种类总数的 6.38%。夏季（8 月）检出浮游植物三大类 19 科 26 属 65 种，包括：硅藻类 13 科 20 属 55 种，占种类总数的 84.62%；甲藻类 5 科 5 属 9 种，占种类总数的 13.85%；金藻类 1 科 1 属 1 种，占种类总数的 1.53%。春季和夏季硅藻均占绝对优势，种类多样性较丰富，优势种突出，优势度显著。春季和夏季浮游植物细胞数量总平均分别为 57.01×10^4 个/m³ 和 106.56×10^4 个/m³，夏季多于春季。浮游植物细胞数量的高值区分别集中在沧州海域和秦皇岛海域，而低值区全部集中在唐山海域。

3）天津市

天津海域是多种经济动物繁殖、索饵、生长、栖息的场所。天津海洋水产资源分为两种类型：一类是地方性资源，栖息在河口和较浅水域，如毛虾、毛蚶、梭子蟹、梭鱼等；另一类是洄游性资源，如对虾、小黄鱼等经济鱼虾类。

近年来，专项调查共采集到经济游泳动物 42 种，其中，脊椎动物鱼类 24 种，无脊椎动物 18 种。鱼类中，暖水性鱼类 10 种，暖温性鱼类 13 种，冷温性鱼类 1 种。无脊椎动物中，虾类 10 种，蟹类 5 种，头足类 3 种。按栖息水层分，底层和近底层鱼类 16 种，中上层鱼类 8 种。按洄游性来分，在渤海越冬，属于渤海地方性种类的有 12 种，不在渤海越冬，进行长距离洄游的鱼类有 12 种。按经济价值分，经济价值较高的有 5 种，经济价值一般的有 12 种，经济价值较低的有 7 种。

4）山东省

山东近海温度适宜，自然条件优越，0～20 m 深的浅海总面积 2.9×10^4 km²，潮间带滩涂面积 3 200 km²，是多种海洋生物的产卵场、索饵场和越冬场，因此山东省渔业资源种类多且资源量相对丰富，具有经济价值的资源生物 600 多种，包括较重要的经济鱼类 30 多种、经济贝类 30 多种、经济虾蟹类 20 多种以及经济藻类 50 多种。近海栖息和洄游的种类达 260 余种，主要经济种类有小黄鱼、带鱼、银鲳、黄姑鱼、白姑鱼等鱼类和虾蟹类、头足类、贝类、棘皮动物类等。

1.1.7.2 渔业资源变化评价

1）辽宁省

（1）海洋捕捞力量过大

辽宁近海渔业资源较为多样化，故捕捞作业方式多样，捕捞力量也较为密集。辽宁省海洋捕捞渔船的数量 1998 年为 26 691 艘，总功率为 667 014 kW。到 2000 年渔船增加到 27 894 艘，总功率增加到 847 982 kW。以后渔船数量虽然下降，但总功率却不断上升（表 1-18）。

表 1-18　辽宁省海洋捕捞渔船数量及总功率

年份	1998	1999	2000	2001	2002	2003	2004	2005	2006
船数（艘）	26 691	27 009	27 894	27 474	27 112	26 589	24 966	23 503	24 022
总功率（kW）	667 014	801 211	847 982	870 936	901 128	962 999	946 418	987 187	1 082 876

从表 1-18 可看出，渔船数量 2006 年比 1998 年下降了 10%，从 1998 年的 26 691 艘下降到 2006 年的 24 022 艘；渔船总功率从 1998 年的 667 014 kW 上升到 2006 年的 1 082 876 kW，总功率增加了 62.35%。这表明小功率渔船减少，同时大功率渔船增加。总功率的不断增加，造成了捕捞强度的逐步增强。捕捞力量的快速发展，超过了海洋渔业资源的承载能力，游泳动物成体及亲体被大量捕捞，其渔业资源的世代再生力受到高强度捕捞的影响，渔业资源的种质也受到影响，同时由于作业方式的多样化，幼鱼经常被作为兼捕对象捕捞上来，渔业资源得不到有效补充，造成渔业资源的衰退，渔业资源的产品质量也随之下降。

（2）海洋生物栖息环境受到污染

海洋具有对环境污染的缓冲、消化能力和对环境的自我调节能力，但随着社会经济的飞速发展，海洋环境的污染已渐渐超出其本身的自我净化能力。海洋环境污染的主要影响因素包括以下几点：一是陆源污染，包括沿岸工农业废水，生活废水等，据 2008 年《中国海洋环境质量公报》，辽宁省排海污染物中，有 26.0% 进入渤海，47.4% 进入黄海，其中排入渔业资源利用和养护区的占 67.3%；二是包括作业渔船在内的海上船只的排污等对海洋环境的破坏；三是近岸海域高密度的养殖对海洋生态环境的破坏。

大量的污染物进入海洋特别是渔业资源密集和重要区域即渔业资源利用和养护区，造成该海域生物栖息环境恶化，无论对渔业资源本身，包括成体及鱼卵仔鱼，还是栖息、索饵、育肥场所，及渔业资源饵料等，都造成了不同程度的破坏。

（3）海洋工程建设对渔业资源的影响

随着"辽宁沿海经济带"上升为国家战略，辽宁省的海洋经济面临着巨大的发展机遇与平台，工业和城镇建设、港口建设的步伐加大，在沿海经济中逐步形成以临海工业、港口、滨海旅游、渔业并行发展的功能格局，随之大规模的填海造地工程虽然满足了沿海经济发展的用海需求，但工程本身也对处在衰退阶段的近海渔业资源造成了影响。围填海造地对海洋生物资源最直接的影响是造成栖息地的永久丧失，渔业资源的产卵场、索饵场被迫转移，近岸海域的鱼卵仔鱼、底栖生物受到较大影响。整体上看，渔业资源生存空间面临着向外转移的趋势，渔业资源物种面临着寻找新的产卵场、索饵场等栖息场所的窘境。

2）河北省

根据历年调查资料，现将河北省渔业生物资源主要特点总结如下。

（1）渔业资源种类丰富

河北省沿海是我国大型洄游性经济鱼虾类和各种地方性经济鱼虾蟹类产卵、繁育、索饵、育肥、生长的良好场所。按全国统一规定的渔场来分，大清河以东为滦河口渔场，大清河以西为渤海湾渔场，这两大渔场为河北省捕捞生产常年作业渔场。河北省沿海渔业资源十分丰富。据历史资料，分布在河北省沿海的各种水产动物资源达160余种，主要捕捞对象有毛虾、对虾、蓝点马鲛、小黄鱼、带鱼、鲅鱼、斑鰶、青鳞鱼、黄鲫、梭鱼、鲈鱼、银鱼、口虾蛄、脊尾白虾、糠虾、梭子蟹、长蛸、短蛸等。

（2）地方性洄游和远海洄游两种生态类型

根据海域鱼虾的洄游生活习性特点，河北省海洋渔业资源大体可分为地方性洄游和远海洄游两种类型。地方性洄游资源栖息在河口和较浅水域。随着环境的变化，做深、浅水季节移动。由于移动范围不大，洄游路线一般不明显，属于这一类型的种类较多，多为暖温性及冷温性种群，如毛虾、毛蚶、梭子蟹、梭鱼等。这类地方性近海渔业资源是海洋捕捞常年利用的对象。远海洄游资源多为暖温性及暖水性种群，分布范围较广，有明显的洄游路线，做长距离洄游，如对虾、小黄鱼、银鲳、蓝点马鲛等经济鱼虾类。远海洄游性渔业资源属于季节性利用对象，只有当这些鱼、虾群体进入渤海产卵或索饵、育肥时才能进行捕捞，具有一定的局限性。但这两类资源有一个共同的洄游习性，一般在每年夏初，先后在河北省沿海集群产卵，秋季又在岸边集群索饵与育肥，成为河北省春、秋两季捕捞生产的黄金季节。因此，这两类资源均属河北近海渔业资源，是沿海渔民从事海洋捕捞的物质基础。

（3）渔业资源呈现小型化、低质化

河北省沿海游泳动物中经济价值较高的大型鱼类优势度减弱或者有些种类消失。例如，孔鳐、鲈、黄姑鱼、半滑舌鳎、东方鲀这些经济价值高的大型鱼类本来都是优势种，在2004年的调查中已基本消失；鲨类、鲽类和鲀类等也未捕到。无脊椎动物中的优势度也下降明显，尤其是对虾，其次是三疣梭子蟹、日本蟳等。

鱼类小型化现象也很严重。例如，1984年在河北省沿海鱼类个体平均体重为20.6 g，而2004年则为5.8 g/ind，下降71.8%。有些种类成鱼平均体长明显出现小型化的现象，例如，小黄鱼体长由196.2 mm/ind，下降到172.0 mm/ind；银鲳体长由原来的197.5 mm/ind，下降到145.0 mm/ind。

（4）鱼类的低龄化和幼鱼所占比重增多

鱼类的低龄化和幼鱼增多的现象更为突出。例如，小黄鱼由1~4龄组成降为1~2龄，幼鱼由原来占渔获尾数的30.0%增加到82.6%；银鲳原由1~5龄鱼组成，现为1~4龄，幼鱼原占48.4%，现占53.4%；蓝点马鲛1984年由2~5龄组成，2004年均由幼鱼组成，幼鱼由原占23.0%上升到现占100%。目前河北省捕捞群体基本都是当年幼鱼，影响整个渔业资源群体补充，不利于渔业资源的恢复，因此应采取有力措施，降低捕捞强度，或投放人工渔礁保护生态环境。

（5）小黄鱼资源好转

尽管总体上河北省渔业资源衰退严重，但也存在一些好转势头，如小黄鱼资源得到了一定程度的恢复。小黄鱼优势度由1984年的175增加到2004年的1 217，增加幅度为595.6%；资源密度由原来的2.871 kg/m² 增加到29.145 kg/m²，增加幅度为915%。小黄鱼已经成为河北最主要的捕捞品种之一，在河北渔业生产中占有重要地位。但小黄鱼资源存在个体偏小，幼鱼比重过大的问题，因此有必要采取一定措施控制捕捞对小黄鱼幼鱼的损害。

3）天津市

近十几年来，海洋污染加剧，尤其是陆源的污染导致了近海海水有机物、石油、氮、磷含量的急剧增加，赤潮频繁发生，尤其是近年来，渤海每年接纳的陆源污水量达 28×10^8 t，各类污染物质 70×10^4 t，入海污染物大幅度增加，致使渤海几乎成了一个巨大的纳污池；同时，由于海洋捕捞强度增加，渤海湾渔业资源严重衰退，主要渔业资源捕获品种由 1950 年的 55 种下降到 2002 年的 10 余种，有经济价值的小黄鱼、鳓鱼、带鱼等经济渔业资源数量锐减。渔业资源逐渐朝着低龄化、小型化、低质化方向演变。

与 1983 年《天津市海岸带和海涂资源综合调查报告》进行对比，结果发现，渤海湾生物资源的种类和生物量大大减少。从种类上来看，以往的经济性鱼类如花鲈、黑鳃梅童鱼、半滑舌鳎、刀鲚、银鲳和蓝点马鲛等在 908 专项调查中都没有出现；在夏、秋季的定置网取样中，只有梭鱼出现，尚有一定的产量，其他种类仍没有出现。小黄鱼等只是偶见数尾。经济性无脊椎动物中，日本蟳数量很少，形不成产量；中国对虾没有出现；三疣梭子蟹在春季拖网中没有捕到，秋季有捕获到，虽产量不大，但可表明增殖放流初见成效；口虾蛄产量相对较大，但和以往数据资料相比仍有很大差异，从生物量上看，与 1983 年海岸带调查结果相差数十倍，渤海湾海域生物资源，尤其是经济种类的蕴含量已经到了难以进行自我修复的恶性程度。

进入 20 世纪 90 年代后，由于一些经济鱼类品种资源下降，人们开始重视开发低质鱼类、贝类、虾类及蟹类。1991 年低质鱼类、虾、蟹和贝类捕捞产量占捕捞产量的 39.71%。1998 年虾、蟹、贝和低质鱼类占捕捞产量的 68.57%。2001 年以后，低质鱼类、虾、蟹和贝类捕捞产量占捕捞产量的比例有所下降。低营养级动物捕捞产量逐年增加，如口虾蛄，自 2001 年开始，捕捞产量始终在 2 000 t 以上。

通过对专项调查结果与历史海岸带及海涂资源调查结果进行对比，天津市生物资源的演变归纳为以下 5 点：① 渔获物的种类和数量不断减少；② 生物资源经济品质结构呈低质化；③ 生物资源的相对资源量下降；④ 生物资源种群的小型化、低龄化加重；⑤ 低质底层鱼类生物量占总生物量的比重上升。

4）山东省

山东沿海海水增养殖的条件非常优越。莱州湾和黄河三角洲为粉砂淤泥质海岸，滩涂广阔，底质松软，近岸海域水质肥沃，浮游生物繁盛，成为多种鱼虾产卵、索饵的良好场所，适于大面积发展对虾养殖、滩涂贝类护养与增养殖。三山岛以东以基岩砂砾质海岸为主，浅海地区水深流急，透明度大，水温较低，养殖海珍品的自然条件优越。

近年来，山东海域受到愈来愈严重的污染，致使海洋渔业资源的生物种群构成发生劣变甚至断裂，一些对污染物敏感的大型优质生物种类明显减少，小型的更新换代快的低质种类逐渐发展成优势种群，部分鱼虾贝类体内的有机污染物残留量明显增加，各大渔场的渔业资源状况已呈显著衰退趋势，特别是传统生产对象的底层鱼类衰退更为严重，甚至形不成渔场和渔汛。山东近海水域、潮间带和潮上带可养殖滩涂的资源利用率较高，又受到沿岸建设项目急增的影响，其中大部分养殖区域已经出现轻度以上污染，特别是渤海沿岸和胶州湾沿岸海域和海涂，发展人工养殖空间潜力已十分有限。

为了养护渔业资源和修复渔业环境，山东省从20世纪80年代开始实施增殖放流，早期增殖品种主要是中国对虾，1990年之后，逐渐开始其他品种的增殖放流。迄今为止，放流品种已达18余种，取得了显著的生态效益、经济效益和社会效益，对山东近海渔业资源和生态环境的恢复发挥了积极作用。

1.1.7.3 潜在养殖区选划

按照养殖方式划分，海水增养殖模式主要有池塘养殖、底播养殖、设施养殖、人工鱼礁等。池塘养殖是指在沿海潮间带或潮上带围塘（围堰）或筑堤，利用海水进行人工培育和饲养经济生物。底播养殖是指在沿海潮间带和潮下带，利用海域底面人工看护培育和饲养海洋经济生物。设施养殖包括网箱养殖、筏式养殖、吊笼养殖等。

1）海水养殖现状

根据我国近海海洋综合调查与评价成果资料，环渤海地区三省一市海水养殖现状如下。

（1）辽宁省

底播养殖的区域有295 243 hm²，占全省海水养殖面积的一半以上，分布于沿海海湾潮间带滩涂和0~20 m等深线的浅海。

池塘养殖区域52 932 hm²，占全省海水养殖面积的10%，广泛分布于辽宁省各大海湾，以及主要河流河口的潮上带和潮间带滩涂区域，绝大多数为潮上带和滩涂地区的土池围海养殖，另包含少数岩礁基岩岸线的围堰筑坝养殖；多数利用自然纳潮取水，少数利用动力取水；大部分仍是大排大灌的半精养模式，养殖效益较稳定。

设施养殖的面积有69 086.91 hm²，绝大部分分布在大连、葫芦岛海域。其中，以筏式养殖规模最大，面积为66 043 hm²，吊笼养殖面积为2 949 hm²，网箱养殖面积为94.91 hm²。

（2）河北省

池塘养殖面积约为31 593 hm²，主要分布在渤海湾的沧州和唐山沿海地区。其中，唐海县十里海养殖场是亚洲最大的海水养殖场。

底播养殖区域主要分布于唐山沿海和秦皇岛部分海域的潮间带滩涂和浅海，养殖的品种主要有蛏蜓、青蛤、四角蛤蜊、文蛤、菲律宾蛤仔、毛蚶和光滑蓝蛤等。

筏式养殖主要分布在秦皇岛南部和唐山东部海域，面积约为41 821 hm²，养殖品种主要是海湾扇贝和少量的紫贻贝。

盐业和养殖综合利用区面积约36 000 hm²，绝大部分分布在唐山和沧州沿海，主要养殖品种为南美白对虾、梭鱼和卤虫，养殖方式为粗放式养殖，密度较低，有较强的抵御风险的能力。

工厂化养殖主要是大棚养殖，这是近 10 年来在我国快速发展起来的一种工厂化养殖模式，河北省大棚养殖规模达到 $82.7 \times 10^4 \ m^2$，主要是利用地下海水和盐田卤水兑地热水或地热水兑自然海水养殖鱼类，节约大量燃煤和电力，属于低碳养殖的模式之一。

人工增殖放流的主要品种有：中国对虾、三疣梭子蟹、海蜇、牙鲆、红鳍东方鲀、真鲷、梭鱼、海参和毛蚶等。在渤海已经绝迹的中国对虾和正在衰退的三疣梭子蟹、牙鲆等的资源量明显增加。

截至 2008 年，河北省已建成人工渔礁三处，集中在秦皇岛海域，建成面积约 1 030 hm^2。其中，山海关沟渠寨外海 300 hm^2，南戴河外海 530 hm^2，新开口外海 200 hm^2。无论从数量还是规模来看，河北省的人工鱼礁还处于刚刚起步的初级阶段。

（3）天津市

2006 年，海水养殖面积 5 511.3 hm^2。海水鱼养殖产量占海水养殖总产量的百分比，从 1992 年的 1.11% 上升到 2006 年的 10.56%。海水鱼养殖产量由 1992 年的 60 t 发展到 2006 年的 1 738 t，13 年内净增 29 倍。

截至 2007 年底，天津市共向渤海海域放流中国对虾、三疣梭子蟹、牙鲆、梭鱼、海蜇、毛蚶等总量超过了 15 亿尾（粒），对加快修复渤海生态环境和增加渔民收入起到了非常好的作用。

（4）山东省

山东省海水养殖面积为 398 287 hm^2（2007 年数据），其中，池塘养殖 87 060 hm^2，底播养殖 156 937 hm^2，浅海养殖 69 030 hm^2，盐田养殖 85 260 hm^2，工厂化养殖 499.6 $\times 10^4 \ m^2$。

2007 年山东省共有育苗水体 $80 \times 10^4 \ m^3$，全省海水鱼育苗 21 603 万尾，对虾育苗 307 亿尾，贝类育苗 1 995 亿粒，海带 62 亿株，刺参 106 亿头。

2）潜在养殖区选划

根据《潜在海水增养殖区评价与选划技术要求》，潜在增养殖区选划应遵循以下原则。

（1）实事求是，协调发展，和谐共赢

潜在增养殖区选划应充分考虑区域社会、经济与养殖资源现状，实事求是地客观评价。在选划过程中应注意与环境的协调发展，特别关注增养殖的环境效应问题，促进人与自然资源和谐，实现经济效益、社会效益和生态效益的协调发展。

（2）综合规划，统筹兼顾，因地制宜

潜在海水增养殖区选划应根据各地所处的特殊地理位置、环境特征、功能定位，制定增养殖目标，完善增养殖区选划，确定增养殖结构和发展规模。潜在海水增养殖区选划与国家有关新政策和发展指引相符合，兼顾保护增养殖资源与沿海特色人文景观，确保选划编制的科学性和可操作性。

（3）充分预见增养殖新技术、增养殖新品种、增养殖新模式、增养殖设施设备等技术和推广结合我国近海海洋综合调查与评价成果,提取汇总渤海海域选划的潜在养殖区共79个,总面积2 174 008 hm²,详见表1-19。另有29个增殖放流点,28个人工鱼礁投放点(图1-14)。

表1-19　渤海海域选划潜在养殖区情况

地区	类型	数量（个）	面积（hm²）	合计（hm²）
辽宁	池塘养殖	2	189	915 254
	底播养殖	11	306 937	
	筏式、网箱养殖	9	608 128	
河北	池塘养殖	1	3 000	84 000
	底播养殖	8	44 600	
	筏式、网箱养殖	2	36 400	
山东	池塘养殖	5	63 220	689 754
	底播养殖	17	294 228	
	筏式、网箱养殖	14	332 306	
天津	底播养殖	10	485 000	485 000
总计		79		2 174 008

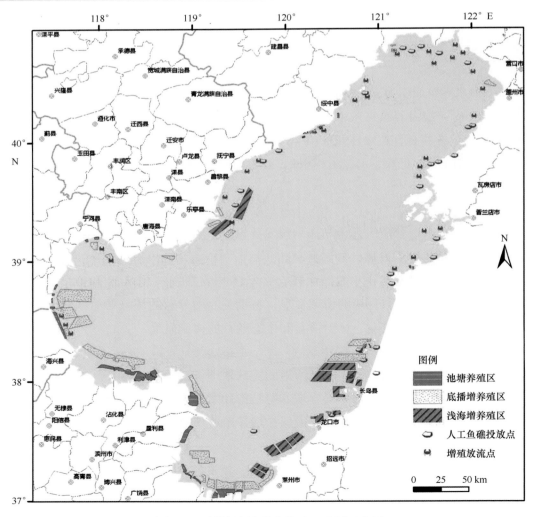

图1-14　渤海海域潜在养殖区选划示意图

潜在养殖区选划就是为了科学、合理规划海水养殖的用海布局，保持渤海地区海水养殖产业的健康发展，为增强区域的综合竞争力，保证周边地区人民的生活品质提供保障。为保护渤海生态资源，促进渔业可持续发展，使渤海逐渐恢复"鱼虾摇篮"的良好局面，大型养殖基地建设已迫在眉睫。通过大型养殖基地的建设，不仅可以提高养殖产品的品质和产量，建立水产品加工业，延长产业链，增加养殖产品附加值，还可以通过建立水产品交易市场辐射周边区域，逐步形成特色水产品产业的规模化和集约化优势；同时，海水养殖产业的发展将带动物流、旅游等相关产业的发展。在大力倡导海水养殖可持续发展的同时应积极开展良种的引种、选育、自育、自繁和提纯复壮工作。运用生物高科技进行优质苗种的培育，不仅能保护传统的生物物种，还能大规模增加优质苗种、降低病虫害危害，提高海水养殖产量，从而增加海水养殖的效益。

1.2　海域功能布局分析

1.2.1　海洋功能区划基本情况

海洋功能区划是根据海域的地理位置、自然资源状况、自然环境条件和社会环境需求等因素划分的不同的海洋功能类型区，用来指导、约束海洋开发利用实践活动，保证海上开发的经济效益、环境效益和社会效益。经过 20 余年的发展历程，海洋功能区划的理念逐渐被人们所接受，海洋功能区划的地位得到不断提升。

1.2.1.1　海洋功能区划制度概况

从 1989 年区划图件主体比例尺为 1：20 万～1：40 万的"小比例尺海洋功能区划"，到 1998 年开始建立国家、省、市、县四级海洋功能区划体系，把区划的比例尺扩大到 1：5 万～1：1 万，甚至更大，形成了"大比例尺海洋功能区划"，以及 2002 年《中华人民共和国海域使用管理法》确立了海洋功能区划制度，同年国务院批准了《全国海洋功能区划》，海洋功能区划制度在结合实际发展，进行自身变革的过程中，逐步建立并趋于稳定。但同时我国海洋环境污染形势依然严峻，陆源污染物排海和近岸海域环境污染加重，海岸和近岸海域生态系统状况恶化，海洋环境灾害危害严重。为此，国务院制定了《防治海洋工程建设项目污染损害海洋环境管理条例》等海洋环境保护的配套法规，并批准了《渤海环境保护总体规划》等专项规划，对海洋环境保护工作提出了进一步的明确要求。2008 年以后，国务院陆续批准了沿海多个区域规划，启动了海洋经济发展试点，这些发展战略的实施对海洋资源和海域空间提出了持续增长的数量需求和质量安全需求。

考虑到全国和省级海洋功能区划于 2010 年年底到期，且经国务院批准的"我国近海海洋综合调查与评价"（908 专项）工作已经基本结束，获取了大量的海洋资源环境和社会经济资料，对海洋资源环境条件和开发潜力有了进一步的认识，国家海洋局于 2009 年开始筹划海洋功能区划的修编工作，2010 年正式启动了新一轮（2011—2020 年）海洋功能区划编制工作。2012 年 3 月，《全国海洋功能区划（2011—2020 年）》获得国务院批准。至 2012 年 11 月，沿海省、自治区、直辖市海洋功能区划全部获得国务院批准。2013 年，市县级海洋功能区划编制工作全面开展。

1.2.1.2 海洋功能区划分类体系

《全国海洋功能区划（2011—2020 年）》将海洋功能概念定位为海洋基本功能，按照科学分类原理，结合海洋开发保护活动的现实特征，对《海洋功能区划技术导则》规定的海洋功能区划分类体系作了重新审视和进一步的优化调整，把海洋基本功能区一级类型由原来的 10 大类，调整为 8 大类，下设 22 个二级类，具体见表 1-20。

表 1-20　海洋功能区划分类体系

一级类海洋基本功能区		二级类海洋基本功能区	
代码	名称	代码	名称
1	农渔业区	1.1	农业围垦区
		1.2	养殖区
		1.3	增殖区
		1.4	捕捞区
		1.5	水产种质资源保护区
		1.6	渔业基础设施区
2	港口航运区	2.1	港口区
		2.2	航道区
		2.3	锚地区
3	工业与城镇用海区	3.1	工业用海区
		3.2	城镇用海区
4	矿产与能源区	4.1	油气区
		4.2	固体矿产区
		4.3	盐田区
		4.4	可再生能源区
5	旅游休闲娱乐区	5.1	风景旅游区
		5.2	文体休闲娱乐区
6	海洋保护区	6.1	海洋自然保护区
		6.2	海洋特别保护区
7	特殊利用区	7.1	军事区
		7.2	其他特殊利用区
8	保留区	8.1	保留区

1.2.2 环渤海海域历次区划开展情况

1.2.2.1 2008 年版的海洋功能区划情况

2008 年版省级海洋功能区划，分类体系是四级，10 大类，31 小类。针对环渤海地区三省一市的海洋功能区划情况，现主要从功能区数量和面积上展开分析。

1）海洋功能区数量

根据全国海洋功能区划和省级海洋功能区划文本及图件，量算在环渤海地区沿海省设置的各类功能区数量，如表 1-21 和表 1-22 所示。

表 1-21　全国海洋功能区划中环渤海地区各省市功能区数量统计　　（单位：个）

地区	辽宁	河北	天津	山东
港口航运区	160	52	13	173
渔业资源利用和养护区	251	168	26	233
矿山资源利用区	22	13	9	37
旅游区	74	55	14	56
海水资源利用区	38	53	9	30
海洋能利用区	7	0	0	10
工程用海区	70	47	21	32
海洋保护区	12	5	9	23
特殊利用区	54	34	9	39
保留区	95	3	11	31

表 1-22　省级海洋功能区划中环渤海地区各省市功能区数量统计　　（单位：个）

地区	辽宁	河北	天津	山东
港口航运区	194	80	19	173
渔业资源利用和养护区	251	96	19	233
矿山资源利用区	22	9	9	37
旅游区	74	68	9	56
海水资源利用区	38	23	15	30
海洋能利用区	6	8	0	10
工程用海区	69	63	23	32

地区	辽宁	河北	天津	山东
海洋保护区	12	11	8	23
特殊利用区	53	17	12	29
保留区	96	1	3	31

通过比对省级海洋功能区划具体划定的功能区数量与全国区划的功能区数量，可以发现，省级海洋功能区划在个别功能区类别上有比较大的变动，主要体现在港口航运区、渔业资源利用和养护区。

2）海洋功能区面积

全国海洋功能区划划定了 10 种主要功能区，只是宏观描述了位置分布情况和在地方上的落实任务，各功能区域面积的大小，只能从省级海洋功能区划中反映出来。环渤海地区省级海洋功能区划各类功能区面积见表 1-23。

表 1-23　环渤海地区省级海洋功能区划各功能区面积统计

地区	港口区 （hm²）	航道区 （hm²）	锚地区 （hm²）	渔港和基地建设区 （hm²）	养殖区 （hm²）	增殖区 （hm²）	捕捞区 （hm²）	重要渔业品种保护区 （hm²）
辽宁	9 144	36 805	29 536	2 883	489 750	81 669	586 892	—
河北	17 001	15 529	45 692	1 493	314 176	—	163 564	—
天津	9 078	1 820	13 800	609	1 563	47 310	376	—
山东	3 987	31 886	28 625	3 045	1 207 295	334 681	0	0
总计	39 210	86 040	117 653	8 030	2 012 784	463 660	750 832	0

表 1-23　环渤海地区省级海洋功能区划各功能区面积统计（续1）

地区	风景旅游区 （hm²）	度假旅游区 （hm²）	盐田区 （hm²）	特殊工业用水区 （hm²）	一般工业用水区 （hm²）	潮汐能区 （hm²）	潮流能区 （hm²）	波浪能区 （hm²）
辽宁	21 861	38 005	85 464	595	—	0	0	0
河北	75 387	17 398	91 110	464	963	0	0	0
天津	2 309	5 600	32 731	11	800	0	0	0
山东	162 926	8 783	107 884	251 580	429	470	0	0
总计	262 483	69 786	317 189	252 650	2 192	470	0	0

表 1-23　环渤海地区省级海洋功能区划各功能区面积统计（续 2）

地区	温差能区（hm²）	海底管线区（hm²）	石油平台区（hm²）	围海造地区（hm²）	海岸防护工程区（hm²）	跨海桥梁区（hm²）	其他工程用海区（hm²）	海洋自然生态保护区（hm²）
辽宁	—	68 907	30	0	41 903	0	0	87 613
河北	—	484	48	16 398	277	0	484	49 430
天津	—	0	6	15 600	0	0	0	23 000
山东	0	197	0	—	0	0	0	156 100
总计	0	69 588	84	31 998	42 180	0	484	316 143

表 1-23　环渤海地区省级海洋功能区划各功能区面积统计（续 3）

地区	生物自然保护区（hm²）	自然遗迹和非生物资源保护区（hm²）	海洋特别保护区（hm²）	科学研究试验区（hm²）	排污区（hm²）	倾倒区（hm²）	保留区（hm²）
辽宁	40 000	1 570	—	894	3.1	—	17 200
河北	153	10	—	—	6 437	2 119	29 737
天津	—	3 793	12 385	—	0	1 083	8 302
山东	4 937	3 022	16 000	2 243	1 110	3 583	130 855
总计	45 090	8 385	28 385	3 137	7 550.1	6 785	186 094

注："0"表示无数据或未明确面积；"—"表示未设置该功能区。

省级海洋功能区划各类功能区面积比重排序依次：渔业资源利用与养护区、海洋保护区、海水利用区、港口航运区、矿产资源利用区、保留区、旅游区、工程用海区、海洋能利用区、特殊利用区。

1.2.2.2　2012 年版环渤海地区海洋功能区划

2012 年，国务院批准通过了《全国海洋功能区划（2011—2020 年）》以及沿海 11 个省级海洋功能区划，此次区划提出了自然属性为基础、科学发展为导向、保护渔业为重点、保护环境为前提、陆海统筹为准则的原则，以"增强海域管理在宏观调控中的作用；改善海洋生态环境，扩大海洋保护区面积；维持渔业用海基本稳定，加强水生生物资源养护；合理控制围填海规模；保留海域后备空间资源；开展海域海岸带整治修复"为区划目标。

为了考察环渤海地区海洋功能区划的演变情况，对环渤海地区省级海洋功能区划功能区数量及面积进行了统计分析，详见表 1-24 和表 1-25。

表 1-24　环渤海地区各省市海洋功能区划各功能区数量统计（2012 年）　（单位：个）

功能类型	辽宁		河北	天津	山东	
	海岸基本功能区	近海基本功能区			海岸基本功能区	近海基本功能区
农渔业区	14	5	12	3	34	4
港口航运区	26	3	11	3	38	9
工业与城镇用海区	43	1	15	4	39	—
矿产与能源区	8	—	7		9	1
旅游休闲娱乐区	29	2	7	5	55	1
海洋保护区	11	4	7	2	49	10
特殊利用区	10	—	1	2	47	9
保留区	26	6	2	2	20	4
合计	167	21	62	21	291	38

"—"表示未设置该功能区。

表 1-25　环渤海地区各省市海洋功能区划各功能区面积统计（2012 年）　（单位：hm²）

功能类型	辽宁		河北	天津	山东	
	海岸基本功能区	近海基本功能区			海岸基本功能区	近海基本功能区
农渔业区	4 670.9	14 622.4	310 474.2	70 838	12 216.07	16 198.3
港口航运区	2 304.6	742.2	243 123	78 061	3 266.36	2 525.5
工业与城镇用海区	1 047.9	7.2	37 879.66	29 356	788.48	—
矿产与能源区	204.4	—	28 080.71	—	522.26	29.48
旅游休闲娱乐区	756.3	219.9	50 256.11	13 845	1 499.44	3.38
海洋保护区	4761.1	112.2	33 960.1	11 021	4 640.24	583.12
特殊利用区	391.7	—	69.06	630	157.04	73.96
保留区	2 999.0	8 472.4	19 025.48	10 896	1 436.35	3 385.42
合计	17 135.9	24 176.3	722 868.3	214 647	24 526.24	22 799.16

"—"表示未设置该功能区。

根据《全国海洋功能区划（2011—2020 年）》，渤海海域实施最严格的围填海管理与控制政策，限制大规模围填海活动，降低环渤海区域经济增长对海域资源的过度消耗，节约集约利用海岸线和海域资源。实施最严格的环境保护政策，坚持陆海统筹、河海兼顾，有效控制陆海污染源，实施重点海域污染物排海总量控制制度，严格限制对渔业资源影响较大的涉渔用海工程的开工建设，修复渤海生态系统，逐步恢复双台子河口湿地生态功能，改善黄河、辽河等河口海域和近岸海域生态环境。严格控制新建高污染、高能耗、高生态风险和资源消耗型项目用海，加强海上油气勘探、开采的环境管理，防治海上溢油、赤潮等重大海洋环境灾害和突发事件，建立渤海海洋环境预警机制和突发事件应对机制。维护渤海海峡区域航运水道交通安全，开展渤海海峡跨海通道研究。

其中，对渤海重点海域的要求如下。

（1）辽东半岛西部海域

包括大连老铁山角至营口大清河口毗邻海域，主要功能为渔业、港口航运、工业与城镇用海和旅游休闲娱乐。旅顺西部至金州湾沿岸重点发展滨海旅游，适度发展城镇建设，加强海岸景观保护与建设，维护海岸生态和城镇宜居环境；普兰店湾重点发展滨海城镇建设，开展海湾综合整治，维护海湾生态环境；长兴岛重点发展港口航运和装备制造，节约集约利用海域和岸线资源；瓦房店北部至营口南部海域发展滨海旅游、渔业等产业，开展营口白沙湾沙滩等海域综合整治工程；仙人岛至大清河口海域保障港口航运用海，推动现代海洋产业升级。区域近海和岛屿周边海域加强斑海豹自然保护区等海洋保护区的建设与管理。

（2）辽河三角洲海域

包括营口大清河口至锦州小凌河口毗邻海域，主要功能为海洋保护、矿产与能源开发、渔业。双台子河、大凌河河口区域重点加强海洋保护区建设与管理，维护滩涂湿地自然生态系统，改善近岸海域水质、底质和生物环境质量，养护修复赤碱蓬湿地生态系统；辽东湾顶部按照生态环境优先原则，稳步推进油气资源勘探开发和配套海工装备制造，并协调好与保护区、渔业用海的关系；大辽河河口附近及其以东海域适度发展城镇和工业建设，完善海洋服务功能；凌海盘山浅海区域加强渔业资源养护与利用。区域实施污染物排海总量控制制度，改善海洋环境质量。

（3）辽西冀东海域

包括锦州小凌河口至唐山滦河口毗邻海域，主要功能为旅游休闲娱乐、海洋保护、工业与城镇用海。锦州白沙湾、葫芦岛龙湾至菊花岛、绥中西部、北戴河至昌黎海域重点发展滨海旅游，维护六股河、滦河等河口海域和典型砂质海岸区自然生态，严格限制建设用围填海，禁止近岸水下沙脊采砂，积极开展锦州大笔架山、绥中砂质海岸、北戴河重要沙滩、昌黎黄金海岸等的养护与修复。锦州湾、秦皇岛南部海域发展港口航运。兴城、山海关至昌黎新开口海域建设滨海城镇，防止城镇建设破坏海岸自然地貌，维护滨海浴场风景区海域环境质量安全。

（4）渤海湾海域

包括唐山滦河口至冀鲁海域分界毗邻海域，主要功能为港口航运、工业与城镇用海、矿产与能源开发。天津港、唐山港、黄骅港及周边海域重点发展港口航运。唐山曹妃甸新区、天津滨海新区、沧州渤海新区等区域集约发展临海工业与生态城镇。区域积极发展滩海油气资源勘探开发。加强临海工业与港口区海洋环境治理，维护天津古海岸湿地、大港滨海湿地、汉沽滨海湿地及浅海生态系统、黄骅古贝壳堤、唐山乐亭石臼坨诸岛等海洋保护区生态环境，积极推进各类海洋保护区规划与建设。稳定提高盐业、渔业等传统海洋资源利用效率。开展滩涂湿地生态系统整治修复，提高海岸景观质量和滨海城镇区生态宜居水平。区域实施污染物排海总量控制制度，改善海洋环境质量。

（5）黄河口与山东半岛西北部海域

冀鲁海域分界至蓬莱角毗邻海域，主要功能为海洋保护、农渔业、旅游休闲娱乐、工业与城镇用海。黄河口海域主要发展海洋保护和海洋渔业，加强以国家重要湿地、国家地质公园、海洋生物自然保护区、国家级海洋特别保护区、黄河入海口、水产种质资源保护区等为核心的海洋生态建设与保护，维护滨海湿地生态服务功能，保护古贝壳堤典型地质遗迹以及重要水产种质资源，维护生物多样性，促进生态环境改善，严格限制重化工业和高耗能、高污染的工业建设。区域海洋开发应与黄河口地区防潮和防洪相协调。黄河口至莱州湾海域集约开发滨州、东营、潍坊北部、莱州、龙口特色临港产业区，发展滨海旅游业，合理发展渔业、海水利用、海洋生物、风能等生态型海洋产业，加强水产种质资源保护，重点保护三山岛等海洋生物自然保护区。屺姆岛北部至蓬莱角及庙岛群岛海域重点发展滨海旅游、海洋渔业，加强庙岛群岛海洋生态系统保护，维护长山水道航运功能。开展黄河三角洲河口滨海湿地、莱州湾海域综合整治与修复。区域实施污染物排海总量控制制度，改善海洋环境质量。

（6）渤海中部海域

位于渤海中部，是我国重要的海洋矿产资源利用区域，主要功能为矿产与能源开发、渔业、港口航运。西南部、东北部海域重点发展油气资源勘探开发，协调好油气勘探、开采用海与航运用海之间的关系。区域积极探索风能、潮流能等可再生能源和海砂等矿产资源的调查、勘探与开发。合理利用渔业资源，开展重要渔业品种的增殖和恢复。加强海域生态环境质量监测，防治赤潮、溢油等海洋环境灾害和突发事件。

1.2.3　海域功能区布局分析

1.2.3.1　总体情况

对于海域功能区布局分析，重点从前后两版海洋功能区划的各类功能区面积比重对比分析着手。主要思路是量算各类功能区占区域区划总面积的比重，可以直观反映区域未来规划发展的海域使用功能类型和功能面积均衡保障情况。

从表1-26可以看出，渔业资源利用与养护区是2008年版区划中功能区面积平均比重最大的，远高于其他功能区面积比重。

表1-26　2008年版省级海洋功能区划中环渤海地区各类功能区面积比重

功能区	辽宁	河北	天津	山东	平均比重*
港口航运区	3%	11.49%	13.11%	1.90%	4.16%
渔业资源利用与养护区	54%	40.78%	26.31%	46.09%	65.12%
矿产资源利用区	7%	18.63%	4.84%	4.93%	4.07%
旅游区	3%	7.59%	4.17%	5.13%	2.96%

续表

功能区	辽宁	河北	天津	山东	平均比重*
海水利用区	4%	7.92%	17.70%	10.73%	4.74%
海洋能利用区	0%	4.94%	0.00%	0.01%	0.66%
工程用海区	5%	1.48%	8.24%	0.84%	2.59%
海洋保护区	6%	3.92%	20.67%	5.38%	9.35%
特殊利用区	1%	0.73%	0.57%	0.21%	0.40%
保留区	17%	2.53%	4.38%	3.91%	3.62%
其他功能区	—	—	—	20.89%	2.32%

＊平均比重为各类功能区面积之和占三省一市全海域面积之和的比重。

"—"表示未设置该功能区。

从表1-27可以看出，2012年版海洋功能区划中功能区面积比重的分配发生了明显的变化，港口航运区占比大幅度上升，与农渔业区的差距已缩减到10个百分点以内。旅游休闲娱乐区的面积比重为2008年版区划的两倍多。工业与城镇用海区的比重提升充分体现了沿海城市发展对空间的需求逐步增大，从2008年版的2.59%增长到6.73%。除农渔业区面积比重降低外，矿产与能源区也有较大幅度的缩减。2012年版区划在保障渔业用海基本稳定的前提下，增强了对港口航运区、工业与城镇用海区、旅游休闲娱乐区的支持，充分表明了合理发挥区域资源优势，加快区域经济发展，增强区域集聚力、吸引力的主导思路。

表1-27　2012年版省级海洋功能区划中环渤海地区各类功能区面积比重

功能区	辽宁		河北	天津	山东		平均比重*
	海岸基本功能区	近海基本功能区			海岸基本功能区	近海基本功能区	
农渔业区	46.70%	27.26%	60.48%	42.95% 33.00% 60.04%	49.81%	71.05%	41.81%
港口航运区	7.38%	13.45%	3.07%	33.63% 36.37% 12.24%	13.32%	11.08%	32.16%
工业与城镇用海区	2.55%	6.12%	0.03%	5.24% 13.68% 1.67%	3.21%	0.00%	6.73%
矿产与能源区	0.49%	1.19%	0.00%	3.88% 0.00% 1.17%	2.13%	0.13%	2.81%
旅游休闲娱乐区	2.36%	4.41%	0.91%	6.95% 6.45% 3.18%	6.11%	0.01%	6.49%
海洋保护区	11.80%	27.78%	0.46%	4.70% 5.13% 11.04%	18.92%	2.56%	5.37%
特殊利用区	0.95%	2.29%	0.00%	0.01% 0.29% 0.49%	0.64%	0.32%	0.13%
保留区	27.77%	17.50%	35.04%	2.63% 5.08% 10.19%	5.86%	14.85%	4.50%

＊平均比重为各类功能区面积之和占三省一市全海域面积之和的比重。

1.2.3.2 分区域情况

以下分省市对各类功能区的布局进行简要的统计分析，结果如表1-28和表1-29所示。

表1-28 2008年版环渤海地区各省市海洋功能区的布局

省份	占比合计	第一	第二	第三	第四
辽宁	83.59%	渔业资源利用与养护区	保留区	矿产资源利用区	海洋保护区
		53.70%	16.84%	7.08%	5.97%
河北	78.82%	渔业资源利用与养护区	矿产资源利用区	港口航运区	海水利用区
		40.78%	18.63%	11.49%	7.92%
天津	77.79%	渔业资源利用与养护区	海洋保护区	海水利用区	港口航运区
		26.31%	20.67%	17.70%	13.11%
山东	83.08%	渔业资源利用与养护区	其他功能区	海水利用区	海洋保护区
		46.09%	20.89%	10.73%	5.38%

表1-29 2012年版环渤海地区各省市海洋功能区的布局

省份	占比合计	第一	第二	第三	第四
辽宁	93.64%	农渔业区	保留区	海洋保护区	港口航运区
		46.70%	27.77%	11.80%	7.38%
河北	88.78%	农渔业区	港口航运区	旅游休闲娱乐区	工业与城镇用海区
		42.95%	33.63%	6.95%	5.24%
天津	89.50%	港口航运区	农渔业区	工业与城镇用海区	旅游休闲娱乐区
		36.37%	33.00%	13.68%	6.45%
山东	93.50%	农渔业区	港口航运区	海洋保护区	保留区
		60.04%	12.24%	11.04%	10.19%

对比2008年版和2012年版海洋功能区划中各类功能区占区域区划总面积的比重，分析结果如下。

（1）农渔业区面积优势有所减弱

随着国家战略对环渤海地区发展的支持，作为全国面积最小的海域，在保障渔业用海稳定的基础上，适当合理地转变海域使用功能，是加快区域发展速度的空间保障。

（2）各省市优先扩充港口航运区的规划面积

环渤海经济圈正形成中国经济增长的"第三极"，本就坐拥京津冀都市圈、辽东半岛和山东半岛三大板块的航运需求，京津冀一体化进程的推进，更加增强了环渤海地区集群式发展港口航运的后劲。

（3）旅游休闲娱乐区、工业与城镇用海区齐头并进

2012 年版海洋功能区划将"改善海洋生态环境"作为区划目标的第二条，并且明确提出"渤海海域实施最严格的围填海管理与控制政策，限制大规模围填海活动，降低环渤海区域经济增长对海域资源的过度消耗，节约集约利用海岸线和海域资源"。旅游休闲娱乐区的规划面积保障，在保护优化海域生态自然资源的同时，又能为区域经济的发展增加一个新晋力量，是贯彻落实全国区划要求的特征体现。工业与城镇用海区的规划面积保障，主要是为城市趋海发展提供空间。

（4）主要功能区总比重大幅提升

根据两版海洋功能区划主要功能区面积总比重的比对结果显示，比重大幅度提升。其中不排除海洋功能区划分类体系变化的因素，但是从主要功能区类别看，分类体系的变化并不会对主要功能的面积有太大的影响。这就说明，环渤海地区海域开发呈现重点功能集中发展的趋势，沿海各省面对渤海资源的总量局限，不断寻求开发利用效益最大化、渤海海洋生态环境逐步优化的发展模式。

（5）为可持续发展提前预留空间

对比前后两版海洋功能区划，保留区的面积占比提升显著，2012 年版区划保留区的界定较之 2008 年版的要求更为严格，是指"在区划期限内限制开发的海域"。从统计数据可以看出，辽宁、山东没有减少保留区规划的面积，如辽宁省保留区面积占比从 16.84% 增加到 27.77%，山东省保留区成为面积排位第四的功能区。这充分说明，环渤海地区沿海省市在谋求发展的同时，坚持合理布局、科学规划，全力贯彻落实了全国海洋功能区划"保留海域后备空间资源"的目标要求。

1.3 海域使用现状评价

海域使用现状评价是依据海域使用分类，对评价单元海域使用的程度、结构以及各用海类型之间的关系进行科学评价，以期为渤海海洋综合管理提供决策支持。海域使用现状评价的主要内容包括海域使用程度评价和海域使用结构评价。评价过程中将渤海海域分为近岸海域和渤海中部海域。其中，近岸海域范围自省级人民政府批准的海岸线起，向海延伸 12 n mile，为地方人民政府的管理海域范围。渤海中部海域为近岸海域以外的海域，由国家海洋局代表国家行使管理权。

截至 2013 年年底，渤海海域共有 3 个月以上的排他性用海 16 144 宗，用海面积 42.70×10⁴ hm²。其中，位于近岸海域的有 39.62×10⁴ hm²，占整个渤海海域用海总面积的 92.78%。可见，地方人民政府管理的近岸海域是渤海用海活动最密集的海域。因此，本研究中将渤海近岸海域作为研究重点，根据海岸线修测成果和沿海县级海域行政区域界线，共将渤海的近岸海域划分为 34 个区块，作为基本评价单元（图 1-15）。各区块具体情况见表 1-30。

表 1-30　渤海近岸海域评价区块基本情况

区块编号	区块名称	海域面积（hm²）	海岸线长度（km）
01	大连旅顺口区海域	185 412.81	89.13
02	大连甘井子区—金州区海域	173 552.56	182.59
03	长兴岛海域	179 706.14	140.05（岛屿岸线）
04	瓦房店海域	133 185.78	209.62
05	盖州市—鲅鱼圈海域	96 004.98	82.57
06	营口市老边区海域	39 995.48	37.56
07	大洼县海域	57 352.04	66.96
08	盘山县海域	59 643.28	35.81
09	凌海市海域	106 479.58	113.03
10	葫芦岛市龙港区	55 160.91	57.39
11	兴城市海域	125 682.65	99.55
12	绥中县海域	160 732.73	98.19
13	北戴河区海域	80 410.79	112.27
14	抚宁县海域	20 974.62	19.21
15	昌黎县海域	60 544.13	60.51
16	乐亭县海域	179 372.98	129.52
17	曹妃甸海域	172 403.73	78.46
18	唐山市丰南区海域	12 535.22	21.50
19	天津汉沽海域	34 519.96	28.50
20	天津塘沽海域	83 535.40	98.80
21	天津大港海域	33 606.96	25.87
22	黄骅市海域	88 023.15	62.55
23	无棣县海域	68 795.60	40.41
24	沾化县海域	47 283.22	48.85
25	东营市河口区海域	240 267.02	218.23
26	垦利县海域	180 253.16	142.04
27	东营区—广饶县海域	55 755.95	56.50
28	寿光市海域	44 257.43	54.02
29	寒亭区海域	25 100.51	27.96

区块编号	区块名称	海域面积（hm²）	海岸线长度（km）
30	昌邑市海域	62 080.21	70.80
31	莱州市海域	158 948.68	148.39
32	招远市海域	23 103.50	12.67
33	龙口市海域	111 368.54	81.20
34	蓬莱市—长岛县海域	262 943.01	24.93

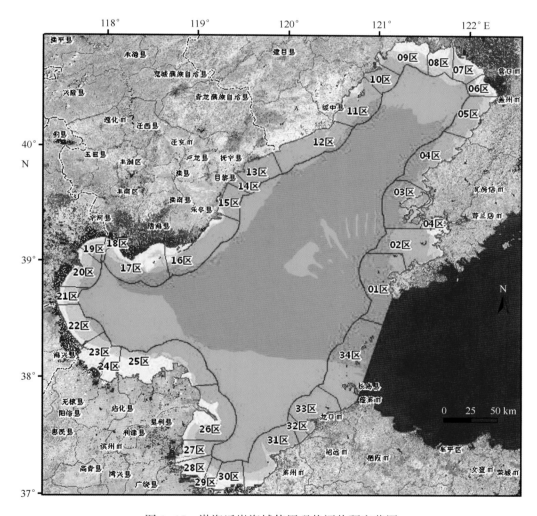

图 1-15　渤海近岸海域使用现状评价研究范围

1.3.1 渤海海域使用程度分析

1.3.1.1 海域空间使用率

1）概念及表征指标

海域空间使用率指某地区已确权海域面积占管理海域面积的比例，反映评价区域内海域使用的密集程度。计算方法为：

$$P = \frac{\sum_{i=1}^{n} S_i}{S}$$

式中，P 为海域使用程度；n 为该地区海域使用类型数；S_i 为第 i 种用海类型的确权面积（$1 \leqslant i \leqslant n$）；$S$ 为海岸线修测及海域勘界确定的该地区管理海域面积。

2）评价结果

34 个评价单元的评价结果如图 1–16 所示。根据统计分析，使用率不足 30% 的占多数，有 29 个。寿光市海域、唐山市丰南区海域、东营区—广饶县海域是海域空间使用率较高的区块，海域空间使用率均超过了 50%。

1.3.1.2 海域使用强度

1）概念及表征指标

海域使用强度的科学衡量与评价是一个包含多元要素的复杂概念体系。《全国主体功能区规划》用区域建设空间占该区域总面积的比例来表示该地区的开发强度，其中建设空间包括城镇建设、独立工矿、农村居民点、交通、水利设施以及其他建设用地等空间。就海域而言，建设空间主要为用于工业、城镇、港口以及道路、桥梁、旅游等基础设施建设的海域，一般需要依托海岸线开展建设，在《全国海洋功能区划（2011—2020 年）》中，将这些用海统称为建设用海。海洋具有流动性，建设开发条件不如陆域便利，因而海域的使用活动不似陆域密集。因而，仅仅采用《全国主体功能区规划》中的国土开发强度的计算方法，并不具有很好的代表性。付元宾等以单位岸线长度上承载的围填海面积来表示围填海强度，并对围填海强度进行 5 级标度；李亚宁等基于不同用海方式的用海面积和权重系数计算了单位海域空间内的用海强度，同样采用 5 级标度度量海域使用强度。

受上述研究的启发，本研究基于海岸开发强度和海域空间开发强度双因素建立海域使用强度评价模型。计算方法如下：

$$p = w_1 p_1 + w_2 p_2$$

其中，p 为区域海域使用强度；p_1、p_2 分别为海岸开发强度和海域空间开发强度，均为综

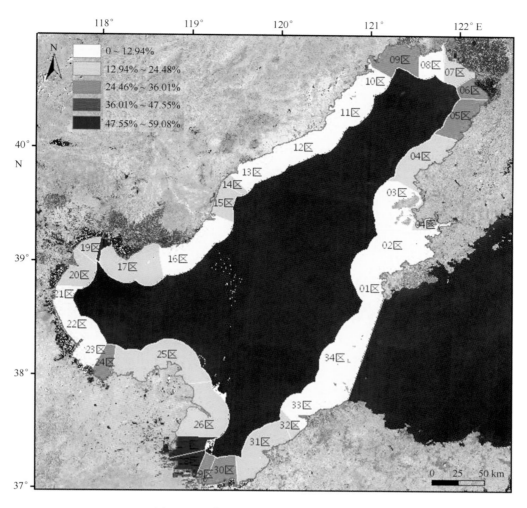

图 1-16   渤海近岸海域空间使用率评价

合指标；w_1、w_2 分别为海岸开发强度和海域空间开发强度的因素权重，权重各取 0.5。为了消除各评价区块之间大陆海岸线长度和海域空间面积的差异对评价结果的影响，p_1、p_2 分别采用下式标准化：

$$p_1 = \frac{l_k}{L_k}; \quad p_2 = \frac{s_k}{S_k}$$

其中，l_k 为区域内填海造地和构筑物用海占用的海岸线长度；L_k 为渤海填海造地和构筑物用海占用的海岸线长度；s_k 为区域内填海造地和构筑物用海的面积；S_k 为渤海填海造地和构筑物用海的面积。选取填海造地和构筑物用海两种用海方式是考虑到两者从施工处理方式上都属于对海域的完全填埋，同时考虑到部分评价区块养殖用海的面积较大，容易对评价结果产生干扰。

2）评价结果

评价结果经（$p-p_{\min}$）/（$p_{\max}-p_{\min}$）在各评价区块之间进行标准化处理，使其值域介于［0，1］。为分级表征，对海域使用强度采用很强、较强、一般、较弱、很弱 5 级标度（表 1-31）。

表 1-31　海域使用强度分级

强度等级	分级标准
极弱	[0, 0.2)
较弱	[0.2, 0.4)
一般	[0.4, 0.6)
较强	[0.6, 0.8)
极强	[0.8, 1]

如图 1-17，评价结果显示，曹妃甸海域（17 区块）和天津市塘沽海域（20 区块）是渤海近岸海域使用强度最强的地区，长兴岛海域（03 区块）、盘山县海域（08 区块）、凌海市—连山区海域（09 区块）、天津市汉沽海域（19 区块）、天津市大港海域（21 区块）、招远市海域（32 区块）和龙口市海域（33 区块）海域使用强度较强。

1.3.1.3　海陆边界线变迁

1）海陆边界线的概念

海岸线不仅标识了沿海地区的水陆分界线，而且蕴含着丰富的环境信息，其变化直接影响潮间带滩涂资源量及海岸带环境，将引起海岸带多种资源与生态过程的改变，影响沿海人民的生存发展。地理学意义上的海岸线指平均大潮高潮线，它是随海陆相互作用而变迁的；管理意义上的海岸线是海域管理与土地、流域管理的分界线，它在沿海地方人民政府海岸线修测的基础上被法律、行政力量赋予了社会属性，在一段时期内，管理海岸线的位置应该是相对固化的。

在缺少潮位信息和实地勘测的情况下，仅仅依靠卫星过顶时的"水边线"，是无法确定高潮线所在位置的。因而，本章通过卫星遥感影像解译获取的海陆边界线并非地理学意义和管理中的海岸线概念，是基于遥感图像处理方法提取的卫星过顶取像时的海陆分界线。

2）解译标志确定

依据各类海岸线在标准假彩色遥感影像上的色调、纹理以及空间形态与分布等特征，参照研究区域地形图、野外观测等辅助手段，主要依靠人工目视判读海陆边界线的位置，各用海类型海陆边界线的解译标志见表 1-32。为了保证前后期海陆分界线位置没有变化的部分保持严格一致，在 ArcGIS 软件平台上先对 1993 年的海陆分界线的分布进行目视判读与数字化，生成矢量数据，后期海陆分界线以前期海陆分界线为基线，只对变化部分进

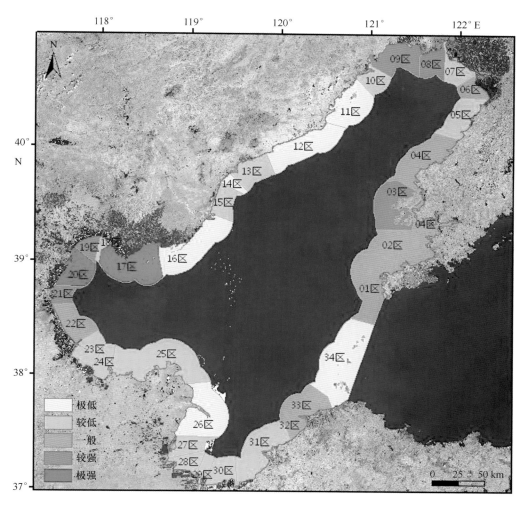

图 1-17　渤海近岸海域使用强度评价

行编辑更新，从而有效地避免了基于不同空间分辨率和不同时相遥感影像进行海陆分界线提取后叠加分析时产生的"双眼皮"现象。

表 1-32　海陆边界线遥感影像解译标志

类型	影像截图	说明	解译标志	提取方式
围海养殖		对海域进行筑堤围割，开展海水养殖。不形成有效岸线	一般分布于近岸，筑堤为白色，有规则的网格围堤，围堤内部为水域或淤涨型高涂	海陆边界线沿原海岸线提取

类型	影像截图	说明	解译标志	提取方式
盐田		筑堤围割海域，开展盐业生产。不形成有效岸线	形状与围海养殖类似，但围堤投影更平整、规则，结晶池可见亮白结晶，蓄水池内部为水域	海陆边界线沿原海岸线提取
建设填海造地		对海域进行围填，形成土地开展港口、渔港、旅游等基础设施建设。形成有效岸线	具有明显的土地硬化特征，颜色复杂多样，已运营项目多有明显的格网状道路交织；港口外部或分布有船只	海陆边界线沿人工海岸外沿提取
导堤、引堤等		建设或设置海上构筑物，用于波浪掩护或灾害防御。不形成有效岸线	一般为白色，细长型，不闭合，深入海中	海陆边界线沿原海岸线提取
区域用海整体围填		对海域进行整体围填，形成土地开展城镇、工业园区等项目建设。形成有效岸线	已建围堤形成闭合或半闭合区域，填成区具有土地硬化特征；未填成区为水域，类似浑浊的泥沙，与填成区相邻	海陆边界线沿人工海岸外沿提取

以上为海陆分界线遥感影像判读的一般情况，但在实际判读过程中，构筑物和围海最容易对海陆边界判读造成干扰，还有很多特殊情况需要加以界定和规范。在本研究中，主要有以下几种特殊情况，其界定方式如下。

（1）施工中的填海造地

区域整体围填处于施工中的填海造地用海（图1-18），一般位于城镇、港口、工业区周边，虽尚未成陆，仍有部分水域有待吹填，但已通过筑堤形成整体圈围，有待实施吹填。判读时按填海处理，海陆边界线沿圈围堤坝外缘提取。

图 1-18　施工中的填海造地

图 1-19　离岸式填海造地

（2）离岸式填海造地

离岸式建设的填海造地项目，以公路、桥梁方式连陆（图1-19），一般规模较大，区块向海纵深大于连陆公路、桥梁长度，虽然离岸建设但其性状及用途与陆域无异，海陆分界线可按外缘线提取。

（3）已陆化的养殖池、盐池

一般位于淤涨型高涂，实际利用方式为盐业围海、围海养殖，根据解译标志应界定为海域。但实际上，由于自然淤积和人工促淤，斑块已不能为高潮海水所淹没，或已作硬化处理并建有基础设施具有土地性状的斑块（图1-20），海陆分界线应沿基础设施外缘提取。

（4）围海外缘新建填海造地

池塘、结晶池向海一侧的外缘，已有用海项目通过填海造地开发建设并形成土地（图1-21），形成新的海陆分界。因此，尽管这些池塘、结晶池还呈水域状态，但在解译过程中，我们不能将其向海一侧外缘形成的土地按离岸的"海岛"处理，而应按新形成的海陆分界，将这类池塘、结晶池界定为位于陆域，海陆分界线按新建的填海造地外缘提取。

（5）区分构筑物

一般而言，填海造地面积规模较大，其上建有房屋、厂房等基础设施；而构筑物面积规模较小，形状较为狭长，但仍有部分板块不易于直接判读。在《海籍调查规范》中，对填海造地与构筑物的区分标志为是否形成"有效岸线"，但"有效岸线"如何认定未作明确规定。实际判断中，可按如下方法：首先是工程的纵横尺度，工程设施向海纵深尺度小于顺岸长度的可判定为填海造地；仍无法判定的应结合实地或高精度航空遥感影像调查，根据其上的基础设施用途，防波堤、突堤等单纯的工程设施为构筑物，填成土地后用于工业和城镇开发的为填海造地。

图 1-20　已作为土地使用的废弃养殖池、盐池

图 1-21　围海外缘新建填海造地

（6）连陆建设的海岛

原为海岛，但已通过填海造地做连陆建设，已形成半岛区域的斑块（图 1-22），海陆分界线解译按连陆后的海岛外缘海陆分界线确定。

图 1-22　连陆建设的海岛

3）分析方法

遥感具有宏观、快速、重复观测地表信息的优点。利用遥感和 GIS 技术，能够快速准确地对海岸线信息进行提取和动态监测，从而及时掌握海域使用对海岸线的影响。目前量化分析海陆边界线变迁的方法主要有基线法、面积法、动态分割法及非线性缓冲区迭代法。本研究采用基线法，即以 1993 年海陆边界线作为基线（Baseline），分析海陆边界线的变化速率和向海推进距离。

（1）长度变化

为了充分考虑行政单元的完整性，海陆边界线的变化速率分析以表 1-30 所确定的评价区块为分析对象。因为各参评区块海陆边界线的长度存在差异，为了客观地比对各时期海陆边界线长度变化速度的时空差异，采用某一时段内海陆边界线长度的年均变化百分比来表示其变化强度，计算公式为：

$$LCI_{ij} = \frac{L_j - L_i}{L_i} \times 100\%$$

式中，LCI_{ij} 为第 i 年至第 j 年海陆边界线长度变化强度（Length Change Intensity）；L_i 为第 i 年海陆边界线的长度；L_j 为第 j 年海陆边界线的长度。

（2）向海推进程度

海陆边界线向海推进程度包括推进的距离和推进的规模（面积）。推进距离的度量主要选取瓦房店太平湾、营口港鲅鱼圈港区、营口鲅鱼圈临海工业区、盘锦辽滨沿海经济区、锦州新能源基地、锦州港、曹妃甸工业区、天津港、天津临港经济区、天津南港工业区、黄骅港、鲁北高涂围垦区和潍坊港几个监测点位，采用"Station Lines Arc10.0"功能模块进行分析。

4）评价结果

（1）变化强度

如图1-23所示，在1993—2006年13年间，变化强度相对较大的地区比较集中，变化强度较大的为沾化县海域（24区块）。与滩涂资源分布比对发现，该区域是渤海淤泥质岸分布较为集中连片的区域，这一时期造成海陆边界线变化的主要开发利用方式是以围海养殖、盐业为主的高涂围垦。

在2006—2013年7年间，渤海海域的海陆边界线变化强度经过了一个较快增长的时期，变化强度较大的地区也日益分散化，许多以建设填海造地为开发利用方式的区块海岸线剧烈变迁。变化强度最大的曹妃甸海域（17区块），1993—2006年间变化强度为0，2006—2013年7年间变化强度达到1.43；天津海域（19~21区块）成为渤海湾海陆边界线变化强度较大的区域；另外，盖州市—鲅鱼圈海域（05区块）、大洼县海域（07区块）和寒亭区海域（29区块），由于大型港口、区域用海建设，海陆边界线变化强度也较大。

（2）向海推进程度

造成海陆边界线变迁的开发利用方式主要可以分为建设填海造地和高涂围垦（围海养殖和盐业围海）两类，表现为海陆分界线大幅的向海推进。例如，曹妃甸工业区建设造成海陆边界线向海推进的距离达到20.18 km；天津港建设造成海陆边界线向海推进17.35 km；黄骅港建设造成海陆边界线向海推进15.33 km；无棣、沾化海域的高涂围垦也造成海陆边界线向海推进达19.21 km。

从1993年至2013年的20年间，渤海海陆边界线向海推进的规模为1 888.30 km²，这其中包括由于填海造地建设推进的987.54 km²（图1-24）。虽然建设填海造地造成海陆边界线较大的向海推进纵深，但从推进规模（面积）来看，以围海养殖、盐业围海

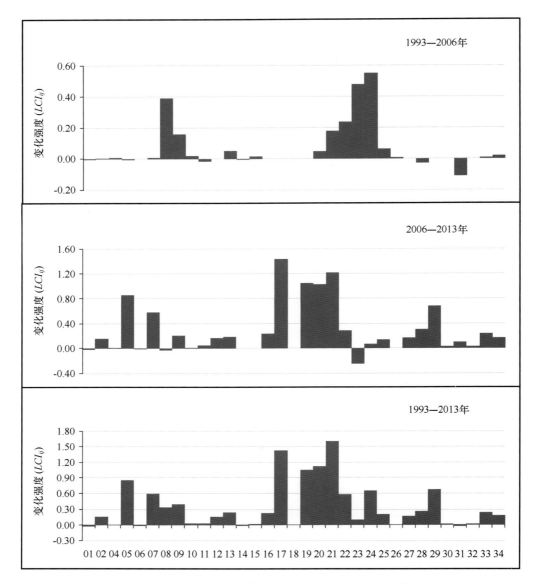

图 1-23　1993—2013 年渤海各区块海陆边界线变化强度

构成的高涂利用也不容忽视。从近 20 年来看，高涂围垦造成的海陆边界线向海推进规模为 900.76 km²，几乎与建设填海造地造成的海陆边界线向海推移规模相当，而恰恰这些高涂围垦造成的海陆边界线变迁是目前海域管理尚未纳入围填海管理的开发利用情形。这些高涂围垦区虽然在空间位置上，位于管理海岸线向海一侧，在海域管理中被视为围海、构筑物等用海方式并按海域使用进行管理，但遥感监测显示，目前许多高涂围垦区实际已经被作为土地在使用。

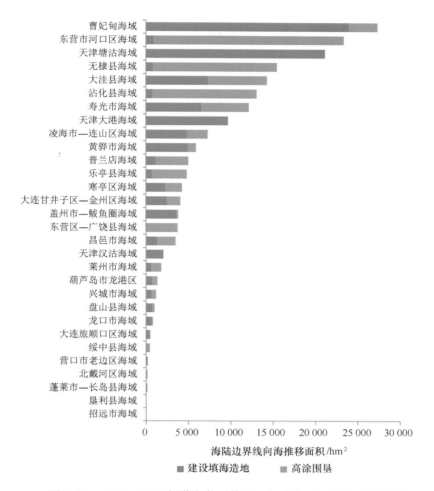

图 1-24　1993—2013 年渤海各评价区块海陆边界线向海推移面积

1.3.2　渤海海域使用结构分析

1.3.2.1　用海类型多样性

1) 概念及表征指标

海域使用数量结构多样性分析的目的是分析研究区域内各种用海类型的齐全程度或多样化状况，可运用吉布斯·马丁（Gibbs Mirtin）多样化指数进行量化度量。

吉布斯·马丁（Gibbs Mirtin）的计算公式为：

$$GM = 1 - \frac{\sum f_i^2}{(\sum f_i)^2}$$

式中，GM 为多样化指数；f_i 为第 i 种用海类型的面积。

根据式中自变量和因变量的数理关系，可以得知：如果某地区只有一种用海类型，则指数为0；如果用海类型均匀分布，则指数为1。因此，可以用 *GM* 值分析区域海域使用类型的齐全程度或多样化状况。

2）评价结果

如图1-25所示，评价结果显示，葫芦岛市龙港区海域（10区块）、曹妃甸海域（17区块）、天津市大港海域（21区块）、黄骅市海域（22区块）是渤海海域用海类型最为齐全的海域，海洋产业竞相发展，渔业用海、工业用海、交通运输用海、造地工程用海兼而有之。用海类型单一的区域有沾化县—东营市海域（24～27区块）、潍坊市—招远市海域（30～32区块）、普兰店—大洼县海域（04～07区块）等，特点是养殖用海占绝对的主导地位。黄河口—莱州湾的区域用海类型单一区块分布最为连续，而该区域是渤海滩涂和浅海空间资源最为丰富的海域，位于修测海岸线向海一侧的淤涨型高涂以传统的盐田、养殖和农业种植等开发方式为主，滩涂和浅海空间的高效、综合利用仍有很大潜力。

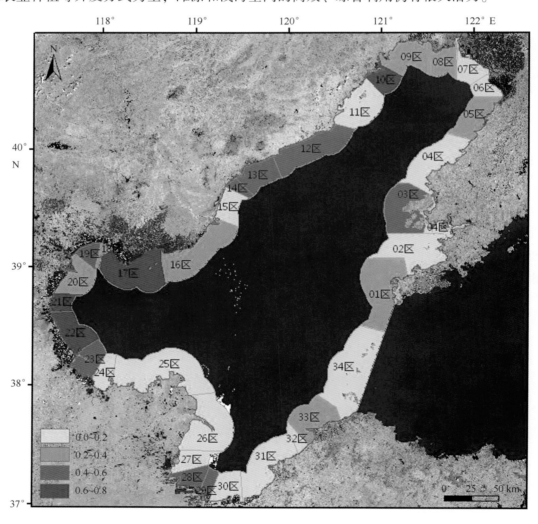

图1-25　渤海近岸海域用海类型多样性评价

1.3.2.2　用海类型集中性

1）概念及表征指标

海域使用数量的集中性与多样化是相对而存在的，它用于描述内部海域使用结构的集中程度，可以采用洛仑兹曲线和集中化指数来进行测度。洛仑兹曲线（Lorenz curve）最早是美国统计学家马克斯·奥托·洛仑兹（Max Otto Lorenz）提出，是经济学领域中的一项重要分析方法，通常用于描述社会收入分布的不均匀程度，目前已成为一种有效的均衡分析的统计工具。本研究把洛仑兹曲线应用到海域使用的空间结构上，以此来反映海域使用类型在不同海域的配置及其对比关系，并揭示海域使用类型的空间分布集中与离散的规律性，从而分析海域使用布局的区域差异性与合理性。计算公式如下：

$$Q = \frac{s_i/S_i}{s_0/S_0}$$

式中，Q 为集中化指数，即区位熵；s_i 为该地区 i 类用海现状面积；S_i 为全国 i 类用海现状面积；s_0 为该地区所有用海类型现状总面积；S_0 为全国所有用海类型现状总面积。按区位熵值由小及大依次排列，并计算海域使用总面积的累计百分比和各用海类型面积的累计百分比。

2）评价结果

根据基于累计百分比绘制的洛仑兹曲线的上凸情况可以判断某海域使用结构的集中性（图1-26）。从渤海近岸海域34个评价区块来看，渔业用海是大部分区块的优势用海类型（图1-27），在该地区用海结构中占有较大比重。但无棣县海域、天津塘沽海域、秦皇岛市北戴河区海域、龙口市海域、抚宁县海域、曹妃甸海域、黄骅市海域、天津大港海域、葫芦岛市龙港区海域、寿光市海域等区块渔业用海的结构比重均低于50%，与其他区块表现出较大差异。

1.3.2.3　海域使用协调性

1）概念及表征指标

海域使用协调性指的是各海域使用类型互相之间影响的强弱，本研究以协调性指数表示，其计算公式为：

$$H = \frac{S_R}{S}$$

其中，H 指海域使用的协调性指数；S_R 为空间相邻，用海类型互相存在不良影响的海域面积，S 为海域总面积。根据用海类型间不良影响判定矩阵（表1-33）建立拓扑关系并求得相邻宗海面积。一般来说，海域使用协调指数越大，各海域空间相邻用海类型之间会产生的相互影响越大。

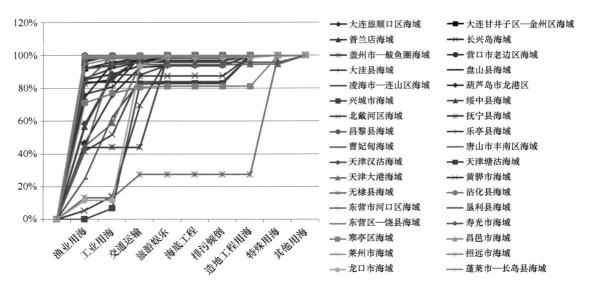

图 1-26　渤海近岸海域各区块海域使用洛仑兹曲线

表 1-33　主要用海类型间的相互影响情况判断矩阵

用海类型	渔业用海	工业用海	交通运输	旅游娱乐	海底工程	排污倾倒	造地工程	特殊用海
渔业用海								
工业用海	×							
交通运输	×							
旅游娱乐		×						
海底工程	×	×						
排污倾倒	×			×				
造地工程	×							
特殊用海		×	×			×	×	

"×"表示用海类型相互之间会产生相互影响。

2）评价结果

渤海海域使用协调性总指数为 0.34，因为渔业用海类型的用海面积最大，所以与渔业用海相互影响的各类型用海也较多。如表 1-34 所示，渔业用海和交通运输用海相互影响的面积最大，其次是渔业用海和工业用海，再次是渔业用海与造地工程用海。

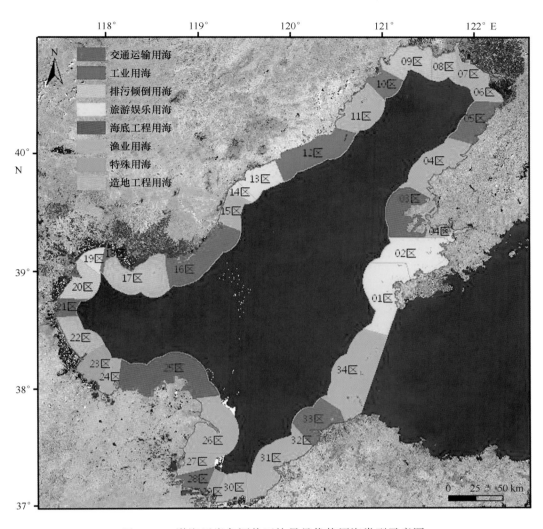

图 1-27　渤海近岸各评价区块最具优势用海类型示意图

表 1-34　主要用海类型间相互影响面积　　（单位：hm²）

渔业用海							
工业用海	43 201						
交通运输	19 372						
旅游娱乐		713					
海底工程	9 813	1 455					
排污倾倒	8 180			391.653			
造地工程	17 191						
特殊用海		601	4 725			581	2 958
用海类型	渔业用海	工业用海	交通运输	旅游娱乐	海底工程	排污倾倒	造地工程	特殊用海

从各评价区块来看，盖州市—鲅鱼圈海域（05区块）、大洼县海域（07区块）、普兰店海域（04区块）、黄骅市海域（22区块）、莱州市海域（31区块）、蓬莱市—长岛县海域（34区块）、无棣县海域（23区块）、大连甘井子—金州区海域（02区块）、盘山县海域（08区块）、垦利县海域（26区块）的海域使用协调性较差（图1-28），协调性指数均超过了0.4。上述海域共同的特点是受交通运输用海、工业用海等影响的渔业用海和特殊用海（保护区用海）面积较大。

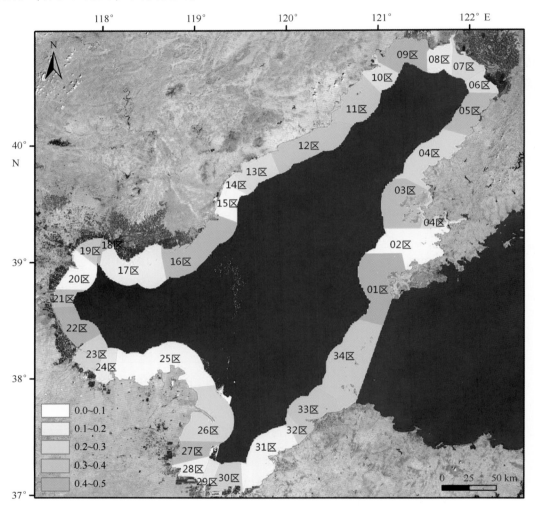

图1-28 渤海近岸海域用海使用协调性评价

1.4 渤海典型海域用海现状

海湾、河口和滨海湿地是非常宝贵的海域空间资源。由于其区位和资源的优势，数千年来我国勤劳勇敢的劳动人民一直从事着海湾、河口和滨海湿地的开发和利用，并取得了巨大成就。时至今日，我国劳动人民开发的热情非但未有消减，而且日益增高，这充分说明了海湾、河口和滨海湿地的开发利用在国民经济中的重要地位。

1.4.1 海湾海域使用现状

1.4.1.1 海湾海域范围的界定

根据《联合国海洋法公约》第十条第 2 款规定，海湾为凹入陆地的明显水曲，其面积要大于或等于以横越曲口所划的直线作为直径的半圆形的面积。同时，该公约第十条第 3 款还规定，水曲的面积是位于水曲陆岸周围的低潮标和一条连接天然入口两端低潮标的线之间的面积。但在我国依惯例并为量测和应用方便，一般以海岸线作为海湾水域的边界，《中国海湾志》即是如此；在国家行业标准 GB/T 18190—2000 也明确规定，海湾是"被陆地环绕且面积不小于以口门宽度为直径的半圆面积的海域"。本研究中海湾范围的确定以海岸线为海湾水域向陆一侧的边界，以湾口两端岬角的连线为海湾水域的封口。

1.4.1.2 主要海湾用海现状

渤海海域的海湾密度并不是很高，但海湾的面积较大，其中为《中国海湾志》收录面积在 100 km^2 以上的海湾有金州湾、普兰店湾、葫芦山湾、复州湾、锦州湾和莱州湾 6 个海湾。

1）金州湾

金州湾位于辽宁省大连市金州镇西部约 2 km 的辽东湾东岸，成因类型属构造原生湾，大陆海岸线长 65.7 km。截至 2013 年年底，金州湾海湾面积从 20 世纪 80 年代的面积约为 34 200 hm^2 缩减为 27 616 hm^2，海域使用率为 35.68%。海域使用主体为渔业用海（图 1-29 和图 1-30），面积 7 090 hm^2，占海域使用总面积的 72%；其次为旅游娱乐用海 2 159 hm^2。

2）普兰店湾

普兰店湾位于辽东湾东南部，属于基岩侵蚀-堆积湾，大陆海岸线长 193 km。截至 2013 年年底，海湾面积由 20 世纪 80 年代的 53 000 hm^2 缩减为 51 446 hm^2，海域使用率为 43.42%。普兰店湾占主导地位的用海类型是渔业用海（图 1-31），面积为 21 558 hm^2，占该海湾海域使用总面积的 96.50%（图 1-32）。其次为工业用海、旅游娱乐用海和交通运输用海。

3）葫芦山湾—复州湾

葫芦山湾位于辽宁瓦房店市西南的渤海海域，从成因类型上属于连岛坝湾，海岸线长 62.1 km；复州湾在瓦房店市之西的辽东湾东岸，成因类型上属于构造湾，海岸线长 92 km。截至 2013 年年底，葫芦山湾—复州湾总的海湾面积由 20 世纪 80 年代的合计

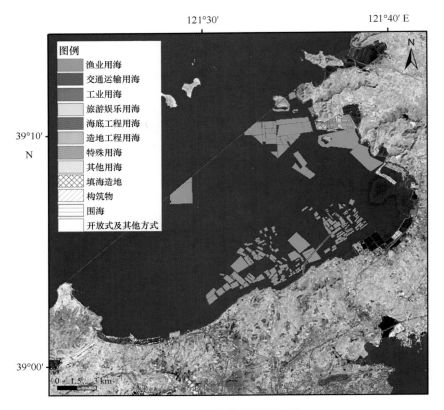

图 1-29　金州湾海域使用现状

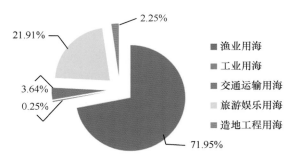

图 1-30　金州湾各用海类型现状用海面积百分比

35 110 hm²缩减为 34 349 hm²，海域使用率为 45%。如图 1-33 和图 1-34 所示，葫芦山湾—复州湾占主导地位的用海类型是渔业用海，占该海湾海域使用总面积的 71%，其次为工业用海和交通运输用海。

4）锦州湾

锦州湾位于辽东湾西北部，成因类型上属于构造湾，岸线长 61.5 km。截至 2013 年年底，锦州湾的海湾面积已由 20 世纪 80 年代的 15 150 hm² 缩减为 9 511 hm²，造成港湾面积大幅缩减的主要原因是建设用海——锦州港的不断扩建和葫芦岛经济开发区的建设。锦

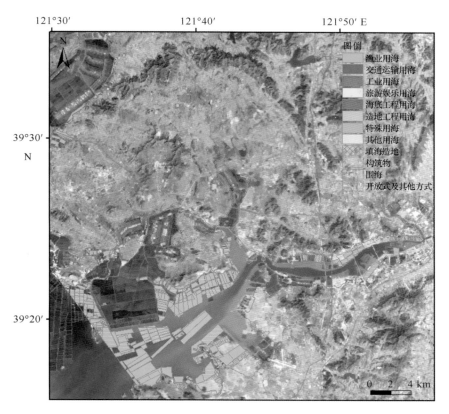

图 1-31　普兰店湾海域使用现状

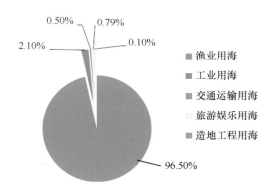

图 1-32　普兰店湾各用海类型现状用海面积百分比

州湾用海活动十分密集，海湾的海域使用率达到了 63%；如图 1-35 和图 1-36 所示，从各用海类型确权面积百分比来看，位于首位的是渔业用海 2 696 hm²，其次，工业用海、交通运输用海也具有一定规模，分别为 1 822 hm²、1 274 hm²；锦州港和葫芦岛经济开发区分别从北、南两侧对湾内水域形成夹逼之势，用海强度较强，填海造地、构筑物、围海等建设用海方式在全部用海中的比例高达 73%。

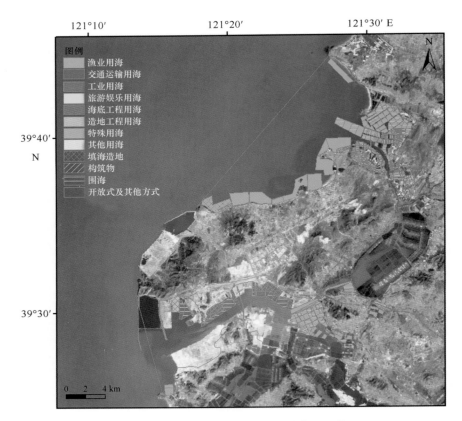

图 1-33　葫芦山湾—复州湾海域使用现状

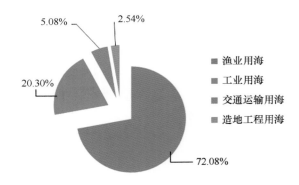

图 1-34　葫芦山湾—复州湾各用海类型现状用海面积百分比

5）莱州湾

莱州湾位于山东半岛西北，属于全水湾，大陆海岸线长 319.06 km，沿岸 90% 的区域为冲积平原。截至 2013 年年底，莱州湾海湾面积由 20 世纪 80 年代的 696 600 hm² 缩减为 693 652 hm²，海域使用率为 22.79%。如图 1-37 和图 1-38 所示，莱州湾海域使用主体为渔业用海，面积有 135 843 hm²，占该湾海域使用总面积的 85.93%，是全国渔业用海最多的海湾之一；其次为工业用海，面积为 17 516 hm²，占该湾海域使用总面积的 11.08%，主要用于盐业。

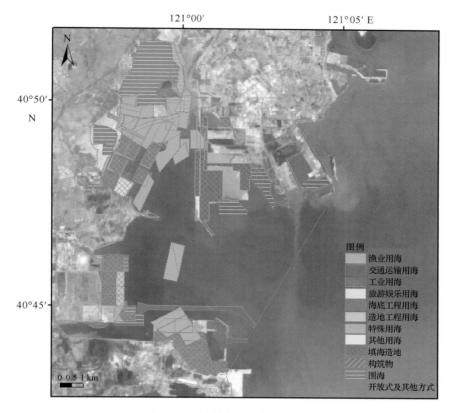

图 1-35 锦州湾海域使用现状

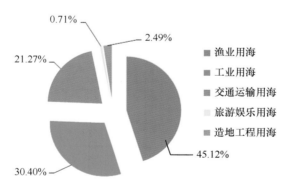

图 1-36 锦州湾各用海类型现状用海面积百分比

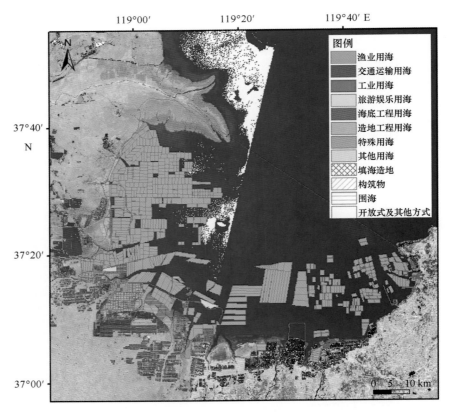

图 1-37　莱州湾海域使用现状

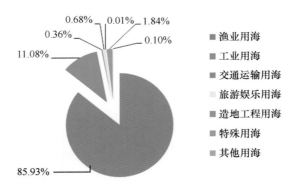

图 1-38　莱州湾各用海类型确权面积百分比

1.4.2　河口海域使用现状

1.4.2.1　河口海域范围的界定

河口附近海域范围的界定涉及的因素很多，根据河口的形态一般可分为指状三角洲河口、漏斗状溺谷型河口、领海界河型河口以及多水道、多河口或网状分布型的河口 4 种类型。本研究中渤海主要河口海域范围的确定均采用以沙嘴根部中点为圆心，以沙嘴所对方向海域 2 m 等深线交点间距离为半径，界定该类型河口附近海域区域的外沿，以海岸线为界定区域的内沿。

1.4.2.2　主要河口用海现状

位于渤海的主要河口有双台子河口（辽河口）、滦河口、海河口和黄河口。

1）双台子河口（辽河口）

辽河是辽宁省第一大河，辽河三角洲也是我国七大河口三角洲之一，河长 1 396 km，总流域面积 $21.9×10^4$ km²。辽河口海域面积为 27 809 hm²，海域使用总面积为11 487 hm²，海域使用率为 41%，其中 89% 为围海养殖（渔业用海），其余为造地工程用海、工业用海和特殊用海（图 1-39）。

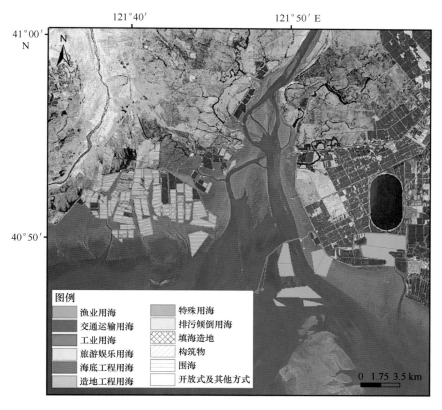

图 1-39　双台子河口海域使用现状

2）滦河口

滦河是河北省北部和东部的主要水源，河流总长 877 km，总流域面积 4 480 km²，年均输沙量达到 2 270×10⁴ t。滦河口的海域面积为 20 595 hm²，海域使用面积 2 028 hm²，海域使用率为 9.8%。渔业用海是滦河口的主要用海类型（图 1-40），确权面积比重高达 99.97%，工业、交通运输等建设用海面积非常少，如工业用海仅有 0.575 hm²。

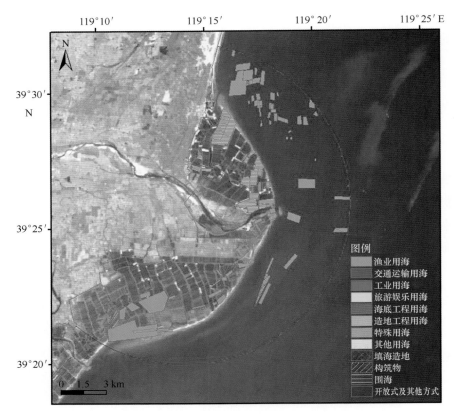

图 1-40　滦河口海域使用现状

3）海河口

海河是华北地区最大的水系，我国的七大河流之一，河流总长 1 050 km，流域总面积
31.82×10⁴ km²。海河口的海域面积为 12 174 hm²，已确权的用海面积为 7 546 hm²，海域
使用率为 62%。海河口是我国用海密度最高、用海强度最强的河口之一，特点是工业用
海、交通运输用海、造地工程用海较多（图 1-41），其中交通运输用海最多，为
3 789 hm²，造地工程用海有 2 454 hm²，工业用海也有 1 276 hm²，保障了天津港东疆、南
疆港区以及临港工业区等基础设施建设。

4）黄河口

黄河是我国第二大河，西出青藏高原，东入渤海，全长 5 464 km，流域面积 75.2×
10⁴ km²。现代黄河三角洲，以山东省东营市垦利县宁海为轴点，北起套尔河口，南至淄
脉河口，向东撒开呈扇状地形。黄河入海河口海域界定范围为 59 740 hm²，海域使用总面
积为 2 898 hm²，海域使用率为 4.85%，其中 98% 为底播养殖（渔业用海）（图 1-42），其
余有 47 hm² 为油气开采用海。

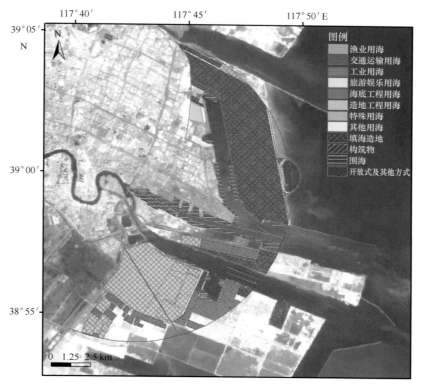

图 1-41　海河口海域使用现状

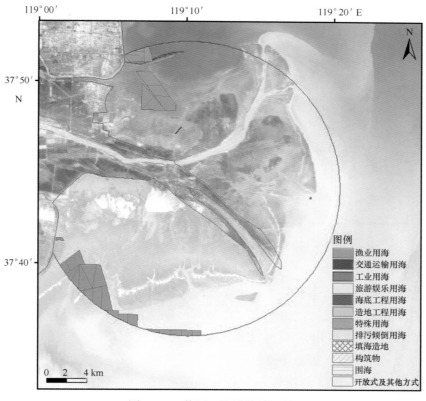

图 1-42　黄河口海域使用现状

1.4.3 潮间带滩涂用海现状

按照 908 专项《海岸带调查技术规程》，潮间带被定义为海岸线至平均大潮低潮线（即海图零米等深线）之间的区域。根据潮间带的物质组成，又细分为基岩岸滩、海滩（包括砂滩和砾石滩）、粉砂淤泥质滩和生物滩（图 1-43）。本研究在潮间带面积具体量算时，采用以下原则：凡是与大陆海岸线相接的潮间带全部划入大陆海岸潮间带；沿岸海岛周边的潮间带如果与大陆海岸潮间带相接，也划入大陆海岸潮间带。

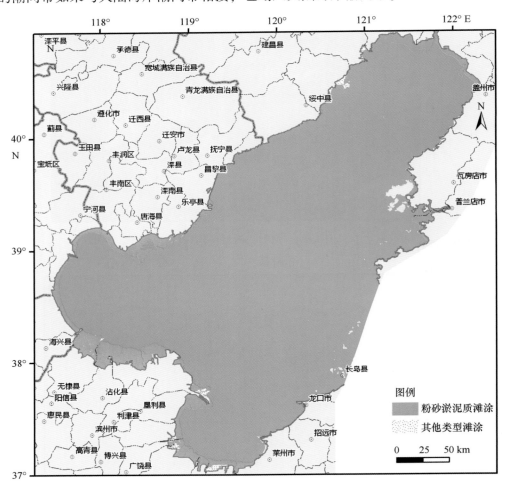

图 1-43　渤海海域粉砂淤泥质滩涂的分布

潮间带的海域空间使用率反映了评价单元用海活动的密集程度，参照本书 1.3.1.1 节海域空间使用率的计算方法。渤海 611 991.26 hm² 的潮间带滩涂共承载了 192 901.07 hm² 的海域使用活动，海域使用面积占渤海海域使用总面积的 45%，海域空间使用率为 31.52%。如表 1-35 所示，从各评价单元来看，寿光市海域是渤海海域滩涂空间使用率最高的县级单元，达 92.50%。其次使用率较高的还有唐山市丰南区海域、东营区—广饶县海域、葫芦岛市龙港区、长兴岛海域和大连旅顺口区海域滩涂海域，使用率超过 50%，分别为 75.99%、59.03%、55.97%、55.34% 和 50.27%。

表1-35 渤海海域各评价区块潮间带滩涂海域使用情况

区块名称	滩涂面积 （hm²）	用海面积 （hm²）	滩涂 使用率	滩涂完全 掩埋率
大连旅顺口区海域	1 969.61	990.19	50.27%	1.32%
大连甘井子区—金州区海域	23 387.71	11 329.65	48.44%	1.94%
长兴岛海域	1 724.04	954.15	55.34%	22.28%
普兰店海域	23 040.52	7 771.22	33.73%	0.48%
盖州市—鲅鱼圈海域	5 178.67	1 628.39	31.44%	9.43%
营口市老边区海域	11 682.37	5 631.75	48.21%	5.12%
大洼县海域	15 326.00	1 744.97	11.39%	2.04%
盘山县海域	18 431.62	5 473.58	29.70%	0.89%
凌海市—连山区海域	34 671.28	11 206.16	32.32%	3.68%
葫芦岛市龙港区	2 067.22	1 157.06	55.97%	34.66%
兴城市海域	11 509.67	4 770.81	41.45%	1.23%
绥中县海域	2 500.13	766.00	30.64%	4.60%
北戴河区海域	1 233.18	111.93	9.08%	1.98%
抚宁县海域	443.21	144.63	32.63%	0.00%
昌黎县海域	3 590.39	455.67	12.69%	0.00%
乐亭县海域	29 683.50	7 498.03	25.26%	2.39%
曹妃甸海域	51 186.59	20 359.60	39.78%	15.32%
唐山市丰南区海域	5 041.37	3 831.03	75.99%	4.05%
天津汉沽海域	9 645.44	3 066.84	31.80%	11.80%
天津塘沽海域	13 542.35	4 742.27	35.02%	32.07%
天津大港海域	9 477.06	2 522.80	26.62%	8.76%
黄骅市海域	20 050.51	4 098.69	20.44%	7.11%
无棣县海域	46 816.19	852.22	1.82%	1.72%
沾化县海域	36 690.64	14 031.99	38.24%	1.51%
东营市河口区海域	86 209.62	22 652.97	26.28%	0.11%
垦利县海域	52 649.81	9 407.45	17.87%	0.09%
东营区—广饶县海域	17 729.30	10 466.01	59.03%	0.66%
寿光市海域	27 073.37	25 043.96	92.50%	2.47%

区块名称	滩涂面积 （hm²）	用海面积 （hm²）	滩涂 使用率	滩涂完全 掩埋率
寒亭区海域	8 501.79	3 847.54	45.26%	3.14%
昌邑市海域	24 843.58	1 761.57	7.09%	0.17%
莱州市海域	14 770.88	4 399.55	29.79%	2.21%
招远市海域	185.00	11.47	6.20%	6.20%
龙口市海域	905.67	119.25	13.17%	4.31%
蓬莱市—长岛县海域	233.00	51.69	22.18%	14.84%
合计	611 991.26	192 901.07	31.52%	3.97%

　　将二级类用海方式按对空间填埋程度分为3类，其中造成滩涂空间完全掩埋的包括填海造地、构筑物，造成滩涂空间部分掩埋的包括透水构筑物、围海、人工岛式油气开采，剩余用海方式为几乎不对滩涂空间造成永久性损失的用海方式（表1-36）。据统计，渤海潮间带滩涂共承载了24 307.42 hm²的填海造地和非透水构筑物用海，以完全掩埋的方式，造成了潮间带滩涂的永久损失。从各评价区块来看，用海完全掩埋率较高的有葫芦岛市龙港区海域、天津塘沽海域和长兴岛海域，完全掩埋率超过了20%，分别为34.66%、32.07%和22.28%。

表1-36　用海方式对滩涂空间损失程度对照

滩涂空间损失程度	用海方式
完全掩埋	建设填海造地、农业填海造地、废弃物处置填海造地、非透水构筑物
部分掩埋	围海养殖、盐业、透水构筑物、港池蓄水、人工岛式油气开采、跨海桥梁、海底隧道、游乐场、倾倒
无空间损失	开放式养殖、浴场、专用航道、锚地及其他开放式、海砂等矿产开采、海底电缆管道、平台式油气开采、取排水口、污水达标排放

　　集中连片的粉砂淤泥质滩由于坡降缓、基底较为稳定，为海域使用和海洋工程建设提供了广阔的空间。渤海海域规模较大的集中连片粉砂淤泥质滩在莱州虎头崖以西的鲁北岸段、大清河口以南至大口河口岸段、辽东湾底以及普兰店湾。从海域使用情况来看，黄河口以北的鲁北岸段的用海类型主要以开放式养殖为主，能够对滩涂空间造成永久性掩埋的填海、构筑物用海较少（图1-44）；大清河口以南至曹妃甸岸段的用海类型更加多样化，以填海、构筑物和围海为主的海洋工程项目逐步取代传统的养殖活动（图1-45）；位于辽东湾底部的双台子河口西岸围海养殖用海较多，是滩涂的主要利用方式（图1-46）；普兰店湾由于分属多个县级行政单元管辖，各种用海活动兼而有之，但都不构成较大规模（图1-47）。

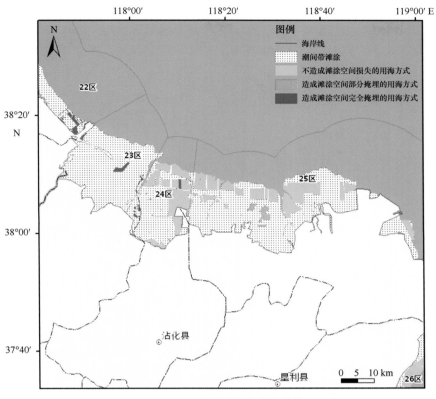

图 1-44　鲁北岸段潮间带滩涂海域使用现状

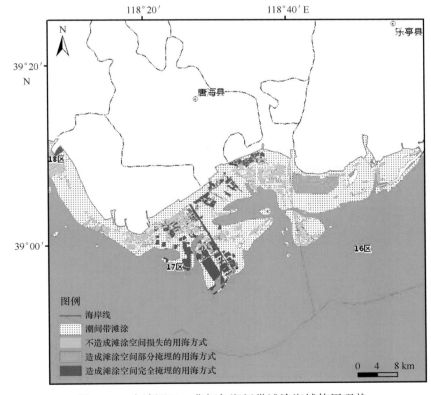

图 1-45　大清河口—曹妃甸潮间带滩涂海域使用现状

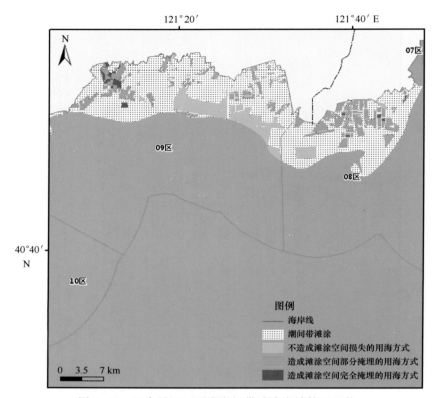

图 1-46　双台子河口西岸潮间带滩涂海域使用现状

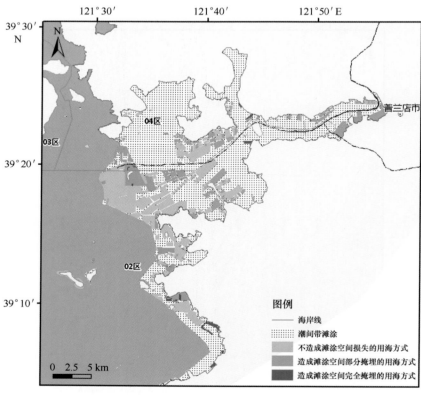

图 1-47　普兰店湾潮间带滩涂海域使用现状

1.5　重点用海类型分析

填海造地用海、港口用海、工业用海、养殖用海以及海底电缆管道用海是渤海海域比较具有代表性的用海类型（方式）。

1.5.1　填海造地用海

1.5.1.1　总体趋势

渤海近岸海域填海造地用海已确权 33 590.57 hm^2，占全国填海造地已确权面积的27%，占渤海近岸海域总面积的0.98%，占渤海海域使用总面积的8.48%。从《中华人民共和国海域使用管理法》实施12年的年度走势来看，渤海海域填海造地用海确权情况与全国总体走势基本一致（图1-48），但以5年为一个时间跨度来看，渤海的填海造地年度走势呈更明显的"梯度化"："十五"、"十一五"和"十二五"时期分别为3段"阶梯"，每个5年期内填海造地确权面积逐年递增，至期末达到最高点。因此，完全从统计规律来看，若不采取更为严格的控制措施，至2015年渤海的填海造地年确权面积会超过5 800 hm^2，届时渤海填海造地总确权面积将超过45 000 hm^2，这一规模相当于14个澳门特别行政区（3 280 hm^2）的面积。

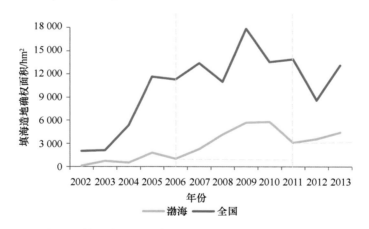

图1-48　全国及渤海填海造地确权面积年度（2002—2013年）走势比较

1.5.1.2　用途分析

如图1-49所示，从渤海填海造地的用途来看，交通运输用海最多，占33.69%，保障了渤海沿海大小港口的码头、堆场的发展空间；其次为工业用海，占33.64%，保障了电力、船舶、钢铁等行业空间转移的建设空间；第三为造地工程用海，占16.91%，主要用于城镇建设，保障了一批大中城市开发区、临海新城的建设空间；第四为渔业用海，占12.20%，主要用于各地区国家级中心渔港、一级渔港的建设，对于渔区发展远洋捕捞船队和控制近岸、近海的捕捞、养殖强度发挥了积极作用。

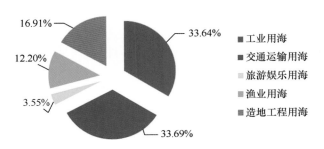

图 1-49 渤海填海造地用途占比

1.5.1.3 单位岸线填海造地面积

填海造地工程大多需要依托海岸线开展建设，其对海岸线的占用是一次性的和永久性的。通过单位岸线承载的填海造地面积，即填海造地用海面积与大陆海岸线的比值，可以反映出某区域填海造地用海对于海岸线的占用和消耗情况。从 34 个评价区块来看（图 1-50），有两个区块是没有填海造地用海的，分别为昌黎县海域（15 区块）和昌邑市海域（30 区块）；单位岸线填海造地面积较高的区块有盖州市—鲅鱼圈海域（05 区块）（图 1-51）、曹妃甸海域（17 区块）（图 1-52），均超过了 60 hm^2/km。

1.5.2 港口用海

1.5.2.1 总体趋势

渤海近岸海域港口用海已确权 18 429.27 hm^2，占全国港口用海已确权面积的 26.43%，占渤海海域使用总面积的 4.65%。从《中华人民共和国海域使用管理法》实施 12 年的年度走势来看，渤海海域的港口用海年度确权面积走势与全国趋势基本保持一致：2007 年、2008 年以来，年度确权面积一直保持较高规模，渤海海域 2008—2013 年期间年均确权港口用海面积为 2 572.76 hm^2，达到全国同期的 35.38%（图 1-53）。一个海岸线长度为全国 1/6 的内海，港口用海面积却占到全国的 1/3 以上，足以体现出港口用海在我国北方经济社会中的重要地位。

1.5.2.2 港口用海密度

港口用海大多需要依托海岸线开展建设。从海域使用来看，自《中华人民共和国海域使用管理法》实施以来，在渤海海域为港口建设提供空间保障最多的要属天津港、营口港两大北方大港。通过单位岸线承载的港口用海面积，即港口用海面积与大陆海岸线的比值，可以反映出某区域港口用海的密度。渤海海域港口用海的密度为 6 hm^2/km，高于全国平均水平 3.7 hm^2/km。从渤海 34 个评价区块来看，有 9 个区块是没有港口用海的；单位岸线港口用海面积最高的区块是盖州市—鲅鱼圈海域（05 区块），高达 50.26 hm^2/km，其次是天津塘沽海域（20 区块）、黄骅市海域（22 区块）、曹妃甸海域

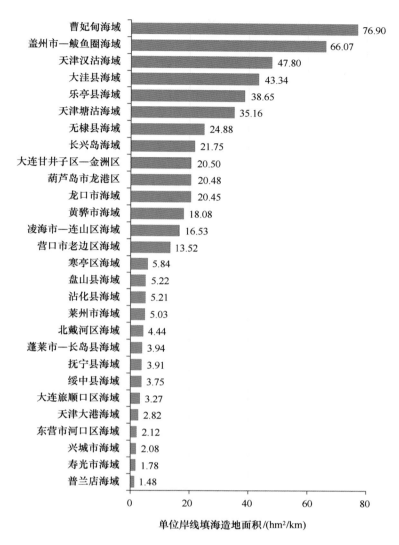

图 1-50　渤海近岸海域各评价区块单位岸线填海造地面积比较

（17 区块），均超过了 25 hm²/km（图 1-54）。

1.5.2.3　渤海主要港口填海情况

依靠填海造地获得港区码头、后方堆场的建设空间也是沿海港口的主要用海需求之一。在渤海近岸海域已经由各级政府审批确权的 18 429.27 hm² 港口用海中，有 9 373.11 hm² 通过填海造地建成，占港口用海总面积的 51%。从各主要港口来看，营口港的鲅鱼圈港区、仙人岛港区通过填海造地获得了 2 255 hm² 的港区空间（图 1-55），是渤海主要沿海港口中填海造地保有量最多的港口；天津港的北港区、南港区共拥有 2 205 hm²（图 1-56）；唐山港的京唐港区、曹妃甸港区共填海 1 644 hm²；其次填海造地用海保有量较多的还有黄骅港 740 hm² 和锦州港 477 hm²（图 1-57）。

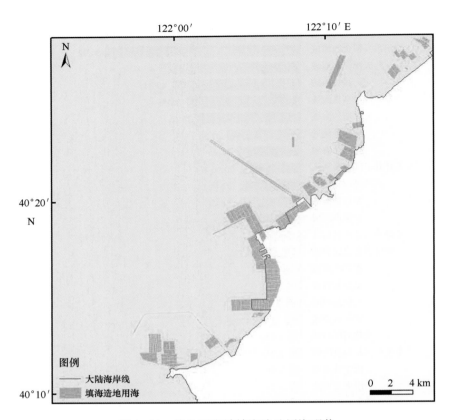

图 1-51　鲅鱼圈海域填海造地用海现状

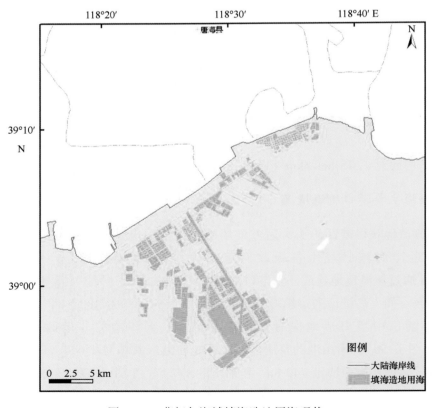

图 1-52　曹妃甸海域填海造地用海现状

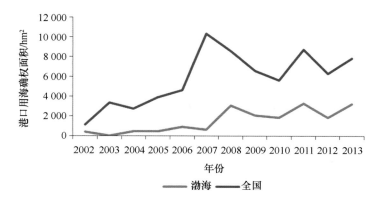

图 1-53　全国及渤海港口用海确权面积年度

（2002—2013 年）走势比较

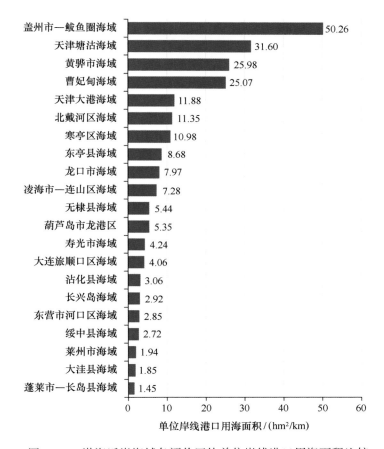

图 1-54　渤海近岸海域各评价区块单位岸线港口用海面积比较

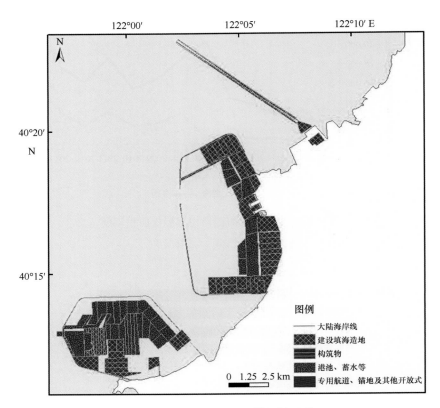

图 1-55　营口港交通运输用海现状

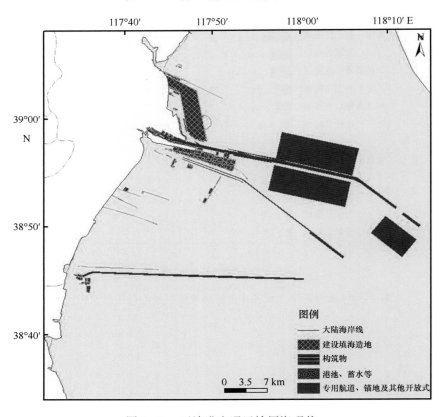

图 1-56　天津港交通运输用海现状

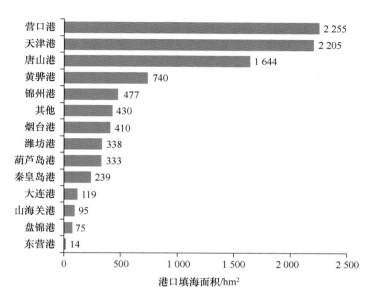

图 1-57　渤海主要沿海港口填海造地用海保有量

1.5.3　工业用海

1.5.3.1　总体趋势

渤海近岸海域工业用海已确权 27 978.12 hm²，占全国工业用海已确权面积的 31.09%，占渤海近岸海域总面积的 0.82%，占渤海海域使用总面积的 7.06%。如图 1-58 所示，从《中华人民共和国海域使用管理法》实施 12 年的年度走势来看，渤海海域工业用海确权情况与全国总体走势基本一致：2004 年以来，渤海的年工业用海确权面积逐年攀升，到 2010 年达到顶峰，"十二五"初期有所下降，2013 年进入"十二五"的关键时期，工业用海面积又有所提高。

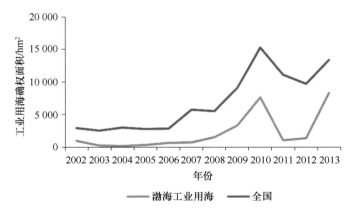

图 1-58　全国及渤海工业用海确权面积年度
（2002—2013 年）走势比较

工业、港口用海年度确权面积的变化趋势叠加分析表明，两者2002—2008年的总体走势十分相近，总体呈增加趋势，且增速也在增加。但2008年以后，渤海的港口用海与工业用海的年确权面积出现了分异：首先是2008年、2009年"金融危机"期间，工业用海继续增长并逐渐超过港口用海，而港口用海在2008年之后出现两年的连续下降；2011年、2012年，港口用海又超过工业用海。

1.5.3.2 工业用海的构成

如图1-59所示，从渤海海域工业用海的二级类构成来看，工业用海的构成及布局基本符合渤海的资源环境条件特点：其他工业用海最多，占工业用海总面积的35.63%，与全国基本一致，在各大区域用海、经济区（开发区）广泛分布；其次为盐业用海，占工业用海总面积的32.07%，这一比例高于全国的20.15%，说明渤海海域盐业用海在工业用海中的地位要高于全国，在辽河口东西两侧、渤海湾、鲁北—莱州湾的广阔滩涂上，都是渤海海盐主要产区，这也与渤海岸滩资源的自然优势相适宜；船舶工业用海比重略高于全国，布局模式与全国一致，即主要依附大型港口，也与港口密度高于全国的现状相符；从盐业用海以外的两种资源依赖型工业用海来看，固体矿产开采低于全国，油气开采用海略高于全国，也与渤海海砂资源相对匮乏、海洋油气资源相对集中、开发便利的资源特点相符合；电力工业用海比重要远低于全国，核电、火电工业的温排水对于水体交换能力有较高的要求，而渤海的水交换能力弱，因而以核电、火电为主的电力工业用海鲜有布局，但近年随着风力发电技术的进步，渤海的海上风电布局有增加趋势，莱州湾、渤海湾、曹妃甸滩的滩涂上，为海上风电站建设提供了广阔空间，风电用海将成为渤海电力工业用海的主要类型。

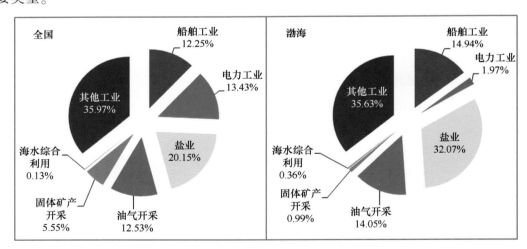

图1-59 渤海与全国工业用海构成（面积百分比）比较

1.5.3.3 工业用海与港口用海关系分析

从全国范围来看，作为重要的海洋产业用海，历年累计确权工业用海、港口用海的面积与当年海洋生产总值的相关性均较高（图1-60）。2008年以来是我国乃至全球经济形势变化较为剧烈的时期，从图1-61工业用海与港口用海趋势叠加比较来看，两者在2008年以后的增减趋势是"交错"的，即工业用海上升时港口用海减少，工业用海减少时港口用海增加。

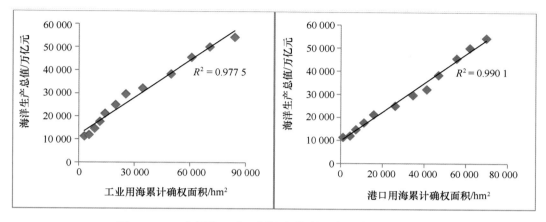

图 1-60   工业用海、港口用海与海洋生产总值相关性分析

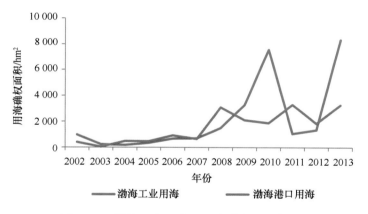

图 1-61   渤海工业、港口用海确权面积年度
（2002—2013年）走势比较

两者虽然都与海洋生产总值有较高的相关性，但经济环境对于港口用海和工业用海供需的影响不尽一致：外部经济环境的恶化造成进出口贸易减少，使得港口用海需求下降；这一时期，政府往往采取宽松的财政和货币政策以扩大内需、刺激消费，以工业用海为引领的基础设施和固定资产投资增加；而当外部经济环境好转后，先前投建的工业用海纷纷投产，外需也日渐回升，货运需求增加，港口需要扩大规模以支撑运力，此时港口用海需求应该有一定程度的增加。两者的关系在一定程度上说明：工业用海属于创造需求型，港口用海属于需求支撑型。

1.5.4 养殖用海

1.5.4.1 总体趋势

渤海近岸海域养殖用海已确权 311 691.55 hm²，占全国已确权养殖用海面积的 10.87%，占渤海海域使用总面积的 73%。无论从总体规模还是在各类型确权总面积中的比重来看，渤海海域养殖用海的优势度都低于全国总体水平。年际变化趋势与全国相比亦较为平缓（图1-62），对全国总体趋势的影响不大，变化幅度亦不似工业用海、港口用海和填海造地用海般明显，这些都表明渤海海域使用的工业与城镇化程度较高。

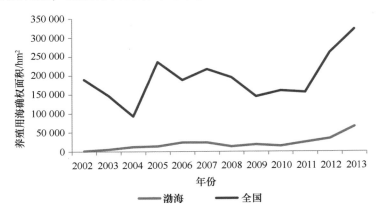

图1-62　全国及渤海养殖用海确权面积年度
（2002—2013 年）走势比较

1.5.4.2 养殖用海的构成

养殖用海分为开放式养殖和围海养殖（图1-63），渤海海域开放式养殖与围海养殖的确权面积比为 6.79∶1，其中开放式养殖的面积比重为 87.16%，围海养殖的面积比重为 12.84%，同期全国开放式养殖占养殖用海总面积的 92%，围海养殖占 8%，渤海养殖用海的围海比例高于全国。如表1-37 所示，渤海养殖用海的样本数有 13 047 宗。在开放式养殖用海中，小于 50 hm² 的用海宗数最多，为 3 838 宗，占开放式养殖总样本数的 73%，面积共 27 010 hm²；100~200 hm² 的用海面积规模最大，占开放式养殖总面积的 39%，共有 662 宗。在围海养殖中，面积小于 50 hm² 的占主导，占围海养殖宗数的 99%，占围海养殖面积的 79%。渤海养殖用海围海比例高、单宗用海面积小，这些都表明渤海养殖用海受发展空间局限的影响更为明显。

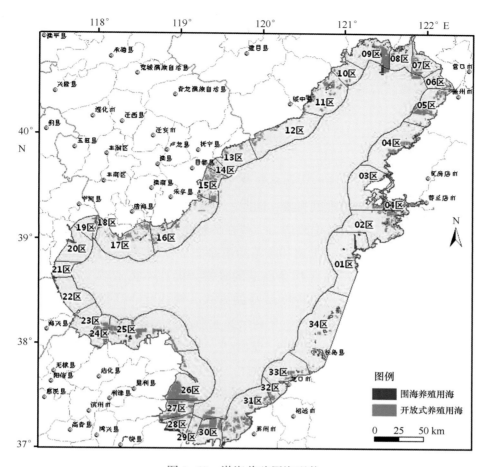

图 1-63 渤海养殖用海现状

表 1-37 渤海养殖用海单宗用海面积分布

用海方式	单宗用海面积区间（hm²）	用海宗数（宗）	用海面积（hm²）
开放式	<50	3 838	27 010
	50~100	430	30 047
	100~200	662	106 041
	200~300	211	57 061
	>300	111	51 518
围海	<50	7 708	31 614
	>50	87	8 400

1.5.4.3 养殖用海的布局

从渤海各区块的养殖用海规模来看，垦利县、莱州市、瓦房店、盖州市—鲅鱼圈、凌海市、东营市河口区等海域养殖用海规模较大，分别为 30 724.83 hm²、27 320.29 hm²、26 914.22 hm²、24 579.85 hm²、22 762.93 hm² 和 22 096.55 hm²。从养殖用海的密度，即养殖用海占海域总面积的比重来看，位于莱州湾的东营区—广饶县、寿光市和昌邑市海域最高，分别为29.04%、26.59%、26.03%，其次为盖州市—鲅鱼圈海域25.60%，沾化县海域21.56%，凌海市海域21.38%，瓦房店海域20.21%。上述地区为渤海养殖用海布局集中且具有一定规模的海域。天津塘沽海域、秦皇岛市北戴河区海域、无棣县海域无养殖用海。

1.5.4.4 渔港用海分析

渤海是我国最大的内海，随着资源环境状况的恶化和曾经较高的近岸捕捞强度，原生渔业资源日渐衰退，近岸捕捞难以为继；同时，大规模的建设用海活动，使得渤海沿海许多传统的渔区、渔业村面临城镇化改造，一些在传统海水养殖区从事养殖生产的沿海渔民也面临"失海"问题。因此，在发展和改革的道路上，合理安置失海渔民，使广大渔民共享发展成果成为维护渤海沿海地区社会稳定的关键。而在本行业内实现剩余劳动力的转移，是成本最低、剩余劳动力吸纳程度最高的方式。现代化、高标准的渔港基础设施建设，不仅事关渔业安全和防灾减灾，更是剩余渔业劳动力实现行业内转移的有效途径。

《全国渔业发展第十二个五年规划》提出"一级以上渔港数量达到200个以上，使70%的渔船实现就近避风和休渔"的发展目标。同时，提出了"提高一级以上渔港建设标准，合理增加布局密度"、"启动二级渔港、避风锚地建设"等重点任务和重点工程。农业部关于贯彻落实《国务院关于促进海洋渔业持续健康发展的若干意见》的实施意见提出要"合理规划渔港建设布局，尽快形成以中心渔港、一级渔港和内陆重点渔港为主体，以二、三级渔港为支撑的渔港防灾减灾体系"。在国家海洋局《2013年海域管理工作要点》中也提出"鼓励渔业基础设施建设。渔港、科研基地等渔业基础设施和渔业现代化建设用海，要合理布局，适当集中，优先配置"。足可见渔港建设在发展现代渔业中的地位以及政府相关部门对于保障渔港建设的重视。渔业基础设施用海，特别是用于中心渔港、一级渔港建设的渔港用海，应该是在养殖用海之外，渤海应该重点关注的渔业用海类型。据不完全统计，至2012年年底，完全位于渤海海域的中心渔港、一级渔港有14个，每100 km大陆岸线中心、一级渔港的分布密度为0.86个，与山东半岛（1.47个/100 km）、"长三角"（1.21个/100 km）、海峡西岸（1.14个/100 km）、粤桂沿海（0.92个/100 km）相比，这一密度相对较低（图1-64）。

从已确权的各级渔港的用海现状来看，渤海共有各级渔港32个确权使用海域，用海总面积3 183 hm²。其中，规模较大（面积大于100 hm²）的有7个，大部分为中心渔港、一级渔港；规模一般（10~100 hm²）的有13个；规模较小（面积小于10 hm²）的有12个（图1-65）。

1.5.5 电缆管道和石油平台用海

海底电缆管道用海虽然用海规模不大，渤海的海底电缆管道、石油平台和采油人工岛的总用海面积为10 107 hm²，仅为渤海海域使用总面积的2.4%。但由于海底电缆管

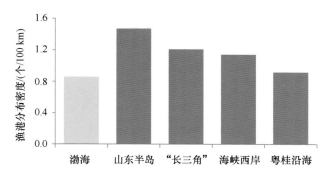

图 1-64　主要沿海地区 100 km 岸线中心、一级渔港分布密度比较

为缩小大陆海岸线曲折度差异，该长度均采用 1∶400 万基础地理量算

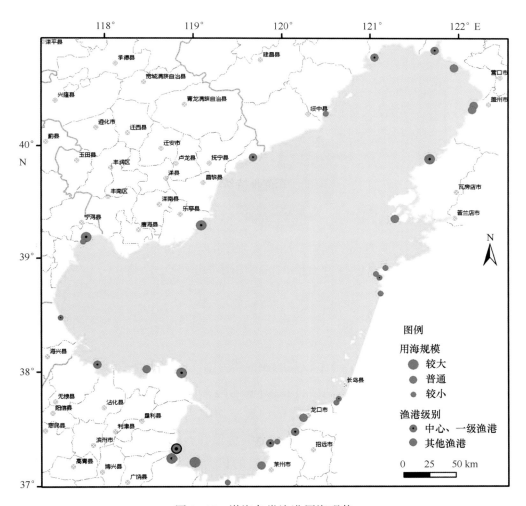

图 1-65　渤海各类渔港用海现状

道工程的铺设施工里程长，与海面、水体的利用活动交错，极易与港口航道疏浚、海砂开采、底播养殖等用海活动产生相互影响。特别是在渤海海域，石油资源丰富、开发条件较为便利，海上油田的密集程度要远远高于我国近岸其他海域，其内输送的油气、危

险品等介质的化学性质极不稳定，具有较高的用海安全隐患。因此，摸清渤海海底电缆管道和石油平台用海的现状及与相邻用海可能产生的相互影响将有助于用海安全隐患防范。

1.5.5.1 主要石油公司分属情况

渤海 10 107 hm² 的海底电缆管道、石油平台和采油人工岛用海中，有 9 804 hm² 与油气开采相关，分属渤海的各大油田。从分属的石油开发公司来看，主要为国有控股的 3 大石油巨头（图 1-66）。其中，中海石油（中国）有限公司的用海面积最大，为 6 713 hm²，主要拥有分布在渤海中部海域的渤中、渤西、旅大、蓬莱、绥中、锦州、秦皇岛和曹妃甸等油气田；中国石油化工股份有限公司坐拥东营近岸海域的胜利油田，用海面积 1 563 hm²；中国石油天然气股份有限公司用海面积 1 438 hm²，主要拥有海岸地区的大港、辽河、冀东、月东油田。另有 90 hm² 的用海为阿帕契、洛克等外资（合资）石油公司。

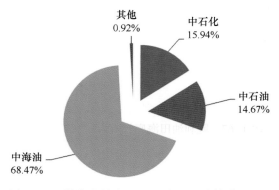

图 1-66　渤海海域主要石油公司石油管道和
平台用海拥有面积百分比

1.5.5.2 与相邻用海影响范围

海底电缆管道用海属于安全隐患较高的用海类型，《海底电缆管道保护规定》规定省级以上人民政府海洋行政主管部门应当划定海底电缆管道保护区的范围，并明确：沿海宽阔海域为海底电缆管道两侧各 500 m；海湾等狭窄海域为海底电缆管道两侧各 100 m；海港区内为海底电缆管道两侧各 50 m。渤海的电缆管道和石油平台用海主要位于渤海中部海域（图 1-67 和图 1-68），与其他用海活动交错的机会较少，但往往电缆管道需要在近岸海域上陆，无可避免地会与其他用海活动交错、相邻。

按照《海底电缆管道保护规定》的海底电缆管道向四周缓冲 500 m 的范围，通过与其他用海活动叠加分析，可以得出海底电缆管道和石油平台用海与其他用海的相互影响范围。渤海的电缆管道和石油平台用海的保护区范围共与 3 623 宗、18 499.53 hm² 的用海有重叠关系。显然，《海底电缆管道保护规定》中关于"禁止在海底电缆管道保护区内从事挖砂、钻探、打桩、抛锚、拖锚、底拖捕捞、张网、养殖或者其他可能破坏海底电缆管道

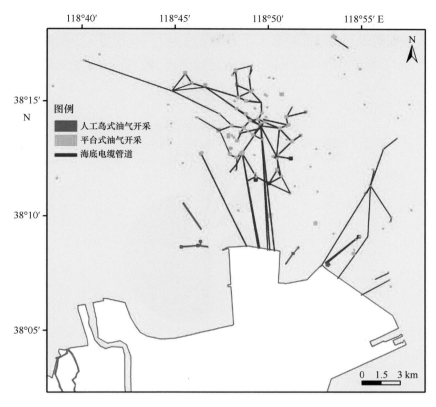

图 1-67　胜利油田海底管道和石油平台分布

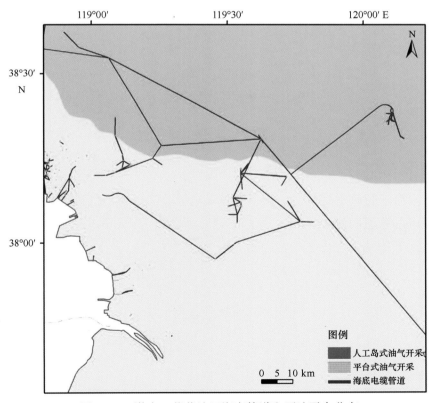

图 1-68　渤中、蓬莱油田海底管道和石油平台分布

安全的海上作业"的规定并未得到有效执行。如图 1-69 所示，从各用海类型来看，电缆管道保护区与渔业用海的重叠面积最大，为 15 473 hm²，其次为工业用海 1 413 hm²、造地工程用海 685 hm²、特殊用海 491 hm²、交通运输用海 397 hm²、旅游娱乐用海 31 hm²、其他用海 9 hm²。

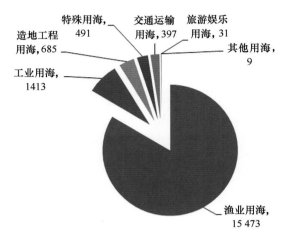

图 1-69　渤海海域电缆管道保护范围与其他用海类型重叠面积（hm²）比较

2 渤海海洋生态环境现状及分析

渤海是我国唯一的半封闭型内海，沿岸为辽宁、河北、山东和天津三省一市所环绕，上承黄河、海河和辽河三大流域，下接黄海、东海生态体系，是世界上典型的半封闭海之一，也是我国诸多海域中生态环境最为脆弱的海域，其海水交换能力很差，近年来由于入海污染物大幅度增加，渤海环境质量急剧恶化。环渤海经济区是我国经济发展的重点，大规模的沿海区域经济开发给渤海环境带来巨大的压力，也带来更为严重的陆源污染物排放增加，造成近海海域甚至整个渤海海域的污染危机加重。由于近岸海域水环境质量状况下降等因素，引发渤海部分生态服务功能和经济服务功能丧失，可持续利用能力加速丧失，主要表现为：渔业资源衰退，生物多样性降低；海域污染事故、赤潮频发，虾贝病害严重；资源开发和环境利用处于无序、无度状态；渤海正在趋于"荒漠化"。加强对渤海海域生态环境问题的分析，是维护水体质量和生物多样性、维持渤海生态系统健康的需要，也是提高区域环境承载力、建设新的区域经济增长点的需要，更是人与海洋和谐相处、实现工程治理与经济社会可持续发展的需要。

本章重点介绍渤海海洋生态环境现状、海洋生态环境演变特征与演变趋势、主要资源开发活动与海洋环境质量的关系，并针对渤海海洋环境的主要问题提出对策建议。

2.1 渤海海洋生态环境现状分析

渤海作为我国唯一的半封闭型内海，其环境承载能力有限。近年来由人类活动引起的污染和破坏问题较为严峻，部分生态服务功能和经济服务功能丧失，海洋环境保护工作面临严峻的挑战。本节主要从海洋环境状况、海洋生态状况和主要入海污染源三个方面介绍渤海海洋生态环境现状。

2.1.1 海洋环境状况

2.1.1.1 海水水质

根据 2013 年渤海海域海水水质监测数据，对渤海海域海水环境质量现状进行评价，渤海海域监测站位中四类和劣四类站位所占比重分别为 9.44% 和 32.77%，污染较严重，主要超标污染要素为无机氮、活性磷酸盐和石油类，污染较重的四类和劣四类海域主要集中在辽东湾、渤海湾和莱州湾近岸。

1）站位综合评价

2013 年，渤海海域共有 180 个站位开展了海水水质监测，根据《海水水质标准》（GB

3097—1997）对 180 个监测站位的监测数据开展单因子评价，共对 13 个监测参数进行了单因子评价，每个站位的评价等级采用该站位单因子评价等级的最大值，结果显示：21个为一类站位，约占比重 11.66%；34 个为二类站位，约占比重 18.88%；49 个为三类站位，约占比重 27.22%；17 个为四类站位，约占比重 9.44%；劣四类站位为 59 个，约占比重 32.77%。2013 年渤海海域站位综合评价结果见图 2-1。

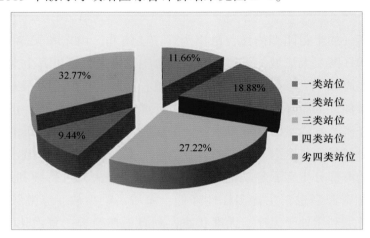

图 2-1　2013 年渤海海水水质综合评价

2）主要超标污染要素

渤海海域海水环境中主要超标物质为无机氮、活性磷酸盐和石油类，其中无机氮污染较为严重，全海域共有 59 个站位出现了无机氮劣四类站位，无机氮的超四类最大倍数为5.27，局部站位活性磷酸盐、化学需氧量、汞为四类。2013 年渤海海域污染要素单因子评价结果见表 2-1。

表 2-1　2013 年渤海海域水质污染要素单因子评价情况

监测参数	监测站位	一类站位		二类站位		三类站位		四类站位		劣四类站位		最大超标倍数
		个	%	个	%	个	%	个	%	个	%	
pH 值	180	175	97.22	0	0	5	2.77	0	0	0	0	0.92
溶解氧	180	179	99.44	1	0.55	0	0	0	0	0	0	0.58
化学需氧量	180	163	90.55	10	5.55	4	2.22	3	1.66	0	0	0.87
活性磷酸盐	179	127	70.95	44	24.58	0	0	8	4.46	0	0	0.78
无机氮	180	32	17.77	32	17.77	40	22.22	17	9.44	59	32.77	5.27
石油类	180	148	82.22	0	0	32	17.77	0	0	0	0	0.44
汞	104	66	63.46	26	25	0	0	12	11.53	0	0	0.67
铜	100	90	90	8	8	2	2	0	0	0	0	0.41

监测参数	监测站位	一类站位		二类站位		三类站位		四类站位		劣四类站位		最大超标倍数
		个	%	个	%	个	%	个	%	个	%	
铅	104	47	45.19	49	47.11	8	7.69	0	0	0	0	0.15
镉	104	93	89.42	11	10.57	0	0	0	0	0	0	0.25
总铬	104	102	98.07	0	0	2	1.92	0	0	0	0	0.34
锌	95	66	69.47	25	26.31	4	4.21	0	0	0	0	0.16
砷	104	104	100	0	0	0	0	0	0	0	0	0.15

3）污染面积

通过对春季、夏季、秋季监测站位等级的插值计算渤海海域污染面积分布情况，春季、夏季、秋季渤海海域符合一、二类海水水质标准的海域面积分别为 51 450 km²、52 960 km² 和 47 300 km²；夏季三类、四类和劣四类水质海域面积分别为 12 920 km²、2 930 km² 和 8 490 km²，其中污染较重的四类和劣四类海域主要集中在辽东湾、渤海湾和莱州湾近岸，渤海中部海域海水环境质量状况良好（图 2-2）。

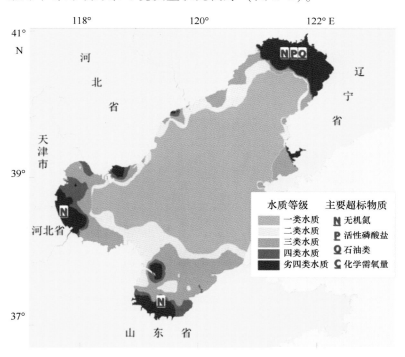

图 2-2　2013 年夏季渤海海域水质等级分布

4）污染分布

辽东湾：春季、夏季和秋季符合一类海水水质标准的海域面积分别占辽东湾面积的

56%、66%和25%，主要超标物质是无机氮、化学需氧量和石油类。

渤海湾：春季、夏季和秋季符合一类海水水质标准的海域面积分别占渤海湾面积的9%、29%、7%，主要超标物质是无机氮、化学需氧量和石油类。

莱州湾：春季、夏季和秋季符合一类海水水质标准的海域面积占莱州湾面积的比例均小于1%，主要超标物质是无机氮、活性磷酸盐和石油类。

渤海中部：春季、夏季和秋季符合一类海水水质标准的海域面积分别占渤海中部面积的62%、72%、66%，局部海域部分时段海水石油类和无机氮浓度超二类海水水质标准。

2.1.1.2　海洋沉积物

根据2013年渤海海域海洋沉积物监测数据，对渤海海域海洋沉积物环境质量现状进行评价，渤海海域监测站位中76.1%为一类站位，沉积物质量状况总体良好，主要超标因子有汞、镉、石油类，除锦州湾部分要素超过二类沉积物标准外，其余海域沉积物状况良好，大部分监测指标符合一类沉积物标准。

1）站位综合评价

2013年，渤海海域共有67个站位开展了海洋沉积物监测，根据《海洋沉积物质量》（GB 18668—2002）对67个监测站位的监测数据开展单因子评价，共对13个监测参数进行了单因子评价，每个站位的评价等级采用该站位单因子评价等级的最大值，结果显示渤海海域沉积物质量状况总体良好，67个监测站位中51个为一类站位，约占比重76.12%，14个为二类站位，约占比重20.89%，1个为三类站位，约占比重1.49%，劣三类站位为1个，约占比重1.49%。2013年渤海海域沉积物站位综合评价结果见图2-3。

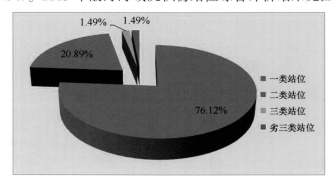

图2-3　2013年渤海海域沉积物站位综合评价

2）主要超标污染要素

渤海海域沉积物的主要超标因子有汞、镉、石油类等，67个监测站位中有1个监测站位汞超过三类标准，位于辽东湾，有1个监测站位镉超过二类标准，有1个监测站位石油类超过二类标准，有个别站位铜、铅、锌、硫化物、多氯联苯等超过一类标准。2013年渤海海域沉积物单因子评价结果见表2-2。

表 2-2　2013 年渤海海域沉积物污染要素单因子评价情况

监测参数	监测站位	一类站位		二类站位		三类站位		劣三类站位		最大超标倍数
		个	%	个	%	个	%	个	%	
汞	66	65	98.49	0	0	0	0	1	1.51	1.49
铜	66	65	98.49	1	1.52	0	0	0	0	0.18
铅	66	64	96.97	2	3.03	0	0	0	0	0.25
镉	66	63	95.45	2	3.03	1	1.52	0	0	0.82
铬	59	59	100	0	0	0	0	0	0	0.29
锌	63	62	98.41	1	1.587	0	0	0	0	0.32
砷	66	66	100	0	0	0	0	0	0	0.19
石油类	56	54	96.43	1	1.786	1	1.79	0	0	0.94
硫化物	66	65	98.49	1	1.51	0	0	0	0	0.53
有机碳	59	59	100	0	0	0	0	0	0	0.25
六六六	4	4	100	0	0	0	0	0	0	0
滴滴涕	5	4	80	1	20	0	0	0	0	0.43
多氯联苯	31	24	77.42	7	22.58	0	0	0	0	0.27

汞：渤海海域沉积物中汞污染较为严重，66 个监测站位中有 1 个监测站位汞元素含量超过三类标准，最大超标倍数为 1.49。

镉：渤海海域沉积物监测中有个别站位受到镉元素污染，66 个监测站位有 1 个监测站位镉元素含量超过二类标准。

石油类：渤海海域沉积物监测中有个别站位受到石油类污染，56 个监测站位有 1 个监测站位石油类含量超过二类标准，有 96% 的监测站位符合一类标准。

3）污染分布

辽东湾：除锦州湾外，沉积物质量总体良好，大部分海域各项沉积物监测指标符合一类海洋沉积物质量标准，局部海域石油类、硫化物或部分重金属含量超一类海洋沉积物质量标准。锦州湾沉积物污染较为严重，湾内局部海域沉积物中汞含量超三类海洋沉积物质量标准，镉含量超二类海洋沉积物质量标准。旅顺近岸海域沉积物中石油类含量超二类海洋沉积物质量标准。秦皇岛东北部附近海域个别站位沉积物中石油类含量超一类海洋沉积物质量标准。

渤海湾：沉积物质量状况总体良好，大部分监测指标符合一类海洋沉积物质量标准。天津近岸部分海域沉积物中多氯联苯含量超一类海洋沉积物质量标准，个别站位沉积物中铜含量超一类海洋沉积物质量标准。

莱州湾：沉积物质量状况总体良好，各项监测指标符合一类海洋沉积物质量标准。

渤海中部：沉积物质量状况总体良好，各项监测指标符合一类海洋沉积物质量标准。

2.1.2 海洋生态状况

2.1.2.1 海洋生物多样性

根据 2013 年渤海海域海洋生物监测数据，对渤海海域海洋生物多样性现状进行评价，渤海海域生物物种数量一般。2013 年浮游植物、浮游动物、底栖生物鉴定物种数约占全国海域鉴定物种数的 1/4 左右，浮游植物、浮游动物和底栖生物的生物多样性和群落结构基本稳定。

1）生物物种

2013 年，在渤海设置了 252 个生物多样性监测站位，开展了春季和夏季两个航次浮游植物、浮游动物及底栖生物监测。共鉴定出浮游植物 201 种，隶属于 10 门、14 纲、24目、36 科、81 属，主要类群为硅藻和甲藻；浮游动物 108 种（不包括幼虫幼体），隶属于12 门、17 纲、29 目、56 科、68 属，主要类群为桡足类和水母类；大型底栖生物 389 种，隶属于 12 门、24 纲、51 目、164 科、286 属，主要类群为环节动物、软体动物和节肢动物。2013 年渤海生物物种情况与全国的对比如图 2-4。

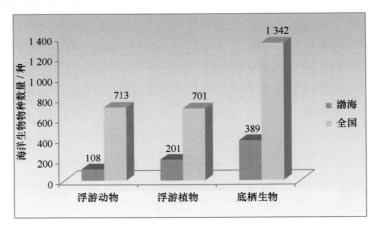

图 2-4　2013 年渤海海域海洋生物物种数量

2）重点海域生物状况

（1）双台子河口

夏季，浮游植物 59 种，优势种为布氏双尾藻、夜光藻和洛氏角毛藻；浮游动物 32种，优势种为火腿许水蚤、双刺唇角水蚤和真刺唇角水蚤。

（2）锦州湾

春季，浮游植物 19 种，优势种为新月菱形藻、长菱形藻和具槽直链藻；浮游动物 8

种，优势种为中华哲水蚤、双毛纺锤水蚤和腹针胸刺水蚤。夏季，浮游植物 28 种，优势种为中肋骨条藻、丹麦细柱藻和尖刺伪菱形藻；浮游动物 11 种，优势种为双刺纺锤水蚤、强壮箭虫和小拟哲水蚤。

（3）滦河口—北戴河

春季，浮游植物 45 种，优势种为斯氏根管藻和夜光藻；浮游动物 13 种，优势种为克氏纺锤水蚤、小拟哲水蚤和八斑芮氏水母；大型底栖生物 39 种，优势种为豆形短眼蟹和西方似蛰虫。夏季，浮游植物 45 种，优势种为中肋骨条藻和丹麦细柱藻；浮游动物 17 种，优势种为强壮箭虫和小拟哲水蚤；大型底栖生物 45 种，优势种为日本美人虾和豆形短眼蟹。

（4）渤海湾

春季，浮游植物 33 种，优势种为旋链角毛藻和虹彩圆筛藻；浮游动物 22 种，优势种为双刺纺锤水蚤和强壮箭虫；大型底栖生物 55 种，优势种为凸壳肌蛤、微角齿口螺和独毛虫。夏季，浮游植物 47 种，优势种为旋链角毛藻和尖刺菱形藻；浮游动物 21 种，优势种为强壮箭虫和太平洋纺锤水蚤；大型底栖生物 55 种，优势种为凸壳肌蛤和棘刺锚参。

（5）埕岛

春季，浮游植物 23 种，优势种为具槽帕拉藻；浮游动物 9 种，优势种为中华哲水蚤和双刺纺锤水蚤；大型底栖生物 23 种，优势种为苍白亮樱蛤和极地蚤钩虾。夏季，浮游植物 52 种，优势种为假弯角毛藻和丹麦细柱藻；浮游动物 12 种，优势种为背针胸刺水蚤和强壮箭虫；大型底栖生物 32 种，优势种为江户明樱蛤和寡节甘吻沙蚕。

（6）黄河口

春季，浮游植物 28 种，优势种为具槽帕拉藻和夜光藻；浮游动物 13 种，优势种为强壮箭虫和中华哲水蚤；大型底栖生物 50 种，优势种为凸壳肌蛤和乳突半突虫。夏季，浮游植物 58 种，优势种为假弯角毛藻和中肋骨条藻；浮游动物 17 种，优势种为强壮箭虫和太平洋纺锤水蚤；大型底栖生物 44 种，优势种为凸壳肌蛤。

（7）莱州湾

春季，浮游植物 25 种，优势种为辐射圆筛藻和柔弱几内亚藻；浮游动物 17 种，优势种为双刺纺锤水蚤、克氏纺锤水蚤和腹针胸刺水蚤；大型底栖生物 87 种，优势种为凸壳肌蛤和小头虫。夏季，浮游植物 44 种，优势种为拟弯角毛藻、冕孢角毛藻和旋链角毛藻；浮游动物 30 种，优势种为肥胖三角溞和强壮箭虫；大型底栖生物 103 种，优势种为凸壳肌蛤。

（8）庙岛群岛

春季，浮游植物 34 种，优势种为翼根管藻印度变型和具槽帕拉藻；浮游动物 11 种，优势种为腹针胸刺水蚤和中华哲水蚤；大型底栖生物 91 种，优势种为索沙蚕和小头虫。夏季，浮游植物 32 种，优势种为夜光藻和三角角藻；浮游动物 23 种，优势种为强壮箭虫和五角水母；大型底栖生物 90 种，优势种为日本鳞缘蛇尾、欧文虫和不倒翁虫。

3）生物多样性

依据对 2013 年渤海海域 252 个生物监测站位的监测结果，进行生物多样性的评价，评价结果显示，渤海海域浮游植物、浮游动物和底栖生物的生物多样性和群落结构基本稳定。对渤海海域 8 个重点海域的生物多样性的评价结果显示，埕岛、庙岛群岛等海域浮游植物生物多样性情况较好，莱州湾、庙岛群岛等海域浮游动物和底栖生物的生物多样性情况较好，各海域生物多样性指数评价情况见图 2-5 和表 2-3。

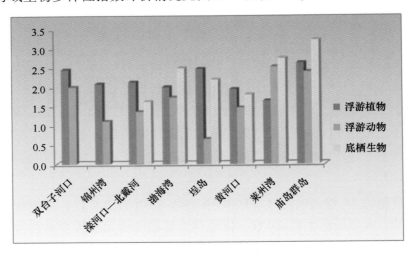

图 2-5　2013 年渤海重点海域生物多样性指数

表 2-3　2013 年渤海重点海域生物多样性状况

区域	浮游植物	浮游动物	底栖生物
双台子河口	2.45	2	—
锦州湾	2.08	1.11	—
滦河口—北戴河	2.13	1.36	1.62
渤海湾	2	1.73	2.49
埕岛	2.47	0.65	2.19
黄河口	1.94	1.46	1.8
莱州湾	1.64	2.52	2.74
庙岛群岛	2.62	2.39	3.21

"—"表示无该项统计数据。

2.1.2.2　典型海洋生态系统

2013 年，以海洋生物多样性监测结果为基础，对双台子河口、锦州湾、滦河口—北戴河、渤海湾、黄河口、莱州湾 6 个典型生态系统进行监测评价。结果显示（图 2-6），锦州湾生态系统处于不健康状态，其余5个生态系统处于亚健康状态，面临的主要问题包括环境污染、生物栖息地丧失、渔业资源衰退等。除滦河口—北戴河外，其他生态系统的海水环境普遍受到无机氮和石油类污染；沉积物环境状况良好；浮游生物和大型底栖生物密度偏离正常水平；鱼卵仔鱼数量偏低。

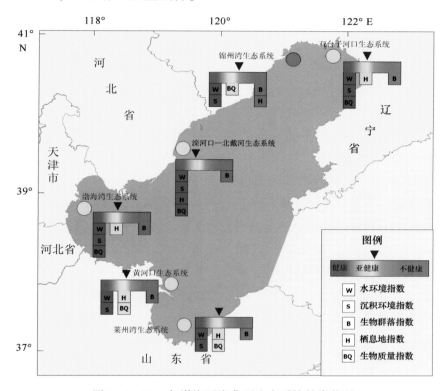

图 2-6　2013 年渤海近岸典型生态系统健康状况

锦州湾典型生态系统整体处于不健康状态。锦州湾海水无机氮浓度超第四类海水水质标准，活性磷酸盐、石油类、重金属（汞、铅、锌）出现超第一类海水水质标准现象；沉积物环境受到镉、铅、汞的污染，局部海域汞含量超第三类海洋沉积物质量标准；浮游生物密度偏离正常水平。陆源工厂排污、围填海导致生物栖息地丧失是影响锦州湾生态系统健康的主要因素。

双台子河口生态系统整体处于亚健康状态。双台子河口浮游植物丰度偏低，浮游动物密度偏低且生物量偏高，生物群落指数处于不健康状态，水环境指数、沉积环境指数和生物质量指数处于健康状态，栖息地指数处于亚健康状态。

滦河口—北戴河生态系统整体处于亚健康状态。滦河口—北戴河浮游植物丰度偏高，生物群落指数处于不健康状态，水环境指数、沉积环境指数、生物质量指数和栖息地指数处于健康状态。

渤海湾生态系统整体处于亚健康状态。渤海湾浮游植物丰度偏高，浮游动物生物量偏低，生物群落指数处于不健康状态，水环境指数、沉积环境指数和生物质量指数处于健康状态，栖息地指数处于亚健康状态。

黄河口生态系统整体处于亚健康状态。黄河口浮游植物丰度偏高，大型底栖生物密度偏低，生物群落指数处于不健康状态，水环境指数和沉积环境指数处于健康状态，生物质量指数和栖息地指数处于亚健康状态。

莱州湾生态系统整体处于亚健康状态。莱州湾生物群落指数处于不健康状态，水环境指数和沉积环境指数处于健康状态，生物质量指数和栖息地指数处于亚健康状态。

2.1.3 主要入海污染源

2.1.3.1 入海江河

根据 2013 年渤海入海江河水质监测数据，对渤海海域入海江河环境质量现状进行评价，渤海江河入海污染物总量约为 318.3×10^4 t，其中辽宁省 135.6×10^4 t、河北省 29.9×10^4 t，天津市 15.9×10^4 t，山东省 136.9×10^4 t，山东和辽宁所占比重最大（表 2-4）。根据地表水环境质量标准，对渤海主要江河进行评价，约 90% 的江河水质等级处于劣 V 类，主要污染物为化学需氧量、总氮、总磷，部分河流存在重金属污染和石油类污染。

1）江河入海污染总量

2013 年，渤海沿岸主要江河径流携带入海的各类污染物总量分别约为：化学需氧量（COD_{Cr}）310×10^4 t，石油类 23 018 t，总氮 43 107 t，总磷 8 617 t，重金属 4 187 t（铜 1 718 t、铅 951 t、锌 1 443 t、镉 69 t、汞 4.15 t），砷 163 t。

表 2-4 2013 年渤海沿岸主要河流入海污染量 （单位：t）

河流名称	入海污染物总量	化学需氧量	总氮	总磷	石油类	砷	重金属
辽宁葫芦岛六股河	1 175 178	1 165 709	7 039.074	777.417	280.269	4.012	1 368.06
辽宁锦州小凌河	17 029.45	16 485.15	420.543	16.49	44.717	0.466	62.08
辽宁盘锦大凌河	3 361.456	2 765	205.4	—	385.52	1.185	4.351
辽宁盘锦双台子河	66 257.95	65 690.35	347.339	104.793	96.049	2.499	16.923
辽宁瓦房店复州河	4 314.541	4 173	69.673	25.971	40.954	0.33	4.613
辽宁营口大辽河	90 356	80 660.3	7 693.086	1 681.384	122.038	12.892	186.302
河北沧州宣惠河	66 895.79	65 162.55	926.393	626.75	111.7	8.044	60.352
河北唐山陡河	99 185.94	97 898.67	938.51	122.326	190.15	2.739	33.551
河北唐山滦河	125 037.3	123 648	950.544	79.654	327.888	2.065	29.191
河北唐山小青龙河	8 572.014	7 927.2	277.696	234.269	67.405	6.105	59.339
天津潮白新河	60 345.34	59 023.5	122.56	895.064	174.121	4.004	126.089
天津蓟运河	77 362.72	75 229.41	1 258.724	535.944	117.87	2.907	217.864

河流名称	入海污染物总量	化学需氧量	总氮	总磷	石油类	砷	重金属
天津永定新河	21 486.84	20 977.56	277.996	193.069	21.005	0.56	16.644
山东东营潮河	92 103.39	91 840	8.396	222.8	30.4	0.273	1.523
山东东营黄河	1 017 191	971 080	21 709.58	1 810.182	20 519.4	111.078	1 961.124
山东东营挑河	10 563.29	10 541.33	1.006	15.714	4.527	0.06	0.653
山东潍坊白浪河	5 810.262	5 757.5	41.136	6.1	5.27	0.237	0.019
山东潍坊小清河	238 048	235 568.2	770.757	1 232.972	437.724	3.81	34.561

"—"表示无该项统计数据。

2）各省市江河入海污染总量

2013 年，渤海沿海三省一市江河入海污染总量分别为辽宁省 135.6×10⁴ t，河北省 29.9×10⁴ t，天津市 15.9×10⁴ t，山东省 136.9×10⁴ t，三省一市江河入海污染物总量所占比重见图 2-7。其中，山东和辽宁各占江河入海污染物总量的 43%，是渤海江河排污的主要省份。

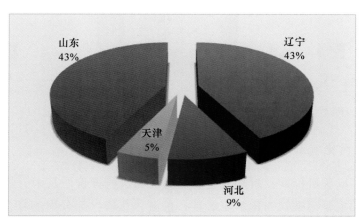

图 2-7　2013 年环渤海三省一市江河入海污染物总量比重

各省市江河入海污染物排海组成有所不同。化学需氧量的江河排海量所占比重最大的省份是山东和辽宁，各占 43%；总氮的江河排海量最大的省份是山东，2013 年排海 2.25×10⁴ t，占渤海总氮江河排海量的 52%，超过其余两省一市的排海量；总磷的江河排海量渤海三省一市所占比重相差不大，山东、辽宁、天津、河北总磷的江河排海量分别为 0.33×10⁴ t、0.26×10⁴ t、0.16×10⁴ t 和 0.1×10⁴ t，结合各省市的污染物入海总量来看，天津、河北总磷的排放比重较大；石油类的江河排海量山东所占比重最大，占环渤海三省一市石油类江河排海量的 92%，其中黄河的贡献最大；重金属（铜、铅、锌、镉、汞）的江河排海量最大的省份是山东，为 $0.2×10^4$ t，占渤海排海量的 48%（图 2-8）。

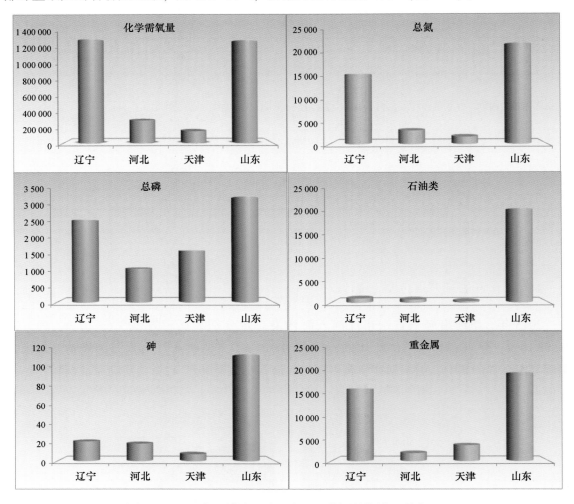

图 2-8　2013 年环渤海三省一市江河排污量统计（单位：t）

3）江河入海污染等级评价

根据地表水环境质量标准，对渤海主要入海江河进行评价。其中，约 90% 的江河水质等级处于劣 V 类，主要污染物为化学需氧量、总氮、总磷；部分河流存在石油类污染，如辽宁盘锦大凌河；部分河流存在重金属污染，如辽宁锦州小凌河、天津潮白新河、天津蓟运河和天津永定新河。渤海江河污染等级见表 2-5。

表 2-5　2013 年渤海江河污染等级

监测区域	污染等级	定级污染物
辽宁葫芦岛六股河	劣 V 类	化学需氧量、总氮
辽宁锦州小凌河	劣 V 类	化学需氧量、总氮、铅

监测区域	污染等级	定级污染物
辽宁盘锦大凌河	劣V类	石油类
辽宁盘锦双台子河	劣V类	化学需氧量、总氮
辽宁瓦房店复州河	劣V类	总氮
辽宁营口大辽河	劣V类	总氮、总磷
河北沧州宣惠河	V类	总氮
河北唐山陡河	劣V类	化学需氧量、总氮
河北唐山滦河	劣V类	化学需氧量、总氮
河北唐山小青龙河	Ⅲ类	总氮、总磷
天津潮白新河	劣V类	化学需氧量、总氮、总磷、镉
天津蓟运河	劣V类	化学需氧量、总氮、总磷、铅、镉
天津永定新河	劣V类	化学需氧量、总氮、总磷、镉
山东东营潮河	劣V类	化学需氧量、总氮、总磷
山东东营黄河	劣V类	总氮
山东东营挑河	劣V类	化学需氧量、总氮、总磷
山东潍坊白浪河	劣V类	化学需氧量、总氮
山东潍坊小清河	劣V类	化学需氧量、总氮、总磷

2.1.3.2　陆源入海排污口

根据 2013 年渤海陆源入海排污口监测数据，对渤海陆源入海排污口污染物排污状况和邻近海域环境质量状况作出评价：2013 年渤海沿岸入海排污口（河）达标排放次数占全年总监测次数的 42%，入海排污口主要超标物质为化学需氧量（COD）和悬浮物；对渤海 13 个重点排污口邻近海域水质、沉积物质量、生物质量（包括底栖生物）的综合监测结果显示，88%的重点排污口邻近海域环境质量不能满足周边海洋功能区环境质量要求，其中，41%的重点排污口对其邻近海域环境质量造成较重或严重影响。

1）陆源入海排污口排污状况

2013 年，渤海沿岸实施监测的陆源入海排污口（河）共 82 个。其中，工业排污口 22 个，市政排污口 15 个，排污河 34 个，其他排污口 11 个。辽宁省在渤海区有各类型陆源排污口 26 个，其中工业、市政、排污河和其他类分别为 9 个、7 个、7 个和 3 个；河北省有各类排污口 25 个，其中工业、市政、排污河和其他类分别为 9 个、3 个、8 个和 5 个；天津市有各类排污口 14 个，其中市政、排污河和其他类分别为 2 个、10 个和 2 个；山东省在渤海区有各类型陆源排污口 17 个，其中工业、市政、排污河和其他类分别为 4 个、3 个、9 个和 1 个。

2013 年对陆源入海排污口（河）4 次的监测结果显示，渤海沿岸入海排污口（河）达标排放次数占全年总监测次数的 42%，略低于 2012 年。其中，16 个排污口 4 次监测均达标，13 个排污口 3 次达标，13 个排污口 2 次达标，15 个排污口 1 次达标；4 次监测均超标的有 27 个排污口，较 2012 年增加 5 个。滨州、天津、大连、葫芦岛、锦州等沿岸监测排污口达标率较低。2013 年渤海陆源入海排污口达标排放情况见图 2-9。

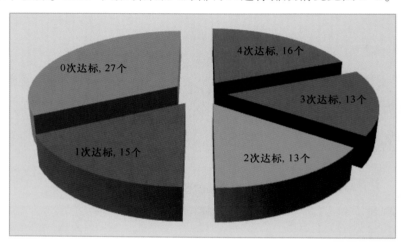

图 2-9　2013 年渤海陆源入海排污口达标排放情况

2013 年，渤海沿岸入海排污口主要超标物质为化学需氧量（COD）和悬浮物。全年对化学需氧量进行了 333 次监测，超标比例为 34%；对悬浮物进行了 292 次监测，超标比例为 21%。与 2012 年相比，各主要污染物达标排放率基本持平。2013 年渤海陆源入海排污口主要污染物达标比率见图 2-10。

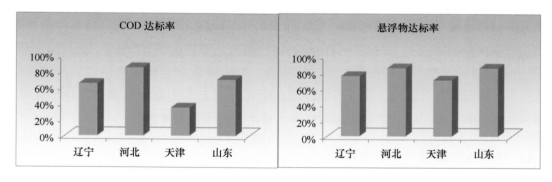

图 2-10　2013 年渤海陆源入海排污口主要污染物达标比率

2）陆源排污口邻近海域评价

2013 年，对渤海 13 个重点排污口邻近海域水质、沉积物质量、生物质量（包括底栖生物）的综合监测结果显示，88%的重点排污口邻近海域环境质量不能满足周边海洋功能区环境质量要求，其中，41%的重点排污口对其邻近海域环境质量造成较重或严重影响。

（1）海水质量

2013 年，对渤海 13 个重点入海排污口邻近海域 93 个监测站位的海水水质监测结果显示：有 5%的站位符合二类水质标准，72%的站位符合三类水质标准，15%的站位符合四类水质标准，7%的站位超过四类水质标准；13 个排污口中有 6 个排污口邻近海域水质超四类海水水质标准，排污口邻近海域水体中的主要污染物是无机氮、活性磷酸盐和化学需氧量，个别排污口邻近海域水体中重金属、粪大肠菌群等含量超标。2013 年渤海入海排污口邻近海域水质等级分布情况见图 2-11。

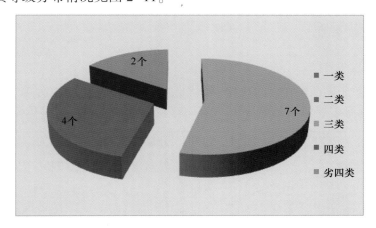

图 2-11　2013 年渤海入海排污口邻近海域水质等级

（2）沉积物质量

2013 年，对渤海 13 个重点排污口邻近海域沉积物质量开展了监测，其中 3 个排污口邻近海域沉积物质量不能满足所在海洋功能区沉积物质量要求，1 个排污口邻近海域沉积物质量超三类海洋沉积物质量标准，主要超标物质为镉、汞和铅。

（3）生物质量

2013 年对渤海 5 个入海排污口邻近海域采集到的海洋生物样品进行检测，结果显示海洋生物体中主要超标物质为镉、铅、砷和汞。

（4）底栖生物

2013 年，在渤海 13 个入海排污口邻近海域采集到大型底栖生物，除个别排污口外，邻近海域大型底栖生物的种类和数量较 2012 年有所增多。

2.2 渤海海洋生态环境演变特征与趋势分析

2.2.1 海洋环境状况演变趋势

2.2.1.1 海水水质演变趋势分析

收集整理2009—2013年渤海海水水质监测数据与资料，对数据进行标准化处理与质量控制，开展海水水质监测参数的变化趋势分析。海水水质监测参数主要分为基础环境类要素、营养类要素和污染类要素三大类。基础环境类要素包括盐度、溶解氧、pH值、叶绿素a浓度等监测参数；营养类要素包括无机氮、活性磷酸盐等监测参数；污染类要素包括化学需氧量、石油类、汞、铅、镉、砷等监测参数。根据春、夏、秋3个季节渤海区域各监测参数的平均值，绘制近5年的浓度变化趋势。

1）基础环境类要素

（1）盐度

对2009—2013年渤海海域表层海水的盐度进行了统计分析（图2-12），结果表明：春、夏、秋三季渤海表层海水的盐度平均值均存在一定的波动性，整体呈下降趋势。

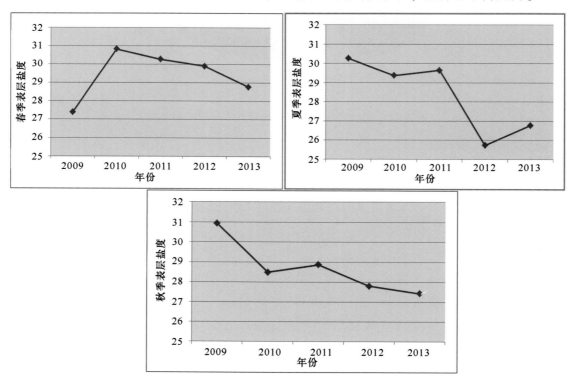

图2-12 渤海海域春季、夏季、秋季表层海水盐度年际变化

（2）溶解氧（DO）

对 2009—2013 年渤海海域表层海水的溶解氧含量进行了统计分析（图 2-13），结果表明：春、夏、秋三季渤海表层海水的溶解氧含量平均值均存在一定的波动性，无明显的变化趋势；春季，溶解氧含量平均值波动性不大，近 5 年基本维持在 8.5~9 mg/L 之间；夏季，2009—2012 年溶解氧含量平均值呈上升趋势，但在 2013 年出现下降；秋季，除 2010 年溶解氧含量平均值较高外，其他年份变化不大；对比各季节的溶解氧含量，季节性差异明显，春、秋两个季节的溶解氧含量要高于夏季，这主要是受温度影响，夏季海水的水温较高，饱和溶解氧浓度降低；所有年份溶解氧含量平均值均好于《海水水质标准》（GB 3097—1997）一类标准，溶解氧含量状况较好。

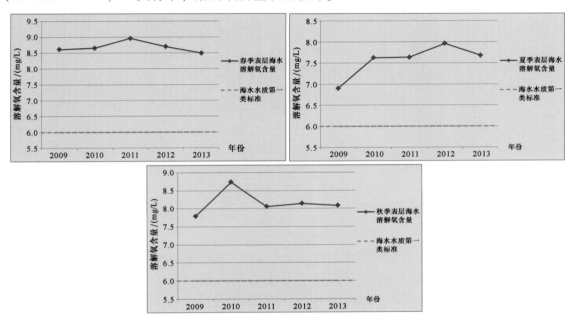

图 2-13　渤海海域春季、夏季、秋季表层海水溶解氧含量年际变化

（3）pH 值

对 2009—2013 年渤海海域表层海水的 pH 值进行了统计分析（图 2-14），结果表明：春、夏、秋三季渤海表层海水的 pH 值波动性不大；春季表层海水 pH 值呈缓慢上升趋势，夏季和秋季 pH 值均呈先上升后下降的趋势；所有年份表层海水的 pH 值符合《海水水质标准》（GB 3097—1997）一类标准，pH 值状况良好。

（4）叶绿素 a

对 2009—2013 年渤海海域表层海水的叶绿素 a 含量进行了统计分析（图 2-15），结果表明：春、夏、秋三季渤海表层海水的叶绿素 a 含量平均值均存在一定的波动性，其中春季和夏季波动性较大，均在 2012 年出现最高值，秋季叶绿素 a 含量的变化不大。

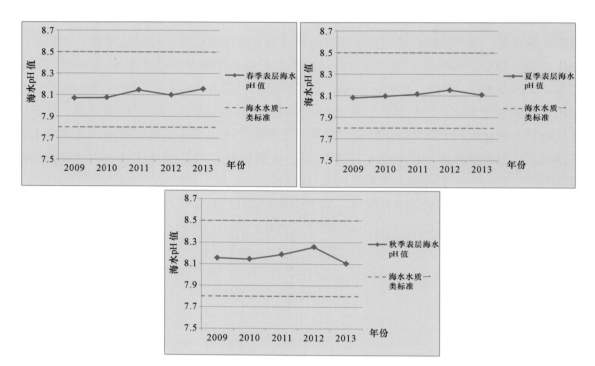

图 2-14　渤海海域春季、夏季、秋季表层海水 pH 值年际变化

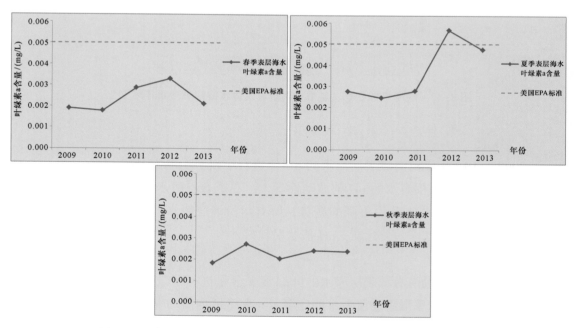

图 2-15　渤海海域春季、夏季、秋季表层海水叶绿素 a 含量年际变化

2）营养类要素

（1）无机氮

对 2009—2013 年渤海海域表层海水的无机氮含量进行了统计分析（图 2-16），结果表明：春、夏、秋三季渤海表层海水的无机氮含量平均值均存在一定的波动性，整体呈上升趋势；2009—2011 年春季、夏季渤海海域表层海水的无机氮含量尚能符合《海水水质标准》（GB 3097—1997）二类标准，自 2011 年之后，无机氮含量出现较大幅度增长，在 2012 年夏季和秋季以及 2013 年春、夏、秋三季无机氮含量平均值均超过了《海水水质标准》（GB 3097—1997）四类标准。

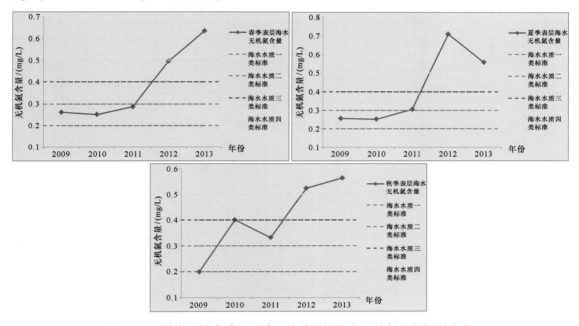

图 2-16　渤海海域春季、夏季、秋季表层海水无机氮含量年际变化

（2）活性磷酸盐

对 2009—2013 年渤海海域表层海水的活性磷酸盐含量进行了统计分析（图 2-17），结果表明：除秋季渤海表层海水的活性磷酸盐含量平均值波动性较大外，春季和夏季的活性磷酸盐含量平均值均呈下降趋势；除 2013 年秋季活性磷酸盐含量平均值超《海水水质标准》（GB 3097—1997）一类标准外，自 2011 年往后，活性磷酸盐含量平均值均好于《海水水质标准》（GB 3097—1997）一类标准。

3）污染类要素

（1）化学需氧量

对 2009—2013 年渤海海域表层海水的化学需氧量进行了统计分析（图 2-18），结果表明：春、夏、秋三季表层海水的化学需氧量平均值波动性不大，基本在 1.5 mg/L 上下波动，各年份表层海水的化学需氧量平均值均好于《海水水质标准》（GB 3097—1997）的一类标准。

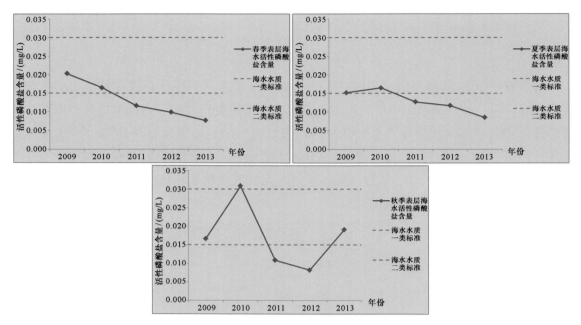

图 2-17　渤海海域春季、夏季、秋季表层海水活性磷酸盐含量年际变化

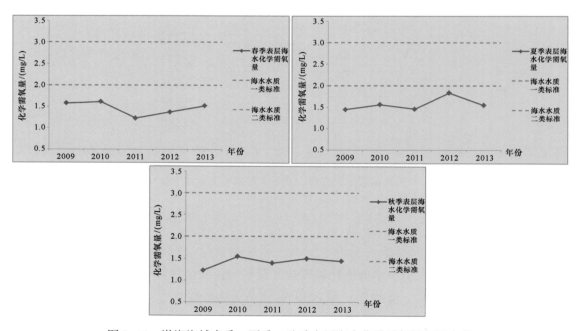

图 2-18　渤海海域春季、夏季、秋季表层海水化学需氧量年际变化

（2）石油类

对 2009—2013 年渤海海域表层海水的石油类含量进行了统计分析（图 2-19），结果表明：春季表层海水的石油类含量平均值波动性较大，无明显变化趋势；夏季表层海水的石油类含量平均值整体呈上升趋势；秋季表层海水的石油类含量平均值在 2010 年达到近年最高值，之后逐年下降；各年份表层海水的石油类含量平均值均符合《海水水质标准》

（GB 3097—1997）一类标准要求。

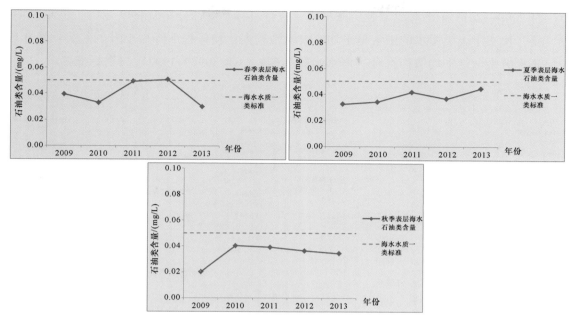

图 2-19 渤海海域春季、夏季、秋季表层海水石油类含量年际变化

（3）汞

对 2009—2013 年渤海海域表层海水的汞含量进行了统计分析（图 2-20），结果表明：春季、秋季表层海水的汞含量平均值呈上升趋势，夏季汞含量平均值呈下降趋势；各年份表层海水的汞含量平均值均符合《海水水质标准》（GB 3097—1997）二类标准要求。

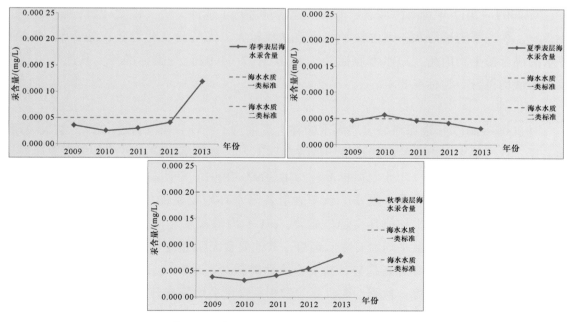

图 2-20 渤海海域春季、夏季、秋季表层海水汞含量年际变化

（4）铅

对 2009—2013 年渤海海域表层海水的铅含量进行了统计分析（图 2-21），结果表明：春、夏、秋三季表层海水的铅含量平均值波动性较大，均呈先下降后上升的趋势；各年份表层海水的铅含量平均值均符合《海水水质标准》（GB 3097—1997）二类标准要求。

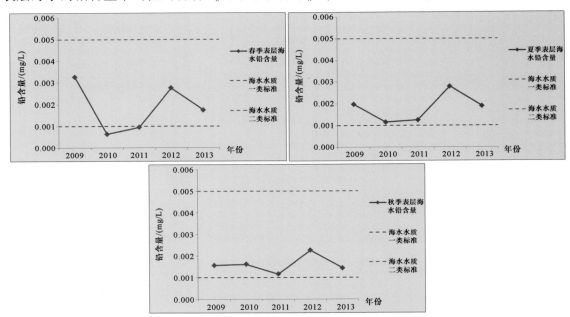

图 2-21   渤海海域春季、夏季、秋季表层海水铅含量年际变化

（5）镉

对 2009—2013 年渤海海域表层海水的镉含量进行了统计分析（图 2-22），结果表明：春、夏、秋三季表层海水的镉含量平均值波动性较大，无明显变化趋势；除 2012 年表层海水的镉含量平均值超《海水水质标准》（GB 3097—1997）一类标准外，其他年份镉含量平均值均符合一类标准要求。

（6）砷

对 2009—2013 年渤海海域表层海水的砷含量进行了统计分析（图 2-23），结果表明：春、夏、秋三季表层海水的砷含量平均值波动性不大，整体呈下降趋势；各年份表层海水的砷含量平均值均好于《海水水质标准》（GB 3097—1997）一类标准。

综合分析渤海海域春季、夏季、秋季表层各海水环境要素的变化趋势，如表 2-6 所示，春季，无机氮含量平均值升高趋势显著，pH 平均值和汞含量平均值有升高趋势，盐度、活性磷酸盐和砷含量平均值有降低趋势，其他要素无明显变化趋势；夏季，无机氮含量和溶解氧含量平均值有升高趋势，盐度、活性磷酸盐、汞和砷含量平均值有降低趋势，其他要素无明显变化趋势；秋季，无机氮含量和汞含量平均值有升高趋势，盐度和砷含量平均值有降低趋势，其他要素无明显变化趋势。综上所述，渤海海域表层海水的无机氮含量呈上升趋势，盐度和砷含量呈下降趋势。

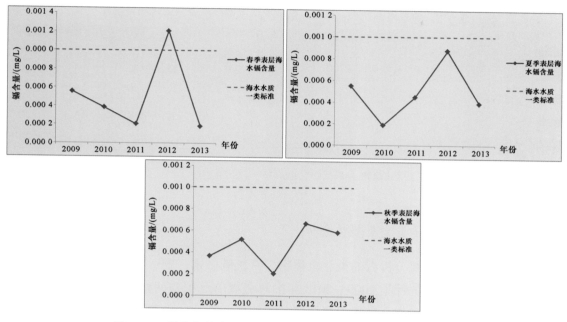

图 2-22 渤海海域春季、夏季、秋季表层海水镉含量年际变化

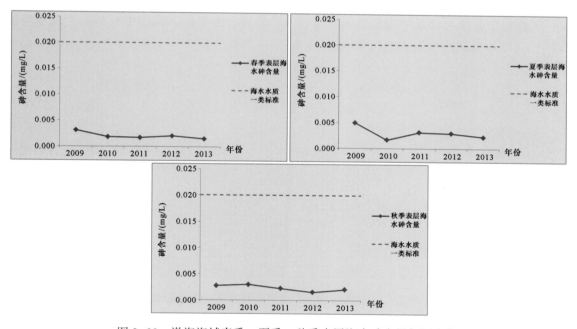

图 2-23 渤海海域春季、夏季、秋季表层海水砷含量年际变化

表 2-6　渤海海域春季、夏季、秋季表层海水环境要素变化趋势统计

	变化趋势											
	盐度	溶解氧	pH值	叶绿素a	无机氮	活性磷酸盐	化学需氧量	石油类	汞	铅	镉	砷
春季	↘	⇔	↗	↗	↗	↘	↘	↗	⇔	⇔	⇔	↘
夏季	↘	↗	↘	↘	↗	↘	⇔	⇔	↘	⇔	⇔	↘
秋季	↘	↘	↘	↘	↗	↘	⇔	⇔	↗	⇔	⇔	↘

注：↗显著升高，↗升高，⇔无明显变化趋势，↘降低。

2.2.1.2　海洋沉积物质量演变趋势分析

海洋沉积物质量主要分析石油类、硫化物、有机碳、汞、铜、铅、镉、砷等监测参数的年际变化趋势。收集统计了2009—2013年渤海海域的沉积物调查数据，除2010年的调查站位较集中于环渤海三省一市近岸海域，其他年份调查站位分布较均匀。

（1）石油类

对2009—2013年渤海海域沉积物中石油类含量进行了统计分析（图2-24），结果表明：沉积物中石油类含量平均值呈先下降后上升趋势；各年份沉积物中石油类含量平均值均好于《海洋沉积物质量》（GB 18668—2002）一类标准。

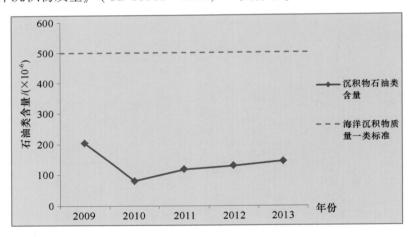

图 2-24　渤海海域沉积物中石油类含量年际变化

（2）硫化物

对2009—2013年渤海海域沉积物中硫化物含量进行了统计分析（图2-25），结果表明：除2011年硫化物含量平均值出现升高外，其他年份硫化物含量平均值变化不大；各年份沉积物中硫化物含量平均值均好于《海洋沉积物质量》（GB 18668—2002）一类标准。

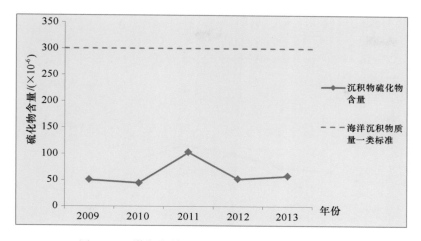

图2-25　渤海海域沉积物中硫化物含量年际变化

（3）有机碳

对2009—2013年渤海海域沉积物中有机碳含量进行了统计分析（图2-26），结果表明：沉积物中有机碳含量平均值呈缓慢下降趋势；各年份沉积物中有机碳含量平均值均好于《海洋沉积物质量》（GB 18668—2002）一类标准。

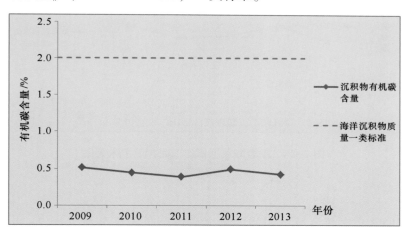

图2-26　渤海海域沉积物中有机碳含量年际变化

（4）汞

对2009—2013年渤海海域沉积物中汞含量进行了统计分析（图2-27），结果表明：沉积物中汞含量平均值呈现先上升后下降的趋势；各年份沉积物中汞含量平均值均好于《海洋沉积物质量》（GB 18668—2002）一类标准。

（5）铜

对2009—2013年渤海海域沉积物中铜含量进行了统计分析（图2-28），结果表明：沉积物中铜含量平均值有一定的波动性，无明显变化趋势；各年份沉积物中铜含量平均值均好于《海洋沉积物质量》（GB 18668—2002）一类标准。

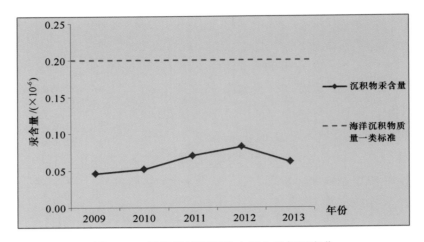

图 2-27　渤海海域沉积物中汞含量年际变化

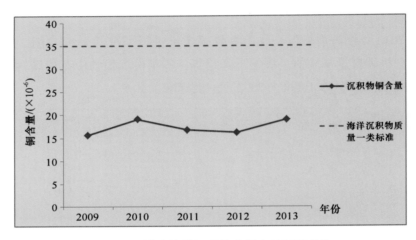

图 2-28　渤海海域沉积物中铜含量年际变化

（6）铅

对 2009—2013 年渤海海域沉积物中铅含量进行了统计分析（图 2-29），结果表明：沉积物中铅含量平均值有一定的波动性，无明显变化趋势；各年份沉积物中铅含量平均值均好于《海洋沉积物质量》（GB 18668—2002）一类标准。

（7）镉

对 2009—2013 年渤海海域沉积物中镉含量进行了统计分析（图 2-30），结果表明：沉积物中镉含量平均值有一定的波动性，无明显变化趋势；各年份沉积物中镉含量平均值均好于《海洋沉积物质量》（GB 18668—2002）一类标准。

（8）砷

对 2009—2013 年渤海海域沉积物中砷含量进行了统计分析（图 2-31），结果表明：沉积物中砷含量平均值呈逐年下降趋势；各年份沉积物中砷含量平均值均好于《海洋沉积物质量》（GB 18668—2002）一类标准。

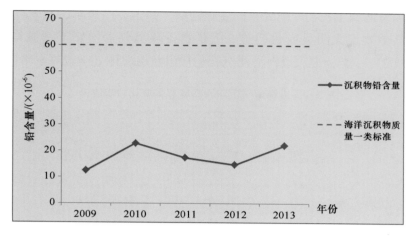

图 2-29 渤海海域沉积物中铅含量年际变化

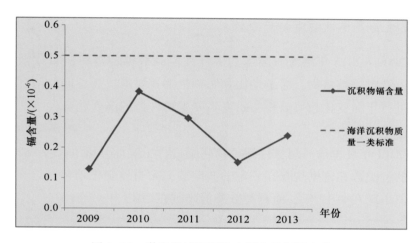

图 2-30 渤海海域沉积物中镉含量年际变化

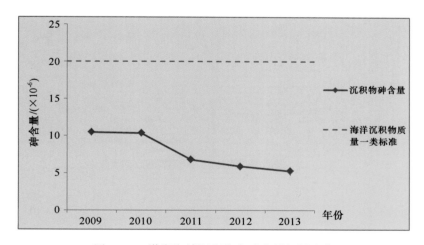

图 2-31 渤海海域沉积物中砷含量年际变化

综合分析渤海海域沉积物环境要素的变化趋势，如表2-7所示，其中有机碳和砷含量有降低趋势，其他要素无明显变化趋势。沉积物各环境要素均好于《海洋沉积物质量》（GB 18668—2002）一类标准，渤海海洋沉积物质量状况总体处于较好水平。

表2-7 渤海海域沉积物环境要素变化趋势统计

变化趋势							
石油类	硫化物	有机碳	汞	铜	铅	镉	砷
⇔	⇔	↘	⇔	⇔	⇔	⇔	↘

注：⇔无明显变化趋势，↘降低。

2.2.2 海洋生态状况演变趋势

2.2.2.1 海洋生物多样性演变趋势分析

收集整理2009—2013年渤海海洋生物多样性监测数据与资料，对数据进行标准化处理与质量控制，针对浮游植物、浮游动物和底栖生物3要素，对不同监测区域的物种种类数与平均密度进行年际变化趋势分析，研究不同生物种群的演变趋势。

（1）浮游植物

对2009—2013年夏季渤海海域浮游植物状况进行了统计分析（图2-32），结果表明：夏季浮游植物的种类数和密度均存在一定的波动性，无明显变化趋势；近5年中，浮游植物平均密度峰值出现在2012年，而种类数峰值出现在2013年。

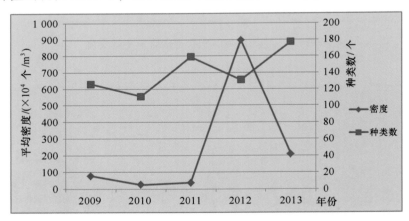

图2-32 渤海海域夏季浮游植物状况年际变化

（2）浮游动物

对2009—2013年夏季渤海海域浮游动物状况进行了统计分析（图2-33），结果表明：夏季浮游动物的种类数和密度均存在一定的波动性，无明显变化趋势；2009—2012年浮游动物平均密度增长趋势，在2012年达到峰值，2013年平均密度出现下降；浮游动物种类数在 2009—2011 年期间逐年增长，但在 2012 年出现下降，2013 年则有所回升。

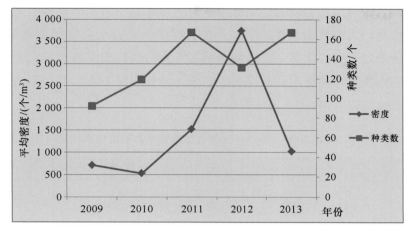

图 2-33　渤海海域夏季浮游动物状况年际变化

（3）底栖生物

对 2009—2013 年夏季渤海海域底栖生物状况进行了统计分析（图 2-34），结果表明：夏季底栖生物的平均密度均存在一定的波动性，无明显变化趋势；底栖生物种类数呈逐年增长趋势；近 5 年，底栖生物平均密度最低年份为 2009 年，最高年份为 2010 年。

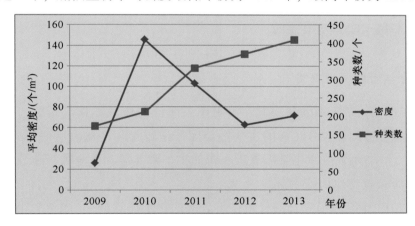

图 2-34　渤海海域夏季底栖生物状况年际变化

2.2.2.2　典型海洋生态系统演变趋势分析

以海洋生物多样性监测为基础，对 2009—2013 年渤海双台子河口、锦州湾、滦河口—北戴河、渤海湾、黄河口、莱州湾 6 个典型生态系统进行了评价。结果显示，锦州湾生态系统处于不健康状态，其余 5 个典型生态系统处于亚健康状态（表 2-8）。

锦州湾典型生态系统海水环境质量较差，无机氮和重金属污染严重，沉积物环境受重金属和石油类污染较重。浮游植物和浮游动物偏离正常水平，大型底栖生物种类很少。近年来，随着锦州湾沿岸围填海面积扩大，锦州湾湿地面积萎缩明显，砂质岸线减少，生物栖息环境受到破坏。陆源污染和生境丧失是影响锦州湾生态系统健康的主要因素。

双台子河口、滦河口—北戴河、渤海湾、黄河口和莱州湾5个典型生态系统的海水环境均受到不同程度的无机氮或活性磷酸盐污染，浮游生物或大型底栖生物偏离正常水平，仅有沉积物环境尚处于良好状态。沿岸的围填海开发活动造成滨海湿地大量丧失，自然岸线大幅减少，生物栖息环境缩小和破碎化。陆源污染和海洋开发活动是影响这5个典型生态系统健康状态的主要因素。

表 2-8 2009—2013 年渤海近岸典型生态系统健康状况

典型生态系统名称	所属经济发展规划区	2009 年	2010 年	2011 年	2012 年	2013 年
双台子河口	辽宁沿海经济带	亚健康	亚健康	亚健康	亚健康	亚健康
锦州湾	辽宁沿海经济带	不健康	不健康	不健康	不健康	不健康
滦河口—北戴河	河北沿海经济区	亚健康	亚健康	亚健康	亚健康	亚健康
渤海湾	天津滨海新区	不健康	亚健康	亚健康	亚健康	亚健康
黄河口	黄河三角洲高效生态经济区	亚健康	亚健康	亚健康	亚健康	亚健康
莱州湾	黄河三角洲高效生态经济区	不健康	亚健康	亚健康	亚健康	亚健康

2.2.3 主要入海污染源变化趋势

2.2.3.1 入海江河演变趋势分析

收集整理 2009—2013 年渤海三省一市沿岸入海江河监测数据与资料，对数据进行标准化处理与质量控制；对入海江河的主要污染因子进行年际变化分析，研究其演变趋势。入海江河的主要污染因子包括化学需氧量、石油类、营养盐、重金属、砷等。

（1）化学需氧量（COD_{Cr}）

对 2009—2013 年渤海沿岸江河径流携带入海的化学需氧量（COD_{Cr}）的统计分析表明（图 2-35），近 5 年来化学需氧量（COD_{Cr}）平均值整体呈现波动上升的趋势。

（2）石油类

对 2009—2013 年渤海海域河流污染物石油类含量进行了统计分析（图 2-36），结果表明：2011 年以前石油类含量平均值整体呈逐年下降趋势，2011 年达到最低，2012 年达到近年最大值，2013 年有所回落。

（3）营养盐

对 2009—2013 年渤海海域河流污染物营养盐含量进行了统计分析（图 2-37），结果表明：近 5 年来营养盐含量整体呈现上升趋势，2012—2013 年上升速率最大。

（4）重金属

对 2009—2013 年渤海海域河流污染物重金属含量进行了统计分析（图 2-38），结果

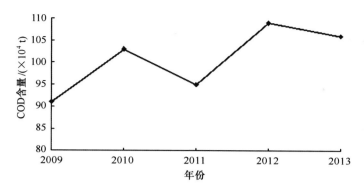

图 2-35　渤海海域河流携带入海的化学需氧量（COD_{Cr}）年际变化

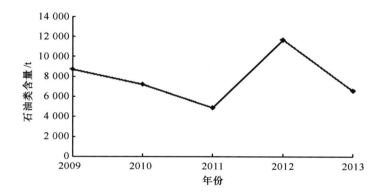

图 2-36　渤海海域河流携带入海的石油类含量年际变化

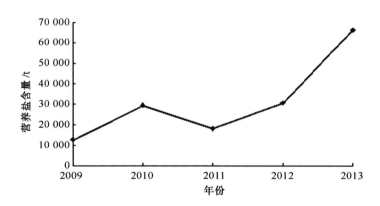

图 2-37　渤海海域河流携带入海的营养盐含量年际变化

表明：2009 年重金属含量最低，于 2010 年含量达到最大，随后整体呈现逐年下降趋势。

（5）砷

对 2010—2013 年渤海海域河流污染物砷含量进行了统计分析（图 2-39），结果表明：砷含量整体呈现逐年下降趋势，2010—2011 年下降速率最大。

通过对 2009—2013 年渤海海域河流携带入海的污染物总量的统计分析显示（图 2-40），除 2011 年污染物总量有所回落外，整体呈现上升趋势，2013 年相对 2012 年总量保

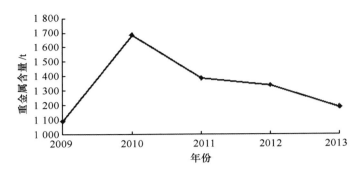

图 2-38　渤海海域河流携带入海的重金属含量年际变化

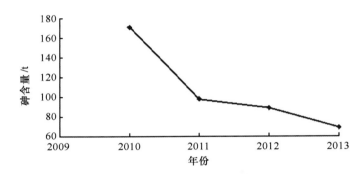

图 2-39　渤海海域河流携带入海的砷含量年际变化

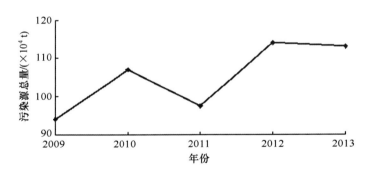

图 2-40　渤海海域河流携带入海的污染物总量年际变化

持稳定。其中，河流携带入海污染物中营养盐含量和化学需氧量（COD_{Cr}）总体呈现逐年上升的趋势，石油类含量维持波动状态，重金属和砷含量处于逐年下降的趋势。以上表明，2009—2013 年渤海海域河流入海污染物的总量主要受营养盐含量和化学需氧量（COD_{Cr}）影响较大。

2.2.3.2　陆源入海排污口演变趋势分析

收集整理 2009—2013 年渤海陆源入海排污口监测数据与资料，对数据进行标准化处理与质量控制；统计分析各年度监测排污口总数、达标排放次数比例、每年主要超标污染物情况、重点排污口邻近海域环境情况。

（1）排污口总数、达标排放次数比例

对 2009—2013 年渤海沿岸实施监测的陆源入海排污口及其排放达标比例进行了统计分析，结果表明：排污口总数呈现下降趋势，于 2011—2013 年维持在稳定的数量范围内（图 2-41）；2010 年排放达标比例相对 2009 年有较大的提升，之后维持在稳定的范围内（图 2-42）。

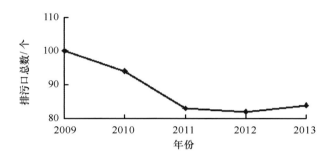

图 2-41　渤海沿岸实施监测的陆源入海排污口数量年际变化

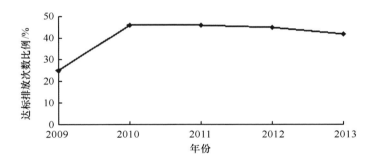

图 2-42　渤海沿岸实施监测的陆源入海排污口排放达标比例年际变化

（2）每年入海主要超标污染物情况

渤海沿岸入海排污口主要超标物质为化学需氧量（COD_{Cr}）和悬浮物，对 2009—2013 年其超标比例分别进行了统计分析，结果表明：化学需氧量（COD_{Cr}）超标比例整体呈现波动式上升趋势，2010—2012 年处于稳定略有下降阶段（图 2-43）；悬浮物超标比例于 2009—2011 年有较大幅度下降，于 2011—2013 年略呈回升趋势（图 2-44）。

（3）渤海重点排污口邻近海域环境情况

对 2011—2013 年渤海重点排污口个数的统计结果表明，重点排污口个数基本稳定在 17~18 个左右；重点排污口邻近海域环境质量不能满足周边海洋功能区环境质量要求的比例基本维持在 85% 的稳定范围内（图 2-45）；对其邻近海域环境质量造成较重或严重影响的比例呈现略微上升的趋势（图 2-46）。

以上研究表明，2009—2013 年渤海沿岸实施监测的陆源入海排污口总数有所下降，达标比例相对稳定，主要超标物质超标比例相对有升有降，排污口对其邻近海域环境质量造

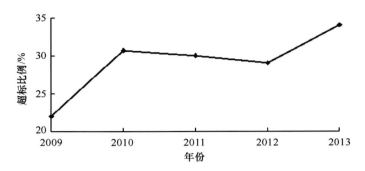

图 2-43 渤海沿岸入海化学需氧量（COD$_{Cr}$）超标比例年际变化

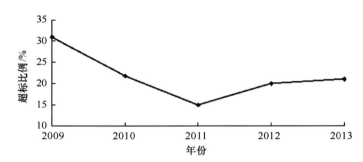

图 2-44 渤海沿岸入海悬浮物超标比例年际变化

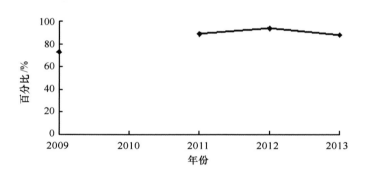

图 2-45 重点排污口邻近海域环境质量不能满足周边海洋功能区环境质量要求比例的年际变化

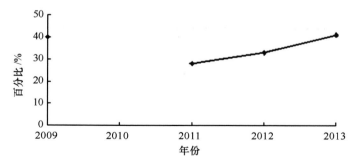

图 2-46 重点排污口对其邻近海域环境质量造成较重或严重影响比例年际变化

成较重或严重影响的比例呈现略微上升的趋势。总体而言，在这 5 年中，排污口对其临近海域环境质量的影响维持在一个相对稳定的程度。

2.3 主要资源开发活动与海洋环境质量的关系分析

近年来，伴随着经济发展所带来的环境问题日益凸显，产业结构变化的环境效应受到人们的普遍关注，研究产业结构、布局与环境污染的相互作用关系，明晰产业结构变化对生态环境的作用机理，探讨产业结构调整政策，对于建立资源节约型和环境友好型社会，实现环境经济协调可持续发展这一目标具有重要的理论和现实意义。

海洋经济的高速发展不可避免地带来了海洋生态环境问题，由海洋经济发展带来的环境污染蔓延越来越严重，经济发展已受到资源有限、环境污染等因素的制约。通过建立一种新型的经济与环境关系，以环境优化经济增长，视环境为转变经济增长方式的重要手段，科学配置环境生产要素，实现经济增长与环境保护的双重目标，是未来海洋经济发展的重要研究课题。

2.3.1 产业发展与环境污染关系分析方法研究

通过调研国内外对海洋经济产业活动与海洋环境状况关系的研究现状，结合渤海产业经济、资源开发活动特点，选取天津作为试点区域，选取典型的经济产业活动与环境要素，构建主要资源开发活动与海洋环境质量之间的响应关系模型。

2.3.1.1 国内外研究现状

国内外对产业结构与环境效应的研究，已经形成大量的理论总结，取得了很多成果，产业发展与环境污染关系的研究方法包括投入产出分析方法、线性规划分析方法、系统动力学分析方法、能值分析方法、灰色系统理论分析方法等。

（1）投入产出分析方法

投入产出分析是研究经济系统各要素间相互关系的数量分析方法，能够定量地揭示经济系统内部各组成部分之间的依存关系，可以有效指导经济分析和管理工作。此分析方法一经公布就得到了世界各国学者们的普遍重视和广泛使用，并且在应用中不断发展。20世纪 30 年代，投入产出技术由美籍俄裔著名经济学家诺贝尔经济学奖获得者列昂惕夫创造，当时主要用于宏观经济分析。进入 20 世纪 70 年代，随着环境问题的日益凸显，环境内容被引入投入产出模型。用投入产出分析方法来研究经济发展和环境保护之间的关系，便于寻找协调环境与经济矛盾的有效方法。投入产出模型可用于识别区域产业关联、经济结构、部门联系等引起的环境问题，成为分析产业结构与污染物排放、资源开发利用关系的有效手段。

（2）线性规划分析方法

线性规划是运筹学的一个重要分支，线性规划问题是求线性目标函数在线性约束条件下的最大值或最小值的问题。线性规划分析方法是一种优化解法，它通过列出约束条件及目标函数，画出约束条件所表示的可行域，最终在可行域内求目标函数的最优解。1947年美国数学家 G. B. 丹捷格提出线性规划的单纯形法，同年美国数学家 J. Von 诺伊曼提出对偶理论，线性规划法的理论研究趋于成熟，应用范围日益拓宽。随着经济发展带来的环境问题日益严重，用线性模型描述环境经济系统内产业结构和环境效益优化问题的方法被广泛应用。

（3）系统动力学分析方法

系统动力学，简称 SD（System Dynamic），是一种以系统论、控制论、信息反馈理论、决策理论、系统力学等理论为基础，借助于计算机技术进行仿真模拟预测的研究复杂系统信息反馈的定量研究方法。系统动力学由美国麻省理工学院的 Forester JW 教授于 20 世纪 50 年代中期创立，发展至今已形成一个成熟的体系。该方法将研究对象的各个组成部分看成一个系统，从系统内各要素的微观结构内部入手，通过分析各要素的动态变化以及要素之间的相互作用来把握系统特性与行为。20 世纪 80 年代，系统动力学传入我国，立刻引起了我国学者们的高度关注，迅速应用到组织行为、物流管理、价销决策、科研经费分配、城市规划、农业发展、林业发展、水资源利用、土地资源利用、住宅产业发展、交通规划、教育、宏观经济、可持续发展战略等各行各业。

（4）能值分析方法

能值分析以地球系统最根本的能量来源——太阳能为共同标准，量化自然生态系统和社会经济系统能流和信息流，将经济、生态或环境系统中不同种类、不可比较的能量转换成太阳能，以评价它们在系统中的作用和功能。能值分析方法丰富了生态、环境经济学的评价方法，为人们深入研究人类经济活动与环境效应之间的关系提供了新思路。Brown 等采用能值分析方法对电力产业发展的生态环境效应进行了分析。能值分析方法将各种能量形式转化成统一的太阳能值来进行比较，有效克服了不同种类能量之间能级和能值的不可加和性、价格受市场波动的不稳定性等缺点，可以定量分析资源环境与经济活动的真实价值及其相互关联。此外，能值分析的统一量度的特点使它易与其他分析方法结合，有效综合各种方法的优点，对研究对象进行全面、透彻的分析。目前，能值分析与投入产出模型的联用较多，而其他综合分析方法有待完善。

（5）灰色系统理论分析方法

灰色系统理论于 1982 年由华中科技大学控制科学与工程系教授邓聚龙先生首创，广泛应用于工业、农业、环境、经济、社会、管理、军事、地震、交通、石油等领域。灰色系统理论通过对部分已知信息的生成、开发实现对现实世界的确切描述和认识。灰色关联分析和灰色系统预测可以用于评价环境经济系统内各要素的相互关系，并对其发展趋势进行预测。

灰色关联分析通过参考序列与比较序列各点之间的距离分析来确定各序列之间的差异性和相近性，从而找出各因子之间的影响关系及影响行为的主要因子。它作为一种对系统动态发展态势作量化比较的统计分析方法，在环境、经济两个抽象系统关系的研究中发挥了重要作用。例如，于法稳等应用灰色关联分析方法研究了重庆市主导产业对环境质量的影响程度，定量地揭示了工业经济主导变量与各类环境污染物的动态关系，并提出了相应的政策建议；马金书等应用灰色关联度实证分析了云南省各个产业与国内生产总值、工业"三废"排放总量的相关关系；徐璐运用灰色关联分析法对西安市产业行业与环境影响因素进行研究，定量分析出各行业对西安市环境影响程度的大小。

灰色系统预测通过原始数据的处理和灰色模型的建立，发现、掌握系统发展规律，对系统的未来状态作出科学的定量预测。灰色预测方法可以在灰色关联分析之后，进一步对产业结构、环境质量方面的数据进行预测，为合理调整产业结构提供依据。例如，郭平采用灰色系统 GM（1，1）和 GM（1，2）模型，对我国工业危险废物产生量的变化趋势进行了预测研究；范常忠等运用灰色关联度分析法定量分析了影响佛山市生活垃圾产生量的主要因子，利用灰色系统理论建立了该市生活垃圾产生量的 GM（1，1）预测模型。

目前，关于产业结构和环境污染关系的研究方法并不缺乏，但面对十分有限的海洋统计数据和部分数据经过几次起伏变得毫无典型分布规律等情况，大多分析方法无可奈何。灰色关联分析对样本量的多少和样本有无规律都同样适用，计算量小以及量化结果与定性分析结果总是相符等特点，决定了它非常适合于产业结构与环境效应分析。

2.3.1.2 灰色关联分析模型

一般的抽象系统，如社会系统、经济系统、农业系统、生态系统、教育系统等都包含有许多种因素，多种因素共同作用的结果决定了该系统的发展态势。人们常常希望知道在众多的因素中，哪些是主要因素，哪些是次要因素；哪些因素对系统发展影响大，哪些因素对系统发展影响小；哪些因素对系统发展起促进作用需要强化发展，哪些因素对系统发展起阻碍作用需加以抑制……这些都是系统分析中人们普遍关心的问题。为了实现少投入多产出，并取得良好的经济效益、社会效益和生态效益，就必须进行系统分析。

数理统计中的回归分析、方差分析、主成分分析等都是用来进行系统分析的方法。这些方法都有下述不足之处：

① 要求有大量数据，数据量少就难以找出统计规律；

② 要求样本服从某个典型的概率分布，要求各因素数据与系统特征数据之间呈线性关系且各因素之间彼此无关，然而这种要求往往难以满足；

③ 计算量大，一般要靠计算机帮助；

④ 可能出现量化结果与定性分析结果不符的现象，导致系统的关系和规律遭到歪曲和颠倒。

目前我国统计数据有限，而且现有数据灰度很大，再加上人为的原因，许多数据都出现几次大起大落，没有什么典型的分布规律。因此采用数理统计方法往往难以奏效。

社会、经济、农业、工业、生态、生物等许多系统，是根据研究对象所属的领域和范围命名的，而灰色系统却是按照颜色命名的。信息完全明确的系统称为白色系统，信息未知的系统称为黑色系统，部分信息明确、部分信息不明确的系统称为灰色系统。灰色系统理论的研究对象是"部分信息已知、部分信息未知"的"小样本"、"贫信息"不确定性系统，它通过对"部分"已知信息的生成、开发实现对现实世界确切描述和认识。

灰色系统理论是一种新的系统分析方法。经过 30 多年的发展，现已基本建立起一门新兴学科的结构体系，其主要内容包括：以灰色哲学为基础的思想体系；以灰色代数系统、灰色方程、灰色矩阵等为基础的理论体系；以灰色序列生成为基础的方法体系；以灰色关联空间为依托的分析体系；以灰色模型（GM）为核心的模型体系；以系统分析、评估、建模、预测、决策、控制、优化为主体的技术体系。该理论应用十分广泛，渗透到自然科学和社会科学的各个领域，并取得了大量的成果。

灰色关联分析方法作为灰色系统理论的一种研究方法，弥补了采用数理统计方法作系统分析所导致的缺陷。它对样本量的多少和样本有无规律都同样适用，而且计算量小，十分方便，更不会出现量化结果与定性分析结构不符的情况。灰色关联分析的基本思想是根据序列曲线几何形状的相似程度来判断其联系是否紧密。曲线越接近，相应序列之间关联度就越大，反之就越小。

采用灰色系统分析法可以从离散的数据中建立连续的动态微分方程，通过灰色关联分析研究海洋经济产业活动与海洋环境污染之间的动态关系，为经济发展与污染物排放之间搭建了很好的桥梁。应用灰色关联度实证分析海洋经济产业活动与环境污染物的关联，揭示海洋经济产业活动与环境污染物变量的动态关系，可为区域海洋经济、产业调整、资源和环境的规划、管理和决策提供科学依据。

（1）计算过程

经典的灰色关联度模型有邓氏关联度、广义绝对关联度、T 型关联度、灰色斜率关联度、B 型关联度和改进关联度。以邓氏关联度为例，灰色关联分析法研究的基本对象是数据列，分为母序列和子序列。通常称母序列为参考数据列，子序列为比较数据列。其计算过程如下。

设参考数列 $X_0 = \{X_0(k), k=1, 2, \cdots, n\}$，比较数列为 $X_i = \{X_i(k), k=1, 2, \cdots, n\}$，$i=1, 2, \cdots, m$。

步骤 1 对原始数据无量纲化处理。这是因为有时一个试验结果矩阵中的每个元素会有不同的量纲。将数列中的每个元素，除以相同的一个数值，只需要这几个数列用同一种方法归一化，方法包括：均值化、初值化，极差标准化处理等。

$$x_0 = \{x_0(k), k=1, 2, \cdots, n\}$$
$$x_i = \{x_i(k), k=1, 2, \cdots, n\}, i=1, 2, \cdots, m$$

步骤 2 计算关联度系数：

$$r_i(k) = \frac{\min\limits_i \min\limits_k |x_0(k) - x_i(k)| + \rho \max\limits_i \max\limits_k |x_0(k) - x_i(k)|}{|x_0(k) - x_i(k)| + \rho \max\limits_i \max\limits_k |x_0(k) - x_i(k)|}$$
$$(i = 1, 2, \cdots, m; k = 1, 2, \cdots, n)$$

其中，$r_i(k)$ 为 x_i 对 x_0 在 k 时刻的关联系数。

步骤 3 计算关联度。对关联系数进一步处理后得到 x_i 对 x_0 的关联度，即关联系数的算术平均值：

$$R_i = [p_i(1) + p_i(2) + \cdots + p_i(n)]/n$$

（2）数据处理

设单指标序列 $\{X(1), X(2), \cdots, X(n)\}$，对于单指标数据序列来说，数据变换主要有 7 种，分别是：初值化变化、均值化变化、百分比化变化、倍数变化、区间化变化、归一化变化、极差最大化变化。

一般上述方法只根据实际情况选用一种。对于多指标数据序列来说，数据变换主要有 3 种，分别是：① 效益型指标变化；② 成本型指标变化；③ 固定型指标变化。

2.3.2 指标选取与研究数据

2.3.2.1 指标选取

1）环境指标选取

天津海域位于渤海湾，水体交换能力较弱，不易于污染物的迁移和扩散，是环境污染较为突出的区域。结合天津海域水环境状况的特点，宏观方面选取 2006—2011 年未达到清洁海域水质标准的海域面积和劣于《海水水质标准》（GB 3097—1997）中四类海水水质的海域面积两个指标，其中未达到清洁海域水质标准的海域是指不符合《海水水质标准》（GB 3097—1997）中一类海水水质标准的海域面积；微观方面选取化学需氧量、无机氮、活性磷酸盐、石油类浓度 4 项指标进行计算。

2）经济产业指标选取

结合海水水质环境的特点，考虑经济活动的规模与水平、产业结构、环境治理和保护投入、城市化进程等几个方面因素，选取海洋产值、海洋产业活动、污染物排放量等几个方面指标。其中，海洋产值指标包括海洋生产总值占沿海地区生产总值比重、海洋生产总值、海洋第一产业生产总值、海洋第二产业生产总值、海洋第三产业生产总值、海洋产业增加值和海洋相关产业增加值；海洋产业活动指标包括海洋原油产量、海洋天然气产量、海洋捕捞养殖产量、海盐产量、海洋化工产品产量和港口客货吞吐量；污染物排放量指标包括工业废水排放总量、工业废水直排入海量、工业废水中符合排放标准的排放量和一般工业固体废物处置量。

2.3.2.2 水质及经济指标数据

1）水质指标数据

根据 2006—2011 年天津市海洋环境质量公报，得到天津市未达到清洁海域水质标准的海域面积和劣于四类海水水质标准的海域面积，具体数据见表2-9。

表2-9　2006—2011年天津海域污染面积统计　　　　　　　　（单位：km²）

年份	2006	2007	2008	2009	2010	2011
未达到清洁海域水质标准的海域面积	2 870	2 850	2 650	2 600	2 600	2 600
劣于四类海水水质标准的海域面积	1 100	820	1 800	1 160	1 060	1 600

收集2006—2011年天津近岸海域海水水质监测数据，计算得到化学需氧量、活性磷酸盐、无机氮、石油类4种污染物的均值，具体数据见表2-10。

表2-10　2006—2011年天津近岸海域主要污染物浓度平均值　　　（单位：mg/L）

年份	2006	2007	2008	2009	2010	2011
化学需氧量	1.668 6	1.481 3	1.460 4	1.544	1.578 8	1.553 5
活性磷酸盐	0.198 6	0.016 5	0.020 9	0.010 1	0.013 1	0.028 1
无机氮	0.856 9	0.580 8	0.675 8	0.425 9	0.499 7	0.467 1
石油类	0.040 3	0.047 2	0.031 1	0.046 9	0.035	0.030 1

2）经济指标数据

经济产业指标数据来源于2006—2011年中国海洋统计年鉴，其中海洋产值指标包括沿海地区生产总值、海洋生产总值、海洋第一产业生产总值、海洋第二产业生产总值、海洋第三产业生产总值、海洋产业增加值和海洋相关产业增加值，具体数据见表2-11。

表2-11　2006—2011年天津市海洋产值统计　　　　　　　　（单位：亿元）

年份	海洋生产总值占沿海地区生产总值比重（%）	海洋生产总值	海洋第一产业生产总值	海洋第二产业生产总值	海洋第三产业生产总值	海洋产业增加值	海洋相关产业增加值
2006	31.4	1 369.0	3.5	900.9	464.6	753.5	615.5
2007	31.7	1 601.0	5	1 031.6	564.4	866.8	734.2
2008	29.7	1 888.7	4.3	1 255.0	629.5	1 009.5	879.3
2009	28.7	2 158.1	5.1	1 329.3	823.6	1 159.4	998.7
2010	32.8	3 021.5	6.1	1 979.7	1 035.7	1 666.5	1 355.1
2011	31.1	3 591.3	7.2	2 410.4	1 101.7	2 050.1	1 469.2

海洋产业活动指标数据包括海洋原油产量、海洋天然气产量、海洋捕捞产量、海水养殖产量、海盐产量、海洋化工产品产量、港口货物吞吐量和港口旅客吞吐量，具体数据见表2-12。

表 2-12　2006—2011 年天津市海洋产业活动统计

年份	海洋原油产量 （×10⁴ t）	海洋天然气产量 （×10⁴ m³）	海盐产量 （×10⁴ t）	海洋化工产品产量 （×10⁴ t）	海洋捕捞产量 （t）	海水养殖产量 （t）	港口货物吞吐量 （×10⁴ t）	港口旅客吞吐量 （万人次）
2006	1 479.16	104 958	236.10	186.475 5	32 827	16 457	25 760.0	34.0
2007	1 484.53	160 686	237.03	224.553 3	30 185	14 215	30 946.0	30.0
2008	1 557.15	140 111	235.96	198.632 4	24 494	14 082	35 593.0	9.0
2009	1 874.01	143 002	227.56	164	16 459	14 067	38 111.0	16.0
2010	2 916.46	186 089	204.40	166.628 8	15 754	14 212	41 325.0	23.0
2011	2 770.20	213 719	181.00	154.370 8	17 051	13 305	45 338.0	25.0

污染物排放量指标数据包括工业废水排放总量、工业废水直排入海量和一般工业固体废物处置量，具体数据见表2-13。

表 2-13　2006—2011 年天津市污染物排放量统计

年份	工业废水排放总量 （×10⁴ t）	工业废水直排入海量 （×10⁴ t）	一般工业固体废物处置量 （t）
2006	22 978	678	203 835
2007	21 444	531	219 022
2008	20 433	460	268 413
2009	19 441	584	256 723
2010	19 680	496	270 248
2011	19 795.15	0.54	91 472

2.3.3　海洋产值与海洋环境质量的灰色关联分析

1) 海洋产值与海域污染面积的关联度

利用所构建的灰色关联分析模型，计算得到天津市海洋产值与海域污染面积关联度如

表 2-14 所示。

表 2-14 天津市海洋产值与海域污染面积关联度

海域污染面积	海洋生产总值占沿海地区生产总值比重	海洋生产总值	海洋第一产业生产总值	海洋第二产业生产总值	海洋第三产业生产总值	海洋产业增加值	海洋相关产业增加值
未达到清洁海域水质标准的海域面积	0.955 2	0.640 2	0.667 9	0.646 9	0.630 3	0.645 0	0.635 4
劣于四类海水水质标准的海域面积	0.744 3	0.593 0	0.610 2	0.602 8	0.579 5	0.587 9	0.601 5

关联度反映了经济与环境发展耦合作用的错综复杂关系。关联度与耦合作用强度的关系如下：

——（0，0.35）时，关联度为弱，耦合作用弱；

——（0.35，0.65）时，关联度为中，耦合作用为中等；

——（0.65，0.85）时，关联度较强，耦合作用较强；

——（0.85，1）时，关联度极强，耦合作用极强。

根据表 2-14 灰色关联度计算结果，可以看出海洋产值增加对海域污染面积增加起到了推动作用。在各序列中，海洋生产总值占沿海地区生产总值比重与未达到清洁海域水质标准的海域面积的关联度最高，达到 0.955 2，这说明海洋生产总值占沿海地区生产总值比重对于海域污染面积的影响很大。

2）海洋产值与主要污染物浓度的关联度

利用所构建的灰色关联分析模型，计算得到天津市海洋产值与主要污染物浓度的关联度如表 2-15 所示。

表 2-15 天津市海洋产值与主要污染物浓度关联度

污染物	海洋生产总值占沿海地区生产总值比重	海洋生产总值	海洋第一产业生产总值	海洋第二产业生产总值	海洋第三产业生产总值	海洋产业增加值	海洋相关产业增加值
化学需氧量	0.938 9	0.624 5	0.656 6	0.630 9	0.615 2	0.628 7	0.620 4
活性磷酸盐	0.659 7	0.537 8	0.556 6	0.539 7	0.534 8	0.538 5	0.537 2
无机氮	0.795 8	0.598 2	0.622 9	0.601 6	0.593 1	0.600 9	0.595 5
石油类	0.859 7	0.683 0	0.701 2	0.685 4	0.667 2	0.682 6	0.677 1

根据表 2-15 灰色关联度计算结果，可以看出海洋产值增加对天津近岸海域主要污染物浓度增加起到了一定推动作用。与其他污染物相比，化学需氧量受海洋产值各指标的影响最强，其中海洋生产总值占沿海地区生产总值比重与化学需氧量浓度的关联度最高，达到 0.938 9，这说明海洋生产总值占沿海地区生产总值比重对于化学需氧量的增高有较大影响。

通过灰色关联分析可以看出，近些年来，天津市海洋产值的增加对海域的污染面积、海域主要污染物浓度产生了一定的推动作用，特别是海洋生产总值占沿海地区生产总值比重的变化，其对海洋环境质量的影响较为明显，说明经济结构对海洋环境质量的影响较大。从另一方面也可以看出，海洋生产总值对海洋环境质量并未发生强烈的影响，即海洋经济规模对海洋环境的影响不显著，这可能与近岸海域环境质量受陆源排污污染影响较大有关。

2.3.4 海洋产业活动与海洋环境质量的灰色关联分析

1）海洋产业活动与海域污染面积的关联度

利用所构建的灰色关联分析模型，计算得到天津市海洋产业活动与海域污染面积关联度如表 2-16 所示。

表 2-16 天津市海洋产业活动与海域污染面积关联度

海域污染面积	海洋原油产量（×10⁴ t）	海洋天然气产量（×10⁴ m³）	海盐产量（×10⁴ t）	海洋化工产品产量（×10⁴ t）	海洋捕捞产量（t）	海水养殖产量（t）	港口货物吞吐量（×10⁴ t）	港口旅客吞吐量（万人次）
未达到清洁海域水质标准的海域面积	0.686 8	0.562 0	0.917 6	0.890 0	0.732 2	0.901 2	0.604 1	0.723 7
劣于四类海水水质标准的海域面积	0.676 1	0.641 8	0.750 4	0.728 5	0.632 6	0.747 1	0.692 7	0.650 0

根据表 2-16 灰色关联度计算结果，可以看出天津市海洋产业活动对海域污染面积有较大的影响。在各项指标中，海盐产量、海水养殖产量、海洋化工产品产量与未达到清洁海域水质标准的海域面积的关联度都极强，说明这三类活动对未达到清洁海域水质标准的海域面积的贡献率较高。

2）海洋产业活动与主要污染物浓度的关联度

利用所构建的灰色关联分析模型，计算得到天津市海洋产业活动与主要污染物浓度的关联度如表 2-17 所示。

表 2-17 天津市海洋产业活动与主要污染物浓度关联度

污染物	海洋原油产量 (×10⁴ t)	海洋天然气产量 (×10⁴ m³)	海盐产量 (×10⁴ t)	海洋化工产品产量 (×10⁴ t)	海洋捕捞产量 (t)	海水养殖产量 (t)	港口货物吞吐量 (×10⁴ t)	港口旅客吞吐量 (万人次)
化学需氧量	0.653 6	0.550 0	0.870 2	0.843 2	0.739 6	0.916 6	0.585 9	0.737 4
活性磷酸盐	0.522 9	0.491 2	0.613 8	0.601 5	0.703 8	0.630 7	0.506 8	0.720 0
无机氮	0.605 9	0.537 5	0.764 4	0.734 6	0.923 4	0.809 9	0.563 0	0.837 2
石油类	0.680 8	0.614 9	0.877 1	0.863 9	0.756 2	0.857 2	0.666 1	0.747 5

根据表 2-17 灰色关联度计算结果，可以看出海洋产业活动对天津近岸海域主要污染物浓度有较大的影响。在各序列中，海洋捕捞产量与无机氮浓度的关联度最高，达到 0.923 4，说明海洋捕捞产量与海水中无机氮浓度有较大相关性。其次是海水养殖产量与化学需氧量的关联度，达到 0.916 6，说明其对化学需氧量浓度的影响较大。综合来看，海水养殖产量与各主要污染物浓度的关联度都较高，说明其对天津近岸海域环境质量变化的贡献率较大。

通过灰色关联分析可以看出，近些年来，天津市海洋产业活动的发展对海洋环境质量有较大的影响，其中以海水养殖产量、海洋捕捞产量、海盐产量、海洋化工产品产量和港口旅客吞吐量的影响较为明显。这说明直接的海洋资源开发与利用对海洋环境质量的影响较为显著。

2.3.5 陆域污染排放量与海洋环境质量的灰色关联分析

1）陆域污染物排放量与海域污染面积的关联度

利用所构建的灰色关联分析模型，计算得到天津市污染物排放量与海域污染面积关联度如表 2-18 所示。

表 2-18 天津市污染物排放量与海域污染面积关联度

海域污染面积	工业废水排放总量 (×10⁴ t)	工业废水直排入海量 (×10⁴ t)	一般工业固体废物处置量 (t)
未达到清洁海域水质标准的海域面积	0.716 3	0.918 1	0.660 0
劣于四类海水水质标准的海域面积	0.710 6	0.747 9	0.708 3

根据表2-18灰色关联度计算结果，可以看出陆域污染物排放量对天津近岸海域污染面积有较大的影响。在各序列中，工业废水直排入海量与未达到清洁海域水质标准海域面积的关联度最高，达到0.918 1，说明工业废水直排入海量对未达到清洁海域水质标准海域面积的贡献率很高。另外，工业废水直排入海量对劣于四类海水水质标准的海域面积的贡献率也较高。

2）陆域污染物排放量与主要污染物浓度的关联度

利用所构建的灰色关联分析模型，计算得到天津市陆域污染物排放量与主要污染物浓度的关联度如表2-19所示。

表2-19　天津市陆域污染物排放量与主要污染物浓度关联度

污染物	工业废水排放总量（×10⁴ t）	工业废水直排入海量（×10⁴ t）	一般工业固体废物处置量（t）
化学需氧量	0.736 0	0.907 4	0.641 7
活性磷酸盐	0.623 0	0.537 2	0.513 1
无机氮	0.700 4	0.673 5	0.563 3
石油类	0.651 2	0.774 1	0.666 9

根据表2-19灰色关联度计算结果，可以看出陆域污染物排放量对天津近岸海域主要污染物浓度有较大的影响。在各序列中，工业废水直排入海量与化学需氧量浓度的关联度最高，达到0.907 4，说明工业废水直排入海量对化学需氧量浓度的贡献率很高。另外，工业废水直排入海量对石油类浓度的贡献率也较高。

通过灰色关联分析可以看出，工业废水的排放入海是影响天津近岸海域环境质量的重要因素。

综上，通过海洋产值与海洋环境质量的灰色关联分析、海洋产业活动与海洋环境质量的灰色关联分析、陆域污染排放量与海洋环境质量的灰色关联分析，可以得出如下结论。

（1）陆域污染物排放量对海洋环境质量的影响显著

工业废水直排入海量对未达到清洁海域水质标准海域面积和化学需氧量的贡献很大，说明随着沿海城市经济的快速发展，沿海产业壮大，工业废水产生量增加。虽然通过加强监管，近些年工业废水直接入海量有所减少，但仍存在部分工业废水处理不完善，有的甚至未经处理直排入海，加剧了对海洋环境的污染。渤海的水体交换能力较差，水体自净能力有限，大量的陆源工业废水排海造成了对渤海海洋环境的沉重负担。

（2）海洋产业活动对海洋环境质量有直接影响

海洋资源的开发利用活动，如海水养殖、海盐生产、海洋化工产品生产等，都对海洋环境质量有直接影响。这说明人类在开发利用海洋资源的同时，还会加剧海洋环境的恶化，如海水养殖可能会导致海水富营养化，甚至引发"赤潮"。而随着海洋开发利用活动的加剧，如何在开发利用中做好海洋环境保护工作，成为亟须解决的问题。

（3）经济结构对海洋环境质量影响较大，但海洋经济规模的影响不显著

从经济结构来看，海洋生产总值占沿海地区生产总值比重对海洋环境质量的影响很大，特别是对未达到清洁海域水质标准的海域面积的影响。但从经济规模角度来看，海洋经济规模对海洋环境质量的影响不显著。这说明在沿海经济发展过程中，调控经济结构，加强海洋环境保护，对于实现经济、环境的协调可持续发展具有重要作用。

2.4 渤海海洋生态环境问题及国外管理对策借鉴

2.4.1 渤海海洋生态环境问题分析

2.4.1.1 陆源污染未得到有效控制

2009—2013年渤海海域监测数据的分析显示，陆源污染依然是渤海海域生态环境恶化的主导因素，入海污染物通量没有得到明显控制，近岸海域环境压力依旧巨大。

（1）陆源排污口超标排放

2013年，渤海沿岸入海排污口（河）达标排放次数仅占全年总监测次数的42%，入海排污口主要超标物质为化学需氧量（COD）和悬浮物。渤海13个重点排污口中，约有88%的重点排污口邻近海域环境质量不能满足周边海洋功能区环境质量要求，其中，41%的重点排污口对其邻近海域环境质量造成较重或严重影响。这其中的原因：一方面，渤海沿岸工业化迅速发展，使得大片沿海地区成为工业基地，工业排污口排污量大幅度上涨；另一方面，城市化率大幅度提高，但污水处理厂等基础设施的处理能力满足不了日益增长的社会经济需求，导致市政排污口排污量也居高不下。

（2）江河入海排污总量大

2009—2013年渤海海域河流携带入海的污染物总量的统计分析显示，除2011年污染物总量有所回落外，整体呈现上升趋势。2013年渤海江河入海污染物总量约为 318.3×10^4 t，约90%的江河水质等级处于劣V类，主要污染物为化学需氧量、总氮、总磷，部分河流存在重金属污染和石油类污染。江河污染的主要来源是面源污染，与目前沿海地区农业化肥、农药的滥用、农业养殖废水的不达标排放等密切相关，同时沿岸存在一些造纸、皮革、化纤等企业将未经处理的废水通过地表径流的形式排入渤海。

（3）部分要素几乎无更多容纳能力

受陆源排污口和江河排污的影响，渤海海域的纳污能力严重超负荷，尤其对于化学需氧量以及营养盐类，几乎无更多容纳能力，大量污染物不仅降低了渤海海洋生态系统的生产力，也在一定程度上影响了海洋生态服务功能，甚至一些重金属污染可以通过海洋生物富集进入人体，危害人类健康。

2.4.1.2 近岸海域环境恶化趋势尚未缓解

渤海海域近岸水环境总体形势不容乐观，污染尚未得到有效控制，污染面积不断扩

大，污染程度不断加重。2013 年监测结果显示，四类和劣四类站位所占比重分别为 9.44% 和 32.77%，夏季污染最为严重，四类和劣四类海水水质标准的海域面积达 2 930 km² 和 8 490 km²，受污染海域主要分布于辽东湾、渤海湾和莱州湾近岸，主要污染物为无机氮、活性磷酸盐和石油类，与 2009 年相比，主要污染物种类没有大的改变，但污染范围不断扩大，劣四类海水比重不断上升。

辽东湾 2013 年监测结果表明，四类和劣四类海水水质面积占海湾总面积的比例分别为 0.3% 和 98.8%，劣四类海水水质面积几乎涵盖整个辽东湾，是渤海海域污染最为严重的海湾，集中在双台子河口、辽河口以及大、小凌河邻近的锦州湾，主要受营养盐、石油类、重金属污染，污染浓度呈放射性分布，随远离入海口降低；沉积物受重金属污染严重，主要超标要素为汞和镉，特别是排污口附近，受大型企业直排口影响，沉积物污染更为严重。

渤海湾 2013 年监测结果表明，超过四类海水水质面积约占海湾总面积的 68.7%，四类和劣四类海水水质面积占海湾总面积的比例分别为 35.2% 和 33.5%，污染较重的区域主要分布在秦皇岛和唐山南部近岸及滦河口，塘沽—北塘—汉沽近岸海域，主要污染要素包括营养盐、重金属、石油类，污染情况较莱州湾严重。

莱州湾超过四类海水水质面积约占海湾总面积的 40.8%，四类和劣四类海水水质面积占海湾总面积的比例分别为 14.5% 和 26.3%。污染较严重的区域主要分布在小清河、黄河、漳卫新河等河口及企业直排口附近，主要污染物为营养盐、石油类、汞、铅等。

2.4.1.3 海洋生态系统压力较大

渤海近岸的开发利用强度大，岸线利用率高，用海方式多为填海造地，不仅导致滨海湿地生境逐年减少，呈破碎化趋势，而且改变了近岸水动力条件，使自然栖息地环境发生了变化，同时环境污染造成了严重的富营养化和氮磷比失衡，部分生态过程受到影响。渤海海域生物物种数量在全国 4 个海域中最低，海洋生物多样性指数也偏低，生态系统结构偏向单一，生态服务功能减弱，6 个典型海洋生态系统中有 5 个处于亚健康状态，1 个处于不健康状态。

（1）双台子河口

近年来该区域生态系统处于亚健康或不健康状态，河口生态系统的经济价值显著下降。水体富营养化，溶解氧含量较低，导致适于多种鱼类及其他海洋生物胚胎发育和幼体孵化的生境逐渐丧失，产卵场的功能严重退化，与 20 世纪 80 年代相比，鱼卵和仔鱼的种类及数量均明显降低；底栖生物趋向个体小型化，生物多样性降低，小型底栖贝类占绝对优势，经济生物数量明显减少。另外，芦苇湿地生境丧失与破坏严重，与 1987 年相比，已减少 60% 以上。油气开发、海水增养殖、稻田开垦和过度捕捞等海洋开发活动以及陆源排污，是威胁该河口生态系统健康的主要因素。

（2）锦州湾

锦州湾生态系统处于不健康状态。锦州湾及邻近海域水体呈严重富营养化状态。浮游植物和浮游动物密度偏低，鱼卵和仔鱼种类少、密度低，底栖生物栖息密度和生物量偏低，生物栖息地大量丧失，五里河河口及小清河口滩涂因为污染已经造成一定区域无底栖生物分布。污染造成的富营养化导致该海域生物群落结构异常，辽河河口海域浮游植物数量较 1959 年同期增加了 4~5 个数量级；而污染严重的营口附近海域，曾经是多种经济鱼类的渔场，现在已经失去了良好渔场的功能。陆源污染、过度捕捞和围填海工程等是影响锦州湾生态系统健康的主要因素。

（3）渤海湾

渤海湾生态系统处于亚健康状态。水体呈严重富营养化状态，营养盐比例失衡。无机氮、总磷污染严重，近岸海域劣四类海域面积比重大。浮游植物细胞数量显著下降，浮游动物种类组成发生改变，浮游生物变成以耐污性较强的为主。海洋鱼类的重要饵料生物哲水蚤在浮游动物中的比例下降，产卵场退化，鱼卵仔鱼种类少、密度低，平均每立方米仅有 2 个鱼卵仔鱼。渤海湾的底栖生物明显减少，底栖生物栖息密度和生物量偏低。湿地减少幅度已超过 50%。陆源污染、过度捕捞和围填海工程等是影响渤海湾生态系统健康的主要因素。

（4）滦河口—北戴河

滦河口—北戴河生态系统近年来处于亚健康状态。底栖动物栖息密度和生物量均呈降低趋势。底栖沉积环境改变，沉积物中砂的含量降低。由于适于文昌鱼生存的中细砂及细中砂底质环境退化，文昌鱼种群数量与 1999 年相比减少了 63%，且种群的年龄结构发生变化。入海淡水输沙量减少、海水养殖密度过大、港口航运以及陆源排污是影响滦河口—北戴河生态系统健康的主要因素。

（5）莱州湾

莱州湾生态系统近年来处于亚健康状态。水体富营养化严重，营养盐严重失衡。80% 以上海域无机氮达到或超过四类海水水质标准，50% 的海域 COD 超过二类海水水质标准。浮游植物密度呈异常增加趋势，浮游动物密度高但种数低。莱州湾过去盛产银鱼、文蛤、毛蚶、鲅鱼、梭子蟹、爬虾，但由于入海河流排污严重，鱼类资源急剧枯竭。在莱州湾污染最严重的小清河口，产卵场严重退化，鱼卵仔鱼种类少、密度低，另外底栖生物多样性很差，多样性指数小于 1。小清河口附近海域银鱼和河蟹已经绝迹，毛虾已不成汛，毛蚶基本消失。多年的大规模围填海使莱州湾湿地严重萎缩，莱州湾 3/4 的岸段成为平直的人工岸线，加之陆源排污、黄河水入海量减少、不合理养殖活动及过度捕捞，导致了莱州湾生态系统不断退化。

（6）黄河口

黄河口生态系统近年来处于亚健康状态。水体富营养化严重，营养盐比例严重失衡。黄河淡水输入量的逐年减少导致该区域海水盐度增加，促使适宜低盐度环境发育和生长的海洋生物的生境范围逐渐减小；径流量的减少同时导致河口区域营养盐入海量的下降，海洋初级生产力水平降低，浮游植物生物量有所下降，底栖动物的栖息密度和生物量近年显著降低，生态结构的改变使产卵场严重退化，鱼卵仔鱼种类少、密度低。陆源排污、岸线改变、黄河水入海量减少和过度捕捞等是导致黄河口生态系统不健康的主要因素。

2.4.1.4 海洋渔业资源衰退

渤海在中国海洋渔业生产中的地位非常重要，其渔业捕捞量约占黄渤海渔业捕捞总量的28%~40%，近几十年来渤海渔业资源严重衰退，小型化、低龄化趋势严重，严重影响了环渤海地区社会经济的可持续发展。

1）生物物种减少

传统渤海渔业资源以经济鱼类为主，到20世纪60年代主要渔业资源变为杂鱼，20世纪70年代大型杂鱼进一步没落，以小型鱼类为主，1982—1993年，鱼类群落多样性指数从3.609下降到2.529，主要传统经济鱼类资源衰退，海水养殖品种种质退化严重。近年来，天津的毛蚶、扇贝，辽宁的文蛤以及海蜇等的捕获量明显下降，滩涂贝类资源亦在衰退中。"渤海湾渔业资源与环境生态现状调查与评估"项目报告显示，有重要经济价值的渔业资源，已经从过去的70种减少到目前的10种左右，带鱼、野生河豚、野生牙鲆等鱼类几乎绝迹，经济鱼类向短周期、低质化和低龄化演化，一些海底已成了海底沙漠。辽东湾渔场基本无鱼可捕，名贵的凤尾鱼已经绝迹；锦州湾的产卵场和育幼场遭到严重破坏；渤海湾一些主要经济鱼虾蟹类产卵场和育幼场，已基本成为无生物区。

2）渔业捕捞产量大幅下降

海洋渔业资源捕捞过度不仅使海产品加工业受到影响，减少居民的就业机会，同时也增加渔业资源恢复的成本，更为严重的是破坏了健康的海洋生态系统。20世纪70年代至80年代初，渤海渔业资源非常丰富，海区总资源量可达200多万吨。从20世纪80年代开始，渔业资源量明显减少。过去，对虾有群体，现在已看不到，只有一些处在生物链底层的生物还有群体存在，如海蜇、小贝类等，处在食物链二级以上的几乎没有。锦州湾原盛产的对虾和凤尾鱼基本绝迹，毛虾产量已从过去的年产40 000~60 000 t下降至20 000~30 000 t。渤海湾塘沽区年渔业捕捞量由20世纪80年代的40 000~50 000 t，下降到近几年的13 000 t。莱州湾南岸潍坊近岸，毛虾、对虾、梭子蟹、黄姑鱼年产量分别从20世纪70年代的1.3×10^4 t、2 500 t、1×10^4 t和3 000 t下降到20世纪90年代的2 600 t、44 t、155 t和115 t，近几年对虾、黄姑鱼的捕捞产量就更少了，带鱼、小黄鱼、大银鱼等经济鱼类已基本绝迹。

2.4.1.5 海岸带生境退化

受沿海区域无序开发建设、气候变化、河流断流、陆源污染物输入、地下咸水入侵以及各种海洋灾害日益加剧等因素的影响，渤海海岸带生境退化与改变成为其重要环境问题。在渤海可以很容易地观察到海岸侵蚀和自然湿地被蚕食等生境退化现象，岸线后退、海水倒灌、沿海低洼地淹没和土壤次生盐渍化加剧，秦皇岛、营口和莱州湾等区域已成为海岸侵蚀较为严重的区域。营口—熊岳—鲅鱼圈 30 km 余的海岸线由于鲅鱼圈经济开发区建立后挖走大量沙石、防护林被破坏和海岸侵蚀力加剧，导致年后退约 15 km，经济损失上亿元，严重影响了当地居民的生产和生活安全；北戴河滨海旅游海岸也出现明显的侵蚀现象。同时，随着环渤海地区经济的快速发展以及人类生产生活对湿地资源依赖程度的提高，不科学的围垦改造也使渤海天然湿地遭到较大破坏，湿地面积大量丧失，遭受破坏最严重的区域是盘锦滨海湿地、天津近岸湿地和黄河三角洲。辽河三角洲的自然湿地经过 20世纪 50—60 年代和 80 年代两次大规模围垦，已有一半湿地被破坏，在近 15 年中，又因石油开发、养殖、水稻种植和城市化建设等，丧失了近 60%。部分天然河口生境发生巨大变化，如进入渤海的许多河流因上游造坝建闸等，造成下游干枯甚至断水，河口附近海域的盐度明显升高，使海域丧失了作为产卵场的条件，从而导致生态系统发生较大的变化。

2.4.1.6　海洋环境事故频发

渤海湾各类海洋环境灾害和应急事件频发，给人民生产生活、海洋生物栖息生境安全带来较大隐患。

1）海上溢油事故频发

目前渤海湾拥有近 200 个油气平台，60 余个大小港口，80 多条航线，9 万多艘渔船，上万艘轮船，随着海上交通运输、临港工业，特别是石化工业的快速发展，各类海洋船舶活动的显著增加，船舶流量将进一步加大，同时伴随石油运量迅猛增加，船舶发生事故性溢油的风险进一步加大。油田井喷、跑油、漏油几率也很大，海上溢油污染事故已成为制约渤海海洋经济发展的重要因素，使海洋生态环境存在较大的安全隐患。大连湾"7·16"溢油事故、蓬莱"19-3"特大溢油事故、"塔斯曼海"号油轮溢油事故等重大溢油事故频繁发生，已经成为危害人类健康、破坏海洋生态环境的重要因素。这些事故通常会引起事故周围海域生态环境受到严重破坏，造成巨大的经济损失，导致区域的生态失衡，甚至造成长期的危害，致使海洋生态环境难以恢复。2013 年，在渤海沿岸滩涂及近岸海域发现 27 起油污事件，溢油泄漏的风险居高不下。

2）赤潮灾害频发

随着渤海沿岸现代化工农业生产迅猛发展，沿海地区人口不断增长，近海海域养殖规模不断扩大，大量未经处理的工农业废水和生活污水被直接排入海洋，导致近海、港湾富营养化程度日趋严重。赤潮灾害发生的频率呈上升趋势，每次赤潮的规模越来越大，持续时间也越来越长。2013 年渤海海域共发现 13 次赤潮，发生面积约 1 880 km²，对渤海沿海的生态健康与安全、水产养殖业、渔业资源、水产品质量、沿海旅游业和人类健康都构成了巨大的威胁，造成了经济损失和海洋生态服务功能价值损失。

3）水母爆发

2013 年 6—8 月，秦皇岛北戴河沿岸水母爆发，主要种类为海月水母和沙海蜇。海月水母数量较高，集中分布于戴河口附近，最高密度 3 200 ind/hm^2，最大伞径 30 cm；沙海蜇数量较少，但由于其毒性强，对附近海域海水浴场的游客安全构成了一定威胁。

2.4.2 国外海洋生态环境管理对策比较与借鉴

近些年来，随着海洋资源开发利用的不断深化，沿海各国积累了丰富的海洋管理经验，相关海洋管理理论研究也进一步发展，特别是在海洋生态环境管理政策方面，新的管理框架模式和新颖理念也不断出现。本节主要对日本、韩国、美国的生态环境管理政策进行简要介绍，并介绍濑户内海、地中海和黑海 3 个内海的成功治理经验，以此作为渤海海域管理对策的比较与借鉴。

2.4.2.1 日本海洋生态环境管理政策

日本是一个完全意义上的岛国，海岸带广阔，日本主要由 4 个大岛屿构成，分别是本州、九州、四国、北海道，另外还有将近 4 000 多个小岛，海岸线绵延 30 000 km 余。日本东临太平洋，西隔日本海、东海、黄海，与朝鲜、韩国、中国、俄罗斯隔海相望，属于温带海洋性气候国家。日本海岸带蕴藏着石油、天然气和矿石等自然资源，但由于储量不足，日本仍然需要依靠进口来满足本国的需求。日本近海的渔业资源十分丰富，因此，为了更好地利用渔业资源和发展海洋产业，日本政府依据"渔业法"将一些沿海港湾和沿岸水域划定为海洋水产业活动专用开发区。由于日本持续且高速的经济增长，带来大量的工业废水和生活污水，直接导致日本海域水质的急剧恶化，污染使得沿海区域内海洋生物的栖息地和繁殖场所越来越少，各种海产品均受到重金属污染的严重威胁，由此引发了日本社会民众的强烈不满。日本政府采取了各种措施来治理海水污染，在一定程度上减轻了环境恶化，其在海岸带及沿海区域管理方面的实践和成果为其他国家进行海洋区域管理提供了宝贵的经验。

濑户内海是日本的主要沿海工业区，它已经成为日本沿海水域环境污染最严重的地区。日本政府于 1973 年颁布了《濑户内海环境保护临时法令》，该法令要求采取措施严格控制污染，保护渔业资源，制定环保政策，努力恢复沿岸的生态环境；先后出台了保护海岸带环境的《水质污染防治法》、《污染基本对策法》和《防止海洋污染法》等法律法规，在一定程度上改善了濑户内海的污染程度。然而，水质污染问题依旧存在，对当地渔业资源仍然存在威胁，每年光是海上污染事故就达到 100 多起，由于海洋污染事故导致的经济损失难以估量。

沿海渔业由于水质污染、填海造陆等原因遭受了严重的影响和损失，对此，日本政府开始采取措施，提高沿海水域和海岸带的渔业生产率和水产业产能，并逐步建立起相对固定的渔业管理制度。日本政府不仅对各种水域进行系统性保护，而且出台了多项保护海洋渔业环境的相关政策，并进一步制定细则，将沿海水产业作为公共产业来对待，有计划有组织地推进其合理开发，力争将宝贵的海洋资源充分利用到工业化建设中，提高海洋资源的利用率和回收率。日本政府制定了"沿海渔业组织发展规划法令"，根据该项法令成立了从事海上养殖的合资企业以及渔业组织对海上养殖进行保护。1976 年第一批沿海渔业企业和组织正式投入运营，日本政府拨款资助了其中约占半数的企业，实际效果比较理想。

成立沿海渔业组织是为了更好地发展海洋渔业，水产养殖业以及加强对渔场的保护，沿海渔业组织担负了更多的职能：① 为了促进以资源保护为核心的渔业开发，第四沿海渔业组织坚持以海洋资源管理为中心，以重建沿海区域的渔业产业结构为目的，通过系统研发对未来海洋渔业地位进行合理评估，对现有的渔业管理机制和生产能力进行科研调查，纠正不足；② 对海洋生物增殖形成的自然能源进行系统性的开发利用；③ 革新海洋发展理念，进行多方面的开发利用，满足民众对于海上休闲的更高追求；④ 协助政府更好地建立区域性的渔业养殖中心，以便加快推进海洋渔业的发展。总而言之，日本政府正在推进海岸带管理向以海洋资源管理为核心的方向发展，努力提高海洋资源和海岸带的开发利用能力，通过打造海上牧场项目来促进海洋渔业的发展，并大力研究高科技来恢复和改善海洋生态环境。

2.4.2.2 韩国海洋生态环境管理政策

韩国领海面积不算广阔，但韩国政府十分注重对其进行高效管理。韩国政府很早就通过了"国家中长期的海洋、水产发展战略规划"以应对 21 世纪国内外错综复杂的海洋环境形势。该项规划是参照海洋管理发达国家的"蓝色革命"理念实施的海洋战略政策，以实现海上强国为目的，具体目标是将其海洋产业所占 GDP 的比重从 1998 年的 7%提高到2030 年的 11.3%。

韩国的西部海岸为淤泥质海岸，这里拥有世界上罕见的大面积的滩涂；韩国东部海岸水质清澈，沙滩广阔平直，非常适合建成海水浴场等滨海旅游胜地；韩国南部海岸线曲折、港湾密布、岛屿众多，是各种海洋生物栖息和繁衍后代的绝佳场所。三面环海的韩国滨海地区不仅具有独特的海洋学与地质学特征，而且在生物学方面也具有较高的生产力。由于产业活动频繁及人口不断增长，增长与开发并重的海洋经济政策在韩国占据了主导地位，大面积围海造田、盲目开办工厂园区、不顾及海洋自然净化能力搞恶性开发、工业污染、海水富营养化导致赤潮频繁爆发。韩国沿海的工业园区约 84 个，占到全国的 45%，沿海发电厂 81 个，约占全国总数的 50%，海岸带生态系统和自然环境遭到严重破坏，渔业资源几近枯竭。

为合理分配海岸带资源，提升近海海洋环境综合质量，1998 年，韩国政府推出《海岸带管理法》。该项法规对海岸带综合治理规划、海岸带区域管理规划、海岸带范围确定、海岸带整治方式以及海岸带调查工作等方面都作了详细的规定，明确要求每隔 5 年就要对海岸带管理情况进行考察以便及时了解和确保海岸带管理的成效。在海岸带综合治理规划中，明确指出了海岸带管理的相关政策法规、如何保护海岸带环境、如何促进海岸带可持续开发、海岸带管理的对象以及陆地范围等内容，还有海岸带管理行为受到其他法令限制以及如何申请支援等条款。

2.4.2.3 美国海洋生态环境管理政策

美国的海洋区域管理发展较早,相关理论也较为成熟。美国政府对墨西哥湾海域、东北沿海以及太平洋岛屿区域分别根据自身的地理环境、气候特点以及主要生态环境问题来制定相适应的管理模式,并非盲目采用一个固定的模式。美国政府在对其海洋区域所进行的管理实践中着重强调以下几个问题:① 区域基本特征,如自然生态、地理环境、气候、人文等;② 区域问题类型,一般指数量在两个以上的州或岛屿在海洋生态、经济、地理等方面的类似问题;③ 区域问题解决方法,是由各地州政府自行处理还是由联邦政府自上而下解决;④ 区域机构设置,相关机构的建立和运行情况。

美国的墨西哥海湾拥有以虾类为主的丰富的渔业资源以及海洋石油、天然气资源,自然资源丰富,景观独特,同时海上养殖使得面源污染成为墨西哥湾海域的主要海洋问题,污染物导致墨西哥湾海域出现了大片缺氧区,严重的时候缺氧区面积和新泽西州面积几乎一样大。为了妥善解决墨西哥湾海洋污染和油气开发所带来的影响,联邦政府与环境保护署协商出台了墨西哥湾计划,针对墨西哥湾主要的近海问题开展自上而下的行动。

美国东北部沿海地区拥有丰富的渔业资源,该区域面临的主要问题有如何恢复与维护区域渔业资源环境、一些海洋生物生存环境受到疏浚港口污染。为保障该区域海洋资源的可持续发展和利用,美国东北部马萨诸塞州、缅因州等与加拿大的新不伦瑞克省、新斯科舍省协商成立了缅因湾海洋环境治理委员会,在海洋环境保护、海洋环境治理以及公众教育等方面采取统一行动,妥善解决缅因湾海洋生态系统失衡问题。

美国太平洋岛屿区域由太平洋海盆发展委员会对其进行区域管理,经过不断探索和实践,确立了专属经济区、海岸带综合管理和区域性海洋管理计划。计划核心内容包括,制定统一的海洋区域管理政策和海岸带资源管理规划、制定区域金枪鱼猎捕政策、勘探海洋油气和矿物蕴藏量、形成地区间协调合作能力以及建立相关应急协商预案等。

2.4.2.4 濑户内海的成功管理经验

1) 濑户内海的海洋生态问题

自 20 世纪 50 年代后,随着日本现代工业的兴起,濑户内海成为日本重工业的主要基地,形成了许多联合企业,钢铁、炼油和石化工业等主要基础工业生产能力占日本全国的40%,其中,日本钢铁业的46%、石油化工业的42%和纸浆生产的30%产自该地区。作为建筑材料的碎石、砂子等的采集量约占全国的22%,其中海砂砾占74%。濑户内海的渔业十分发达,1982 年该地区的渔获量达 $79×10^4$ t,占全国沿海渔获量的26%;浅海水产养殖业也不断发展,1982 年达 $32×10^4$ t,其中以牡蛎(58%)、紫菜(30%)养殖为主,鱼类较少(6%)。濑户内海的海运业也比较发达,进港船舶总吨位及港湾货物吞吐量均占全日本的50%;在主要航道上通航的船舶极为频繁,仅明石海峡每天平均有 1 500 条船从这里通过。1998 年濑户内海 13 个县府的国内生产总值达到 133 万亿日元,占全国的 26.9%,

其中，第一产业占 0.9%，第二产业占 30%，第三产业占 69%。随着各种产业的迅猛发展，濑户内海的环境问题日益突出。

（1）水质污染日益严重

随着沿海地区工业化、人口增长和生活、生产污水排放增加，水质存在有机质污染和富营养化问题，濑户内海一度被称为"濒死之海"。1982 年，COD 达标情况为 A 型（水产一类水质）55%，B 型（水产二类水质）89%，C 型（水产二类水质以上）100%。

（2）赤潮频发

由于氮、磷等营养盐的持续增长，濑户内海富营养化严重，赤潮频发。1970 年赤潮发生次数仅 79 件，1976 年增加到 299 件，赤潮引发了大规模的渔业灾害。

（3）海上油污染严重

随着海上石油运输量的增加，船舶造成的海洋污染事件也频繁发生。1970—1973 年，油污染事件呈上升趋势，占全国油污染事件的 40%多。1973 年，濑户内海发生油污损害事件 848 宗，占全国发生件数的 41.2%。

（4）填海造地失控

由于日本土地面积狭小，濑户内海的填海造地一直不断进行。1898—1969 年填海造地总面积为 246 km²，其中 1949—1969 年造地面积多达 163.4 km²，填海造地行为严重破坏了沿岸地区的自然景观，水质、底质恶化，海洋生物种类大量减少。

2）濑户内海主要治理措施

（1）立法先行

国家和地方立法相结合，一般法与特别法相结合。鉴于濑户内海的污染状况，除已有的《公有水面填埋法》、《海岸法》、《环境影响评价法》、《环境基本法》等一般法外，1971 年，国家还制定了《水质污染防治法》及防止水质污染的排放标准；1973 年，专门针对濑户内海的环境治理颁布了《濑户内海环境保护临时法令》，1978 年发展成永久性的《濑户内海环境保护特别措施法》。在此基础上，环濑户内海的 13 个县、府政府依据国家颁布的上述法律又分别颁布了相应的地方立法、实施计划、方略和污水排放标准。一般来说，各县、府制定的标准要比国家标准更严格、要求更高。

（2）控制污染物排放总量与达标排放相结合

濑户内海治理的初期，日本政府主要采取的措施只是污水达标排放。从 20 世纪 70 年代末开始，日本政府在对濑户内海的环境进行了广泛深入的基线调查的基础上，开始引入污染物排海总量制度，并在《濑户内海环境保护特别措施法》中加以规定。

（3）制定和实施污染物排放总量削减计划

为了落实《濑户内海环境保护特别措施法》的要求，日本政府先后于 1980 年 4 月、1987 年 5 月、1991 年 3 月、1996 年 7 月和 2002 年 7 月对濑户内海实施了五次污染物排放总量削减计划，总目标是将污染物排放总量逐步削减到濑户内海治理前的 1/2。其中前三次削减的是 COD，后两次先后加上了磷和氮。从实施五次削减计划的结果看，以 COD 为例，通过第一次和第二次计划的实施，COD的排放总量基本上下降了1/2，以后的削减幅度不大，排放总量基本上维持在二次削减的水平上。但随着工业的不断发展，污水总量也在不断增加，要维持已经达到的污染物排放总量，只有要求各企业不断增加污水的处理率，降低污染物排放浓度才能完成。同时，对城市生活废水的处理率也在不断增加，到2003年城市生活废水处理率已经达到90%。

（4）调整工业布局和结构

从20世纪70年代开始，日本政府制定了"工业重新布局计划"，主要包括：调低经济增长速度，经济增长目标10年均稳定在5.7%~6.7%；从产业结构来看，第一产业要下降，第三产业要提高，在资源能源的制约下，工业部门要充分考虑环境保护、社会治安，注意节约资源、能源、物流，以技术集约化为主轴推进产业结构的高度化；基础资源性的工业要长期地推进海外布局，与国外生产需要相适应，从国土平衡的角度出发进行工业重新布局，推进必要的产业设施、生活设施建设，以及教育、文化、医疗的配套。

（5）严格实施建设项目事前评估、公告、听证和许可证制度

根据《濑户内海环境保护特别措施法》，需要向濑户内海排放污染物的新建工程项目，建设单位必须首先向环境主管部门提交工程项目对环境的影响评估报告。主管部门在对报告进行审核的同时，向社会发出公告，并召开由利益相关部门及公众代表参加的听证会，听取各方的意见并对项目建设单位提出质询，在此基础上作出对新建项目是否发放许可证的决定。

（6）建立完善的环境监测系统

为了对濑户内海的环境状况及各排污口的排放情况有准确的了解，政府建立了比较完善的环境监测系统。对污水排放量较大的企业，设置了经铅封的自动监测仪，定时对海域的环境和各排污口进行监测。为了减少水的流动可能对监测结果造成的影响，监测取样工作几乎是同步或准同步进行的。常规项目两个月做一次，特殊项目一个月做一次。监测结果汇总到县主管部门，由其进行评估，并根据情况提出处置意见。

（7）政府的财政措施到位

为了治理濑户内海的环境，中央和县、府政府投入了大量的资金，各有关企业也投入了大量的资金。对于污水处理设施的建设，中央政府一般提供1/3经费，对治理公害性质的设施，中央政府还另增加1/3的经费，其余经费由地方政府和企业投入。环境监测系统的建立和运行也是依靠中央政府和地方政府的财力来进行的，中央政府也一般资助1/3的所需经费。

（8）建立和强化环境管理的协调机制

总的来说，濑户内海的环境管理是由中央政府的环境主管部门及其在县、府的下属机构负责的。从20世纪70年代开始，所有环濑户内海的县、府知事就在公众舆论的推动下，成立了濑户内海环境保全知事、市长联络会，配合中央政府的环境主管部门共同担当起治理濑户内海环境的领导和协调工作。联络会每年召开一次年会，轮流在各县、府举

行，就大家共同关注的问题进行讨论，达成共识，调动地方政府在濑户内海环保工作中的积极性。联络会先后签署了《濑户内海环境保全宪章》、《濑户内海景观宣言》和《濑户内海21世纪宣言》，为濑户内海的环境保护工作指明了方向和目标。

此外，政府和民间社团还大力开展宣传教育，民众形成很强的环保意识，对污染者形成了强大的压力，也对政府采取必要措施造成了重要影响。

3）濑户内海治理成效

经过整治的濑户内海，产业结构和布局也发生了巨大的变化，产业结构重心由制作业向新型和高技术制造业方向转变，自然景观也已经得到很大的恢复。具体表现在四个方面。

（1）填海造地活动得到遏制

1974—2000年累计填海面积仅122 km²，较前25年减少了50%。

（2）赤潮发生数量明显减少

到2001年，赤潮的年均发生数量较20世纪70年代下降了2/3，整治效果十分明显。

（3）COD、氮、磷排放量逐年减少

日本政府根据污染物排放状况不断制定污染物削减指导方针，并加强政府强制管理，COD、氮、磷排放水平均出现了大幅下降。

（4）海洋溢油事件逐年减少

1972—1984年，年均油污事件在500～1 000件。1985年，明确了"海洋污染及海上灾害防治相关法律"，采取严格规定、强化监视体系，完善溢油处理设施等措施，产生了积极效果，到2000年，油污事故年均发生数量不足百件。

（5）保护区增多

设立了800余个鸟兽自然保护区，恢复的海水浴场50余个，每年可接待700余万人次，濑户内海的水质也有了极大的改善。

2.4.2.5　地中海的成功治理经验

世界上最大的内海——地中海位于欧洲南面，被欧亚非三块大陆环抱，是一个近于封闭的海域，面积296×10⁴ km²，整个海域几乎没有潮汐，风暴很小，生态脆弱，易受污染，是欧盟、北非、西亚及中东各国十分关注的海洋区域。

1）地中海环境问题

地中海沿岸有18个国家，其中大部分国家为工业发达国家或盛产石油的国家，这些国家拥有58个商业性石油港口，地中海成为世界上海运最为繁忙的海洋，同时，也承受着沿岸国家的工业废物和城市污水。沿岸国家每年倾入地中海的废水约达60×10⁸ m³，固体垃圾达2×10⁸ t，与此同时，沿岸地区各类工厂每年向地中海海域倾注酚物质1.2×10⁴ t、磷酸盐3 600 t、水银160×10⁴ t、原油80×10⁴ t、铅3 800 t、锌5 000 t、铬950 t，这些物质成为地中海的主要污染源。同时，随着地中海沿岸地区人口的增加，频繁的经济活动将使这个世界上最大的内海污染更为严重。不久前的科学调研结果显示，地中海部分海域的海藻、蟹、软体动物、海星、海胆等海洋生物已经绝迹。如果沿岸各国不采取措施，很多海洋生物将因海水污染而灭绝。

2）地中海新政策与强制措施

众所周知，地中海连接南欧、北非与西亚，向西只靠直布罗陀海峡与大西洋相连，向东只靠苏伊士运河经红海与印度洋相连。在正常情况下，地中海海水大约每100年才能与大西洋、印度洋循环更新一次。为了不使地中海成为"垃圾桶"，地中海沿岸国组织于1996年3月18日在意大利锡拉库萨港举行会议，提出了旨在治理地中海陆源污染的新政策。

① 推广法国经验，建立与发展环地中海海洋污染监测网。自1996年起5年内，把完成建立该监测网的全部活动和保证监测网自动运行良好作为地中海海洋污染防治的一项基础工作，并为治理地中海污染提供精确、可靠、多样的数据资料。

② 积极推进科学技术培训计划，分别在法国马塞与突尼斯两地建立培训基地，每年举行一次为期3个月的培训班，以聘请专家授课，技术工程师示范，学员进行海上实践的方式，培养沿岸国的青年科学工作者，为整治地中海污染培养人才。

③ 重新确定沿岸国组织有关治理地中海污染方面的国家资助政策，以协调各沿岸国有关机构的活动机制与治理经费。

④ 提出"地中海是地中海国家的地中海"的口号，保护和净化地中海区域是沿岸国家海洋科学研究和开发规划的重要组成部分，各沿岸国有责任在人力、物力、财力等方面给予应有的支持，为人类共同生存创造一个良好的海洋空间。

在这次会议上，地中海沿岸国家还签订了一项禁止存有有毒化合物污染源的协定，作为一项强制性措施。意大利、法国、西班牙、马耳他、斯洛文尼亚、克罗地亚、阿尔巴尼亚、希腊、土耳其、塞浦路斯、以色列、突尼斯、摩洛哥、阿尔及利亚、埃及等国签署了这项协定。各国专家深刻地认识到，流入地中海的有毒化合物主要存在于工业生产排放的废物中，这些有毒化合物占地中海污染的比例高达70%~80%。协定的执行得到了环境保护组织绿色和平及世界野生动物基金会的赞扬与资助。联合国环境规划署相关人员表示，这项协定的意义不只是消除地中海区域的污染，更重要的是消除该区域的污染源。

2.4.2.6 黑海的成功治理经验

黑海是欧洲和小亚细亚间的内海，北部由刻赤海峡与亚速海相连，西南由博斯普鲁斯海峡与马尔马拉海相接。黑海的北岸和东岸属于乌克兰和俄罗斯，西岸属于罗马尼亚和保加利亚，南岸属于土耳其，它的面积约 41.2×10^4 km²，最深处为 2 245 m。黑海一向以丰富的鱼类资源、温和的气候和重要的战略位置而闻名于世。

1）黑海环境问题

黑海所遭遇的生态环境问题中最严重的就是营养物过剩，各条注入黑海的河流将上游农田的化肥、垃圾、粪便、洗涤废水等带入海中。多瑙河每年向黑海注入约 $60×10^4$ t 磷、$340×10^4$ t 氮，导致水体富营养化严重，海藻和细菌大量繁殖，在水面形成了密集的漂浮层，阳光无法射入水中，昔日丰富和多样化的黑海系统已经被疯长的水草和海藻所取代，水体污染使鱼类大大减少。在黑海最常见的 37 种鱼类中仅存 5 种，过量捕捞又使渔业资源遭到进一步破坏。1986—1992 年间，黑海的捕鱼量从 $90×10^4$ t 下降至 $10×10^4$ t，渔业捕捞和加工行业所遭受的损失每年达 2 亿美元。

2）黑海治理措施

（1）召开国际生态会议

1990 年，黑海生态问题国际会议在保加利亚召开，苏联、意大利、奥地利、美国、罗马尼亚、保加利亚等国 120 余名科学家和官方代表参加会议，就黑海生态保护问题进行了广泛讨论。会议通过决议，建立黑海国际科研中心，设立国际基金，资助有关黑海生态问题的科学研究，成立委员会，以协调黑海沿岸国家的生态保护工作。

（2）制定保护黑海公约

保加利亚、罗马尼亚、苏联、土耳其等国代表于 1991 年制定了保护黑海免受污染的公约草案，内容包括清除和最大限度地减少所有污染黑海的污染源，四国合作以杜绝向黑海泄漏石油事件的发生，交换对于生态清洁无害的工艺以及科技信息。

（3）建立专项保护基金

针对黑海海豚大量死亡的现象，设立保护海豚基金会，对黑海进行治理，为拯救海豚作出努力。

（4）黑海沿岸各国制定切实可行的环保举措

整治黑海已经引起国际和周边国家的高度重视，并制定了一系列切实可行的环保措施，诸如减少和限制具有破坏性的化学物质的使用，在乌克兰的黑海沿岸兴建绿色林带，培植人工海藻，加大对城市污水和垃圾处理基础设施的投资力度等。

2.4.2.7 经验比较与借鉴

渤海与濑户内海在实现工业化过程中有类似经历，环境污染状况也十分相似。同为半封闭式内海，地中海与黑海均为内海，水体交换能力差，生态环境脆弱，与渤海也十分类似。因此，日本濑户内海、地中海、黑海的管理经验值得我们借鉴参考。

综合分析濑户内海、地中海、黑海的治理经验，调整产业结构和布局、明确政府环境责任、推动城市均衡发展以及立法保障对于治理内海环境污染均是有效的手段。

（1）调整产业结构和布局

调整产业结构和产业布局，不仅可以直接减少污染源向海污染排放，也可以从工业生产全过程控制污染的产生。为切断污染源头，日本政府将污染严重的化工厂迁离濑户内海，并大大减少填海造地面积。濑户内海的大部分区域都被规划为国家公园，建立了800多个野生动物自然保护区。地中海沿岸国家也签订了有关禁止存有有毒化合物污染源的协定，旨在不仅消除地中海区域的污染，更要消除该区域的污染源，从污染源的分布和布局上切断污染物入海的可能性。

（2）对各级政府部门的职责作出明确分工

日本全国的海洋环境保护工作由环境厅协调，海上污染事件由海上保安厅处理，其他各省厅和地方政府负责各自管辖海区的污染监测，建立了海区沿岸13个府县和5个市知事、市长参与的环境保护工作会议制度，权责分明，有助于推动和落实各项污染治理政策的实施。

（3）政府立法先行

日本政府将污染物减排计划以法律形式规范，并高度重视，从配套制度、宣传教育等方面加以辅助，社会各阶层的宣传使民众从认知上、行动上都非常重视，对濑户内海的成功治理起到了极大地推动作用。保加利亚、罗马尼亚、苏联、土耳其等黑海沿岸国家也制定了保护黑海公约，对清除和减少所有黑海的污染源、杜绝石油泄漏事件的发生、交换对于生态清洁无害的工艺以及科技信息等作出了规定。

（4）大力加强环境调查与监视监测的投资

至20世纪70年代，濑户内海共设700余个观测站，并成立了防止濑户内海水质污染研究会、海洋生物环境研究所等科研机构，多次开展海洋污染综合调查，这些措施有助于了解濑户内海的污染现状。法国在地中海区域设置了多个监测支持点，在1978—1980年间，地中海区域环境质量监测网的数据资料分析量约为29.4万个，1980—1990年间，数据资料分析量增至70万个，为评估地中海海洋环境质量及制定该区域海水质量保护措施提供了科学依据。

3 环渤海地区经济发展状况及分析

渤海开发始于明代，随着人们对海洋认知的变化和技术的进步，环渤海地区开发程度日益加强，社会经济水平不断增长，特别是进入 21 世纪，环渤海地区经济和海洋经济均呈现出快速增长的发展态势，但也产生了一些矛盾和问题。本章重点总结环渤海地区区域经济和海洋经济发展现状，分析发展形势，预测发展前景。

3.1 环渤海地区区域经济发展现状与形势

一直以来，环渤海区域是中国区域经济发展的热点，是继"珠三角"、"长三角"之后的第三个经济高速发展区域，被视为拉动 21 世纪中国经济增长的新引擎。环渤海地区以其独特的区位条件和政策优势等也具有巨大的发展潜力。但是，由于体制机制、地理位置、传统观念等的束缚，仍存在许多亟待解决的问题。下面将从环渤海地区区域经济发展现状、特点、面临的机遇、存在的问题等方面对渤海地区区域经济发展的进展情况进行深入分析。

3.1.1 环渤海地区区域经济发展现状

2000 年以后，环渤海地区凭借丰富的海洋资源和优越的区位条件，海洋产业总产值以年均超过 20% 以上的高速率增长。2012 年环渤海地区海洋生产总值达到 17 925 亿元，区域海洋经济呈现规模大、发展快、产业结构不断优化、需求拉动不断扩大、经济布局趋海集聚的显著特征。

3.1.1.1 经济总量规模大、增速快

20 世纪 90 年代以来，环渤海地区区域经济持续增长，环渤海地区三省一市的经济一直以高于全国平均水平高速发展，21 世纪以后成为继"珠三角"和"长三角"的中国发展第三极。该区域在我国国民经济发展中发挥着举足轻重的作用，2012 年该地区实现生产总值 124 433 亿元，比上年增长 20.3%，人口达到 2.28 亿人，人口密度为 845 人/km²，以占全国 5.26% 的土地面积，承载了 16.8% 的人口，创造了 24% 的国内生产总值，是中国最重要的发展区域之一。

地区 GDP、人均 GDP 是反映一个地区经济总量、经济实力大小、衡量其经济发展水平的重要指标。2006—2012 年，该地区 GDP 由 47 348 亿元飞跃至 124 433 亿元。其中，山东省区域经济规模最大，2012 年地区生产总值达到 50 013 亿元；天津市 2012 年地区生产总值达到 12 894 亿元；河北省、辽宁省 2012 年地区生产总值分别达到 26 575

亿元和 24 846 亿元。

3.1.1.2　产业结构不断优化，竞争力趋强

2006—2012 年，环渤海地区在三次产业保持较快增长的同时，逐步实现产业结构优化。2006 年该区域第一、第二、第三产业比例为 10.2∶55∶35.8（表 3-1），2012 年为 9.5∶46.9∶43.8（表 3-2），总体上呈现"二三一"的结构。与全国相比，第二产业比重高出 1.6 个百分点，第一产业比重基本持平，第三产业比重则低了 0.8 个百分点。第一产业增加值从 2006 年的 4 840 亿元增长到 2012 年的 9 769 亿元。以黑色金属冶炼及压延加工业，电力、热力的生产和供应业，石油和天然气开采业，化学原料及化学制品制造业为主的第二产业增加值从 2000 年的 26 084 亿元增加到 2012 年的 47 726 亿元，第三产业增加值从 16 424 亿元增加到 2012 年的 44 897 亿元。第三产业虽然有了较大发展，对经济的带动力也有所增强，但仍未超过第二产业。第二产业尤其是工业成为推动经济增长的主导力量，其中排在首位的黑色金属冶炼及压延加工业在工业增加值中的比重更是占到了 16%以上。

表 3-1　2006 年环渤海地区三次产业生产总值　（单位：亿元）

产业类型	天津市	河北省	辽宁省	山东省	渤海地区	比例
第一产业	118.23	1 606.48	976.37	2 138.9	4 840	10.2%
第二产业	2 488.29	6 115.01	4 729.5	12 751.2	26 084	55%
第三产业	1 752.63	3 938.94	3 545.28	7 187.26	16 517	34.8%

表 3-2　2012 年环渤海地区三次产业生产总值　（单位：亿元）

产业类型	天津市	河北省	辽宁省	山东省	渤海地区	比例
第一产业	171.6	3 186.66	2 155.82	4 281.7	9 796	9.5%
第二产业	6 663.82	14 003.57	13 230.49	25 735.73	47 726	46.9%
第三产业	6 058.46	9 384.78	9 460.12	19 995.81	44 897	43.8%

从环渤海各省市来看，天津、河北、山东、辽宁均是"二三一"的产业结构。山东、天津第二产业比重均高达 57%。山东省工业以化学原料及化学制品制造业、农副食品加工业、纺织业、石油和天然气开采业为主导，并形成了全国重要的家电、电子生产基地。天津市是环渤海地区区域经济活跃度最高、发展速度最快的区域，IT 制造业在全国处于领先地位，石油和天然气开采业发展迅速，这里还是全国最大的电子通信设备、液晶显示器等的生产基地；河北省目前已形成海运产业、制药业、生态农业等特色经济发展区域，外商投资区域和领域不断拓宽；河北省农业相对占据地区生产总值较大比重，达到了 13.37%，是环渤海地区第一产业占比最高的省份。环渤海地区已经形成了高技术产业、电子、汽

车、机械制造业为主导的产业集群，各具特色的产业带开始形成，产业竞争力正迅速提升。

3.1.1.3 需求拉动不断扩大，经济发展潜力较大

2006—2012 年，环渤海地区投资、消费和出口三大需求持续扩大，对区域经济发展拉动较大（表3-3）。该地区通过不断深化投融资体制改革，拓展融资渠道，社会投资趋于活跃，全社会固定资产投资总额不断增加，2012 年达到 80 687 亿元，同比增加约 18.8%，占全国 374 694.7 亿元的 21.5%。环渤海地区还是中国北方外来投资最密集的区域，2012 年，天津直接利用外资 1 501 633 万美元，比上一年增长 15%。消费方面，随着经济的快速发展和效益的不断提高，环渤海地区城乡居民收入逐年增加，生活水平稳步提高，2012 年该地区最终消费支出为 46 576 亿元，同比增加 13.9%。从进出口贸易增长来看，2006—2012 年环渤海地区货物进出口总额由 2 266 亿美元发展到 5 156 亿美元，占全国的 21%，其中 2012 年出口额达到 2 780 414 万美元，占全国的净出口额的 11.7% 左右。由此可见，三大需求不断扩大的趋势明显，尤其是以投资对经济发展的贡献率和拉动作用明显，环渤海地区经济发展潜力较大。

表 3-3　环渤海地区经济社会基本情况

年份	GDP（亿元）	人口（万人）	人均 GDP（元/人）	全社会固定资产投资（亿元）	最终消费支出（亿元）	全部财政收入（亿元）	货物进出口总额（亿美元）	海洋总产值（亿元）
2006	47 135	21 553	21 869	24 090	20 392	32 115	2 266	7 418
2007	55 801	21 723	25 688	29 211	23 802	4 088	2 254	8 789
2008	67 332	21 897	30 749	37 710	28 291	4 328	3 497	10 500
2009	73 866	22 073	33 464	48 330	29 940	5 677	2 954	11 182
2010	87 246	22 456	38 852	60 684	34 659	7 152	3 940	13 868
2011	103 412	22 616	45 725	67 931	40 881	9 290	4 889	16 345
2012	124 433	22 775	54 636	80 687	46 576	11 008	5 156	17 925

3.1.1.4 沿海区位优势显著，经济布局趋海集聚

环渤海地区拥有丰富的海洋资源和港口区位优势。自 20 世纪 90 年代以来，环渤海地区沿海城市经济总量占全区域的比重持续上升，经济活动主要分布在天津、青岛、烟台、威海、大连、唐山等沿海港口城市，产业沿海化布局的趋势更加明显。2010 年沿海城市环渤海地区的工业增加值在全区的比重达到 43.6%，主要集中在山东、河北、辽宁三地。从主要工业行业区域分布来看，化学原料及化学制品制造业、交通运输设备制造业基本符合该规律；农副食品加工业高度集中在山东（70% 左右）；黑色金属冶炼及压延加工业，电

力、热力的生产和供应业更多分布在河北；通信设备、计算机及其他电子设备制造业，石油和天然气开采业在天津分布较多。环渤海地区的服务业主要集中在山东、河北、辽宁，占到该区域城镇单位就业人员的90%以上。从主要服务行业区域分布来看，批发和零售业符合该规律；教育，公共管理和社会组织，卫生、社会保障和社会福利业主要分布在山东、河北、辽宁；交通运输、仓储和邮政业则更多分布在辽宁等省市。

环渤海地区的农作物主要分布在山东、河北和辽宁三省，仅山东一省就接近50%，各类农作物基本符合该规律，不同的是稻谷高度集中在辽宁，麻类高度集中在河北，豆类、薯类、果园集中在山东。山东是环渤海地区经济和工业活动最大的地区，占全区总量的40%以上；其次是河北、辽宁，分别在25%左右；最后是天津，占10%左右。

3.1.2 环渤海地区与其他经济区的比较分析

国际经济区域化和区域经济国际化，是当代区域经济发展的大趋势。第二次世界大战后，不仅各国一些重要的经济区完成了从"内向型"向"外向型"的转变，还出现了一些跨国界的区域经济组织，如欧洲经济共同体、经互会和南亚区域合作联盟等，这些跨国的经济组织机构日益完备。区域经济由内向型向外向型的发展，跨国经济区的形成，是世界经济区发展的必然，也是环渤海地区繁荣兴旺的必由之路。[①] 在当前形势下，环渤海地区与"长三角"、"珠三角"经济区相比，在综合经济实力、经济增长源泉、产业特色和发展模式方面存在较大差异。

3.1.2.1 综合实力中上，发展潜力较大

由于三大经济区包含的省市不同，地域面积和人口也有很大差异，因此不能单纯地从经济总量上来比较，采用人均GDP指标来衡量各经济区的经济发展水平，才能具有较强的可比性。

虽然三大经济区的经济发展水平都远在全国平均水平之上，但各个经济区的经济发展也呈现出明显的差异。如表3-4所示，2012年"长三角"GDP总量达108 904亿元，"珠三角"GDP总量达72 957亿元，"长三角"约为"珠三角"的1.5倍。2012年"珠三角"人均GDP为84 355元，"长三角"人均GDP为69 175元，环渤海地区人均GDP为54 636元。由此可以看出虽然"长三角"在经济总量上有明显优势，但在人均方面"珠三角"的优势更明显。如果以"长三角"人均GDP为标准，则三大经济区的人均GDP比值为1：1.22：0.79。可见，按人均GDP计算，"珠三角"优势明显，而环渤海地区与"长三角"和"珠三角"还有一定的差距。如果从三大经济区核心城市来比较，经济总量最大的是上海市，2012年其GDP已突破20 181.7亿元；居第二和第三的分别是广州市（13 551.2亿元）和天津市（12 893.9亿元）。而人均GDP水平最高的则是广州市（105 909元），其次是天津市（93 173元），最后是上海市（85 373元）。从经济增长率上

---

① 李赫龙，梁红梅．环渤海地区碳排放影响因素分解及其差异研究［J］．中国环境管理干部学院学报，2013，（12）。

来比较，广州市 10.5% 的增长率高于上海市的 5.7% 和天津市的 9.2%。

利用外资方面，2012 年广东省外商投资企业户数为 98 564 户，投资总额为 4 786 亿美元，苏浙沪全年外商投资企业户数为 141 517 户，投资总额为 12 566 亿美元，环渤海地区外商投资企业户数为 62 762 户，投资总额为 1 551 亿美元。

表 3-4　2012 年区域经济数据比较

区域	GDP 总量	人均 GDP	核心城市	经济总量	人均 GDP	经济增长率
"长三角"	108 904 亿元	69 175 亿元	上海市	20 181.7 亿元	85 373 元	5.7%
"珠三角"	72 957 亿元	84 355 亿元	广州市	13 551.2 亿元	105 909 元	10.5%
环渤海地区	124 433 亿元	54 636 亿元	天津市	12 893.9 亿元	93 173 元	9.2%

由此可以看出，环渤海地区不仅经济发展水平高于全国平均水平，且经济增长潜力巨大。

3.1.2.2　内需拉动增长，发展势头强劲

三大经济区不仅是中国经济的"主产区"，也是经济增长最快的区域。虽然经济增长速度都超过全国平均水平，但三个经济区的增长源泉又各有特点。

"长三角"经济区依靠投资拉动经济增长。"长三角"地区依靠其所拥有的基础设施、发达的科技教育和日趋完善的政策环境，成为国内外投资者关注的热点，跨国资本正大举向"长三角"地区转移，作为"长三角"经济区核心城市的上海市日益发展成为大公司、大银行总部和研究开发中心的所在地，并加快步伐朝着国际经济、金融、贸易和航运四大中心迈进。[①] 2012 年包括沪苏浙的"长三角"经济圈共完成全社会固定资产投资 78 873.1 亿元，约占全国固定资产投资额的 1/5，是"珠三角"的 2.4 倍。

"珠三角"经济区依靠出口拉动经济增长。改革开放以来，"珠三角"地区凭借优越的地缘优势和国家政策的扶持，以经济特区为依托，大量吸引境外投资，迅速成为中国经济国际化或外向化程度最高的地区。[②]

环渤海地区依靠内需拉动经济增长。环渤海地区有厚实的发展基础，腹地广阔，这些腹地的许多矿产品、农牧产品和工业品，经过与沿海港口城市的技术合作，在国际市场上更具有较大的发展潜力。区内市场以及便捷的交通枢纽条件，已使环渤海地区发展成为中国规模较大、较为发达和成熟的现代物流中心和消费市场区之一。

因此，环渤海地区在当前的形势下，对内有广阔的腹地成为产品销售市场，市场容量巨大，对外可以利用沿海港口与国外积极开展贸易合作，经济发展势头强劲。

---

① 郝素秋．环渤海区域经济一体化现状分析与对策［J］．经济论坛，2010，（9）.
② 姚腾霄．环渤海区域经济一体化问题研究［J］．中国科技博览，2009，（14）.

3.1.2.3 优势产业集聚，区域综合发展

"长三角"经济区产业门类齐全，轻重工业都很发达，是中国最大的综合性工业区，其钢铁、汽车、石化、机械、电子、纺织、服装等工业在全国都占有重要地位。但相对于其他经济区而言，"长三角"以微电子、光纤通信、生物工程、海洋工程、新材料等为代表的高新技术产业更为突出。上海、无锡和杭州已被确定为国家级IC设计产业化基地。高新技术产业持续大幅增长。2012年，上海高新技术产业投资额92.09亿元，比上年增长22%，占全市工业总产值的比重达29%，比上年提高0.4个百分点。以上海为核心城市的"长三角"经济区，以其占全国1%的国土面积创造了占全国19%的GDP和15%的地方财政收入。① 该经济区国有企业、民营企业和外资企业都很发达，该区的16个主要城市构成了"世界第六大城市群"，该区拥有我国最大的港口群和城市群。在全国经济实力最强的35个城市中，长江三角洲地区占了10个；在全国综合经济实力百强县中，这一地区占了一半。近些年经过规范的股份制改造，该区在中国地区经济中继续保持旺盛的活力。

"珠三角"经济区随着产业结构不断调整和优化升级，高新技术产品增速逐渐加快，大规模半导体集成电路、通信设备、微型电子计算机、移动电话、彩色显像管大幅增长，已成为全球最大的电子和日用消费品生产和出口基地之一。② 本区的电子、医药、建材的产值已居全国之首，纺织业居全国第二，彩电产量占全国的1/2，家用电冰箱产量占1/3，家用洗衣机产量占1/7，原油和天然气约占1/10，此外，石油化工、电器机械也正在形成新的产业支柱。该经济区在外资企业推动下，以轻纺等劳动密集型产业为支撑，市场化程度逐步提高。与长江三角洲地区不同，珠江三角洲地区的外资主要是中国的香港、东南亚以及海外的华资，真正的西方资本并不占明显优势，而且"三来一补"和贴牌生产的现象突出。

环渤海地区是中国重化工业、装备制造业和高新技术产业基地，其钢铁、机械、汽车、石油化工、建材、造船以及微电子等IT产业在全国占有重要地位。近年来，生铁、钢、成品钢材、大型拖拉机、塑料、啤酒等产量均占全国的30%以上，电冰箱和洗衣机产量占全国的1/4以上，微型电子计算机产量占全国一半。该经济区的农副产品、海洋产品加工和出口也具有相当的优势。环渤海经济圈多属中国的老工业基地，传统计划体制的惯性影响较大，国有经济比重仍相对较高。在该地区外商投资来源中，日本、欧美、韩国等外商投资所占比重较高。该经济区是我国最重要的以矿产资源加工、重型装备制造和轻纺加工为主导的综合型工业基地，是全国重要的能源、原材料生产基地。同时该区的民营科技企业也很发达，尤其是拥有天津新技术产业园区等国家级高新技术开发区，成为拉动本区知识经济发展的强有力的纽带。③ 其中，天津开发区的电子通信设备、液晶显示器等已经发展成为全国最大的产业基地。

---

① 孙世芳. 环渤海区域经济一体化面临的机遇与挑战 [J]. 经济论坛，2009，(2).

② 刘畅. 借鉴长三角，促进环渤海区域成为中国经济发展第三极 [J]. 天津职业院校联合学报，2008，(5).

③ 姚腾霄. 环渤海区域经济一体化的策略分析 [J]. 现代经济信息，2009，(12).

3.1.3 环渤海地区经济社会发展面临的机遇

3.1.3.1 东北亚经济区的战略枢纽地位日渐巩固

东北亚是全球经济中举足轻重、发展最快的区域之一。东北亚区域的 GDP 之和占到世界经济总量的 1/5。中国、日本、韩国的 GDP 之和占亚洲 GDP 总量的 73%。虽然曾经受到亚洲金融危机的影响，但是东北亚至今仍然是全球最具发展潜力的区域。近年来，随着经济全球化进程的加快，以地缘关系为基础的区域性经济合作日趋加强，东北亚地区在亚洲乃至全球经济发展中的地位和作用也将越来越重要。东北亚地区凭借其稳定的政治形势，互补性极强的经济结构，丰富的自然资源，雄厚的经济基础和便捷的交通，将成为 21 世纪全球发展潜力最大、经济发展速度最快的地区。经过多年经营，以东盟的发展为基础，以中国—东盟、韩国—东盟和日本—东盟自贸区的即将建立为标志，一体化的东亚经济具备了雏形。更积极地推动区域贸易自由化，加速推进东亚经济一体化，实现多赢，业已成为包括中国、日本、韩国和东盟在内各方的共识。10 年前的亚洲金融危机导致了“东盟+3”（当时是“9+3”）对话机制的建立，从而为区域一体化奠定了体制基础，而此次金融危机则势必进一步推动东亚区域一体化进程。目前，东亚在贸易合作方面取得了一定进展，中国、日本、韩国与东盟 10 国的 3 个自由贸易协定（FTA）都已陆续启动。而地处东北亚中心的环渤海地区占据天时地利，将首先受益，成为东北亚经济发展的热点区域。

环渤海地区的工业基础和港口优势将吸引来自日本和韩国等重型产业的转移，如石油化工、钢铁、造船等。该区在东北亚经济发展中的角色，将首先以区域生产基地为主。环渤海地区重化工业发达，城市和人口密集，是中国经济较发达的地区。而在日本、韩国的西海岸相对于其东海岸来说是经济较落后的地区。日本西部沿海是日本的农业区，经济密度与发展水平比太平洋沿岸东部的日本低得多。因此，开发西海岸成为日本第五次全国国土综合开发计划的重要内容和 21 世纪的战略目标。韩国的工业主要分布在首尔—釜山轴线以东的沿海地区，而西部和南部的平原、丘陵区主要是农业区。为了改变这种区域发展不平衡状况，韩国政府制定了国土开发计划，重点开发西海岸地区，投入巨资建设 100 多项大规模工程。由于黄海、渤海两岸地缘的这种特殊关系，缩小了中国环渤海地区与日本、韩国西海岸地区之间的经济差距，必然会加强区域间经济贸易的合作，推动环渤海地区经济的崛起。

新亚欧大陆桥东起黄渤海之滨的连云港，经陇海、兰新、北疆铁路，西出阿拉山口，经哈萨克斯坦、俄罗斯、白俄罗斯、波兰、法国，抵达荷兰的鹿特丹港，全长 10 837 km，其中在中国境内长 4 135 km，是亚欧大陆上新的“丝绸之路”。亚欧大陆桥的贯通，为加强东北亚区域与欧盟集团陆域联系和促进全球经济一体化进程构筑了桥梁和纽带，同时也为众多内陆国家的外向型经济发展提供了良好的出海通道。世界上共有 40 多个内陆国，而亚欧陆桥经济带占了一半。有无出海通道及出海口，已成为一个国家能否发展的制约因素。环渤海地区是新亚欧大陆桥东部的必经之地，有众多港口可作为陆桥上岸的起点港。不少国家借亚欧大陆桥的贯通而积极寻求出海口，蒙古和哈萨克斯坦等中亚5国更为突出，迫切要求我国在渤、黄海诸港口方面提供方便。蒙古国总理扎斯莱访华时明确提出：蒙古是内陆国家，发展两国经贸合作关系的重要因素，就是要解决交通运输问题，愿以天津为出海口。因此，环渤海地区作为亚欧大陆桥东方桥头堡，是东北亚地区与欧盟集团陆域联系的重要纽带和中枢。欧盟经济的发展、东北亚经济的振兴以及两大经济区经贸合作的展开，势必对环渤海地区的发展带来新的机遇。

3.1.3.2　中国经济增长第三极已经形成

改革开放以来，"长三角"、"珠三角"地区凭借优厚的政策优势和自身巨大的潜力，产业集聚迅速发展，当之无愧地成为区域经济发展的增长极。然而随着市场机制的不断完善，该地区的价格扭曲现象逐渐得到纠正，劳动力成本和土地价格的日益提高，已与国际其他地区无异。因此，一些传统的土地与劳动密集型产业的利润率大大下降，竞争优势逐渐丧失。在资源优化配置的内在驱动力作用下，一些土地、劳动密集型，能源与资源高消耗型产业，正逐步向工业基础良好、交通便利、科技实力雄厚、具有资源比较优势的渤海地区迁移，为环渤海地区经济的发展注入了新的活力。

党的十七大首次将天津滨海新区与深圳特区、上海浦东新区一起，列为国家经济重点发展区域。以滨海新区为龙头的环渤海地区，迎来了前所未有的发展机遇，有望在国家政策的引导下，成长为国民经济发展的第三引擎，再次掀起经济发展的高潮。

环渤海地区腹地辽阔，覆盖面积遍及大半个中国。东北三省及内蒙古东四盟的粮食、畜产品、石油，西北地区的煤炭、皮毛，华北地区的石油、轻纺产品，渤海的海产品，甚至远在数千公里之外的青海、新疆的货物，都要经过这里运往世界各地。这些内陆腹地涉及我国中北部13个省市和自治区，其土地面积约占全国土地面积的60%，国民生产总值约占全国的40%，这在我国其他沿海经济区域中也是少有的。2012年，环渤海地区三省一市地区生产总值之和占全国的24%，进出口总额占全国的21%。这在一定意义上表明，环渤海地区已经成为成长中的中国经济"增长极"。在今后一段时间内，国家必将持续加大投资力度，着重部署环渤海地区经济工作，为该地区的发展提供有力的政策保障。随着国家西部大开发战略、振兴东北老工业基地战略的进一步推进，环渤海地区这颗耀眼的东方明珠必将大放异彩，迎来新的战略机遇期。

3.1.3.3　区域经济一体化势在必行

顺应经济全球化和区域经济一体化的发展趋势，加强区域间合作，提升区域整体竞争力，正逐渐成为环渤海地区的共识。从我国沿海经济社会发展来看，在"珠三角"、"长三角"区域协调发展以后，充分利用日本、韩国乃至东北亚区域的产业转移和一切国际有利条件，加快环渤海经济区的建设，已经成为我国现代化建设的重要趋势和核心方向。2015年以来京津冀一体化战略更是成为区域性战略的热点话题。环渤海地区各方正积极采取行动，通过基础设施互联互通、产业合理布局、区际合作、跨国组织积极促进等一系列行动，打破桎梏经济发展的枷锁，向经济一体化方向迈进。国家也在有计划、有步骤地推进环渤海经济区的形成，区域一体化进程明显加快。

（1）基础设施互联互通

天津机场和北京首都机场实现整合，北京机场侧重客运，天津机场侧重货运，规划建成我国北方最大的航空货运物流基地，首都国际机场和天津滨海国际机场联合，率先实现了中国民航跨区域的机场的整合。2002年12月，北京朝阳口岸与天津港口岸开始直通，两市实现了港口功能一体化。而北起山海关，南至山东烟台的环渤海经济圈铁路大动脉中，烟台段首条铺设的地方铁路——大莱龙铁路已于2006年6月全线开通运营。京通快速路扩建、以公共交通为主体、轨道交通为骨干，多种运输方式组成的立体交通网络也正在不断完善。新北京南站已于2008年6月正式开通运营，成为亚洲最大的火车站；随后京津城际铁路于2008年8月正式开通，京津之间的距离由90分钟缩短为30分钟，大大拉近了北京与天津的距离。

（2）产业布局按部就班

担负北京"经济建设中心"历史使命，具有代表性的首钢和北京焦化厂，告别故乡，奔赴新的战场，标志着北京城市定位的"去经济化"取得实质性进展。北京积极发挥历史文化优势，着重发展文化创意产业、总部经济和现代高端服务业；天津则承接了空中客车A320总装线、百万吨乙烯工程等重大项目，而周边的唐山、保定、廊坊等城市努力建设中心城市产业转移的承接地，新的城市定位进一步明确。

南堡10亿吨级大油田的发现，使河北省唐山市的曹妃甸迅速成为环渤海地区的投资热点，重点工程和重点项目的建设鳞次栉比。2007年1—10月，精品钢基地、煤炭码头等重点项目和围海造地、唐曹高速公路等重点基础工程陆续展开；与此同时，"文丰"、"德龙"、"纵横"等一批企业从内陆转移到沿海曹妃甸工业区。这一系列的举动扎实确立了曹妃甸国际化工业基地的地位。

天津滨海新区作为国家发展战略，已被列为全国综合配套改革试验区，成为环渤海地区和北方的经济中心，同时确立了"北方国际航运中心和物流中心"的定位。

国家对环渤海地区城市重新定位已基本明确，即：北京是政治文化中心，天津是国际港口城市和北方经济中心，曹妃甸是国际性能源原材料主要集疏大港、世界级重化工业基地、国家商业性能源储备和调配中心。

（3）区际合作有序展开

面对全球产业转移的机遇和挑战，环渤海各省市已经认识到分工合作的重要。在政府层面，"顺应经济全球化和区域经济一体化的发展趋势，加强区域间合作，提升区域整体竞争力"正逐渐成为各地方的共识。

2004年，环渤海地区各省、市、区围绕党的十六届三中全会提出的"要加强对区域发展的协调和指导，鼓励东部有条件的地区率先基本实现现代化"和国家规划中提出的"进一步发挥环渤海、长江三角洲、闽东南地区、珠江三角洲等经济区域在全国经济增长中的带动作用"等重要精神和发展策略，本着"合作、发展、共赢"的原则，在环渤海地区合作上进入加速阶段，《廊坊共识》、《北京倡议》、《廊坊框架》标志着环渤海地区一体化发展取得了实质性突破。

（4）跨国组织积极促进

环渤海经济一体化的进程还得到了跨国非政府间组织的大力支持。比较著名的有"东北亚暨环渤海国际合作论坛"、"环渤海地区中日韩经济合作发展论坛"等。2004年6月26日在博鳌亚洲论坛上，中国、日本、韩国三方代表从四个方面展开了讨论：一是对环渤海区域中国、日本、韩国合作总体思路的研究，通过回顾近年来三国的合作，总结成功的经验，并对下一步扩大三国合作提出新的思路和建议；二是对区域内中国、日本、韩国商贸与投资合作的研究，探讨三国企业之间如何进一步扩大合作的可操作性对策；三是环渤海区域和东北老工业基地如何错位利用日本和韩国资本、发展产业，实现区域内优势互补；四是加强中国、日本、韩国三国银行等金融机构合作，抵御金融风险，确保三国经济合作稳定发展。

综上所述，从国内外经济和社会发展的成功经验看，沿海地区已经成为引领经济增长和社会进步的前沿和主流地带。环渤海地区地处中国华北，辽宁、河北、天津、山东沿中国北部沿海黄金海岸依次分布，是一个由辽东半岛经济区、河北沿海开发带、天津滨海新区和山东半岛蓝色经济区四个次级的经济区组成的复合经济区。环渤海地区适逢千载难逢的发展机遇，潜力巨大，其经济水平的进一步提高将有助于提升中国与东北亚地区的经济合作，扩大北方地区对外开放；有助于促进我国东部地区率先实现现代化，辐射和驱动西北、东北地区的经济发展，缓解南北经济发展差距问题，形成东中西互动、优势互补的区域协调发展格局。环渤海地区将成为南融"长三角"、北承东北亚、西联中西部、东接朝韩日的国际经济战略合作区。

3.1.4 环渤海地区经济社会发展面临的挑战

3.1.4.1 资源稀缺阻碍经济发展空间

1）水资源短缺

水资源短缺已经成为环渤海地区发展的制约因素。环渤海沿岸年降水量560~916 mm，由于丰枯年降水量相差3~5倍，降水量年内分配不均，60%~70%的降水集中于7—8月的汛潮，又由于两个半岛地区河流短小、蓄水能力差等原因，导致环渤海地区地表径流偏小（年径流深度仅为50~200 mm）的特征。淡水资源主要视鸭绿江、辽河、大小凌河、六股河、滦河、黄河等水量的多寡决定丰歉。此外，环渤海地区沿海地下水缺乏，尤其大城市超采地下水，形成大范围降落漏斗，局部地区地面沉降，甚至出现海水入侵等严重后果。据统计，环渤海地区水资源总量仅占全国的3.5%，人均和耕地亩均水资源量分别为全国平均水平的1/5 和1/6，而水污染进一步加剧了水资源的短缺。中国城市每年因缺水造成的经济损失达 1 200 亿元以上，而环渤海地区是受损失最为严重的地区，大连市因缺水每年要减少 800 万元的财政收入，烟台市 1989 年因缺水大批企业被迫限产、停产，税利损失达数亿元。有限的水资源量同环渤海地区不断增长的工农业、城乡居民生活用水之间的矛盾日益尖锐。水资源严重不足已成为今后该地区经济社会可持续发展的重要制约因素之一。

2）土地资源稀缺

耕地锐减，人粮矛盾突出。土地资源浪费严重，不少地方不注意保护耕地，用地粗放，效率较低，一方面是旧镇区存在大量的处于闲置或低效利用状态的宅基地或企业用地，且对这类用地缺乏改造和开发；另一方面是新镇区又有大量土地被"征而不用"。大量土地被征用为建筑或是工业用地，甚至还有很多农田荒废，土地已经不再是沿海地区农民的"衣食父母""生存之本"了。

3）城镇化加速导致生存空间不足

城镇化是经济社会发展中必然经历的自然历史过程，是工业化和现代化的必然趋势。一方面，改革开放以来，随着国民经济的快速增长和社会的全面进步，城镇化进程加快，城镇规模结构和布局有所改善，辐射力和带动力增强；另一方面，近年来随着沿海地区经济的高速发展，人口的趋海移动早已成为全球现象。环绕着"C"字形的环渤海沿岸，在 3 000 km 余的海岸上分布着丹东、大连、营口、盘锦、锦州、葫芦岛、秦皇岛、唐山、天津、沧州、滨州、东营、潍坊、烟台、威海、青岛 16 座城市，密集程度在世界上是少见的。环渤海地区一些中心城市，如北京、天津、沈阳、济南等早在新中国成立初期人口就相对较为密集，加之改革开放以来环渤海地区经济快速增长和社会事业全面进步，牵引着大量人口向环渤海地区聚集。在环渤海地区，天津市城镇化水平最高，2012 年达到 81.5%，辽宁省次之，为 65.6%，山东省和河北省分别为 52.6%、46.8%。环渤海地区一些中心城市，如天津、沈阳、济南等早在新中国成立初期人口就相对较为密集，加之改革开放以来环渤海地区经济快速增长和社会事业全面进步，牵引着大量人口向环渤海地区聚集。2012 年环渤海地区沿海城市总人口为 7 960 万人，非沿海城市总人口为 14 815 万人，与 2000 年相比，沿海城市人口增长 63%，而非沿海城市人口出现了负增长。

城镇化带来的主要问题之一就是生存空间不足，资源、环境承受着巨大的压力，并由此产生了一系列的社会经济问题。密集的城市群体和稠密的人口不仅产生数量庞大、种类繁多的污染物，而且需要大量资源、能源供应，这就导致环渤海地区本已短缺的耕地资源和水资源承受了更大的压力，环渤海地区现有的资源和环境基础难以支撑快速的城镇化和城市空间扩张。2012 年统计数据显示，环渤海地区三省一市土地调查面积占全国的 5.26%，而在这片土地上生活的人口数量却占到了全国的 16.8%；人均水资源量低于全国平均水平，其中，天津、河北、山东人均水资源量仅为全国的 1/10。此外，大气污染、水体污染、噪声污染、垃圾污染、城市热岛效应、生物多样性减少、海湾生态系统退化等生态环境问题越来越突出。

3.1.4.2 环境问题成为环渤海地区经济发展的最大短板

（1）区域产业结构趋同性与环境功能多样性之间的矛盾

生态环境的功能具有多样性，可综合支撑多种经济开发活动。然而环渤海地区的产业趋同现象非常严重，造成某一方面功能过度开发，而其他方面开发不足的现象。对某一资源的过度开发，会致使其环境受到较大程度的改变。当生态环境承载达到极限时，其自我更新和自我循环能力丧失，将导致资源利用的不可持续，从而制约经济的发展。

（2）地区经济发展不平衡与环境治理之间的矛盾

在经济发展过程中，环境状况会随着经济发展水平的不断提高存在先恶化后改善的情况。渤海严重的污染问题，必须依靠环渤海地区的全面参与和综合治理才能解决。然而环渤海地区经济发展水平极不平衡，对环境治理的能力也参差不齐。让经济水平低下、尚未有能力对资源进行有效开发利用的落后地区，同经济高速发展、已经充分享受依靠消耗资源、无偿破坏环境带来的巨大经济利益的发达地区，一同为满目疮痍的渤海环境买单，实施难度极大。

（3）北方工业基地定位与资源环境承载力脆弱之间的矛盾

天津、辽宁、山东等老工业城市具有雄厚的工业基础，加之环渤海地区资源优势明显，适逢国内外发展机遇，在今后一段时间内环渤海地区将建成为未来北方工业基地。而北方工业基地的建立对资源的可持续利用和良好的生态环境提出更高要求。

然而历史上的工业污染问题一直未能得到妥善解决；环渤海地区工业化、城市化的快速发展又使得工业污染物排放总量仍在增加；局部生态环境破坏继续加剧，潜在生态灾难威胁加大。追求经济增长仍将是环渤海地区发展的重要任务，海洋生态环境压力将进一步加大。

3.1.4.3 经济结构转型升级压力巨大

（1）产业结构趋同现象严重

约占全国国土面积 5.5% 的环渤海地区，对国民经济的贡献巨大。2012 年，实现生产总值 124 433 亿元，占全国的 24%；外贸进出口总额达 5 156 亿美元，占全国的 21%。区内大中型骨干企业众多，产业门类齐全，是我国重要的生产基地。但区内产业结构趋同、盲目竞争现象严重。目前，京津冀、辽东半岛、山东半岛各自为政，除了钢铁、煤炭、化工、建材、电力、重型机械、汽车等行业外，又在竞相发展电子信息、生物制药、新材料等高新技术产业，呈现"诸侯经济"格局。

（2）工业布局高度集中且重工业比例偏高

环渤海地区具有雄厚的工业基础，特别是重工业基础。改革开放后，随着产业结构调整，环渤海地区已经形成了能源、化工、冶金、建材、机械、汽车、纺织、食品 8 大支柱产业。近年来，在市场需求强劲、政策形势利好等因素的驱动下，炼油、石化、钢铁、造船、汽车、电力等项目在沿岸城市蜂拥上马，使得环渤海地区成为中国最大的工业密集区，但其工业结构明显偏重于重化工业。2012 年，重工业约占辽宁省、河北省和天津市工业产值的八成，占山东省的六成。近年来，在资源优化配置的内在驱动力作用下，土地、劳动密集型，能源与资源高消耗型产业重新青睐资源丰富、工业基础良好、交通便利、科技实力雄厚的环渤海地区，环渤海地区承接了"珠三角"、"长三角"的工业和生产性服务业转移，重点发展资源劳动密集型产业，一定时期内将持续重工化趋势。

（3）区际经济发展极不平衡

二元结构、城乡差别巨大制约着环渤海地区经济的发展。区域内 2012 年人均国内生产总值分别为：天津 93 173 元，河北 36 584 元，辽宁 56 649 元，山东 51 768 元。天津较高，人均 GDP 在全国领先，但是其他各省与天津的发展差距比较明显，呈现出发达的中心城市和落后的腹地共存的现象，这也是天津等地一部分人不愿与周边地区实现一体化的原因之一。在市场机制的作用下，人才、资金、技术等要素大量向发达地区流动，发展差距持续扩大，落后省份存在被边缘化的危机。并且在一个省的内部，也普遍存在经济发展不平衡的状况。这是一个不能回避的现实，它制约着整个区域的发展，这也是环渤海各地不能有效合作实现一体化的重要原因。瑞典经济学家缪尔达尔指出，一国国内某一地区的经济发展而引起周边地区经济衰落产生的负面影响就是"回波效应"。天津在努力打造"大都市"和"中心城市"，一直拓展自己的建设。① 然而当天津获得高速增长的时候，相邻的河北却存在着很多的贫困县，这就是所谓的"灯下黑"现象。2005 年 8 月，亚洲开发银行公布了第一份省级发展研究报告——"河北省经济发展战略研究"，认为"环京津地区目前存在大规模的贫困带"，在国际大都市北京和天津周围，环绕着 3 798 个贫困村、32 个贫困县，272.6 万贫困人口；河北省贫困人口中超过一半分布在环京津地区，1/3 集中在环京津的 24 个县。报告指出，造成这种落差的原因是多方面的。首先，环京津贫困带地处京津冀众多城市的上风上水位置，是京津的生态屏障，近 20 年来，为保护首都及其他城市的水源和防止风沙危害，国家和地方政府不断加大对这一地区资源开发和工农业生产的限制，不断提高水源保护标准；其次，环京津贫困带作为京津的水源地，为给京津提供充足、清洁的水资源，这一地区大规模压缩工农业用水，关停了众多效益可观而耗水严重和排污标准低的企业；最后，近年来实施的京津风沙源治理工程要求在该区域内大范围地封山育林，使得当地农民原来赖以增收的畜牧业严重滑坡并蒙受巨大损失。当这一地区的贫困人口和低素质劳动力涌入京津城市，形成城市贫困阶层和贫困居住区，再次产生又一轮回波效应，这不仅直接影响着京津的国际城市形象，也影响社会安全和稳定。如不能及时地解决"灯下黑"问题，不仅达不到环渤海地区共同起飞的目标，反过来还会阻滞和制约环渤海地区的整体发展。

相比之下，在"长三角"和"珠三角"区域内县域经济都很发达，在全国百强县中占有多个名额，而京津周边没有一个百强县，这种严重不平衡的情况如不尽快改变，会形

---

① 王双 . 我国海洋经济的区域特征分析及其发展对策 [J] . 经济地理，2012，(6)：80-84.

成"马太陷阱",对天津及整个区域的稳定和发展是极为不利的。[①]

（4）各经济主体自成体系，没有明确的经济中心

环渤海地区的三大板块是历史上形成的：京津冀本来在历史上长期属一个行政区，无论在经济上还是文化上都存在不可分割的联系；辽宁板块与吉林、黑龙江两省的经济联系远远超过与京津冀和山东；山东半岛城市群与日本、韩国的经济合作与产业联系要大于与京津冀和辽中南。这使得环渤海地区客观上形成了京津冀、辽中南、山东半岛三个相对独立的经济区。这三大经济主体的利益、目标、战略等各不相同且自成体系，使得三大经济主体的合作缺乏应有的动力，这在很大程度上使"环渤海区域"成了一个地理概念而非经济的概念。[②]

一个强有力的经济中心，能够承担起组织协调区域经济活动的重任，合理配置区域内的资源、优化产业结构，使区域的整体竞争力达到最优。经过多年的发展，上海已成为"长三角"产业结构优化升级的核心推动力，它通过辐射作用，不断向周边地区进行产业、技术、信息等的扩散，带动周边地区的经济发展；"珠三角"也是在广州、深圳的聚集辐射效应以及周边省市主动接受其辐射和扩散的共同作用下，成为中国市场化及国际化程度较高的大都市经济圈。但纵观环渤海区域经济，尽管天津等城市对于区域经济的发展也发挥着重要的作用，但由于种种原因，其经济辐射能力和带动作用还没有能够使其成为环渤海区域经济的"龙头"和核心，经济中心的作用并不明显。

3.1.4.4 体制机制创新突破力度不够

（1）国有经济比重过大，改革的步伐缓慢

环渤海作为北方工业基地，新中国成立后兴建了大批的国有大中型工业企业，使该地区成为我国老工业基地和国有大中型企业集中的地区，大量的生产要素和人才聚集在国企之中。国有企业虽然在历史上曾做出了重要贡献，但是目前面临设备技术老化、产品落后、社会负担沉重、经济活力不足等严重问题，可谓基础工业薄弱，加工工业老化。老工业基地改造和国有大中型企业的改组改造是这一地区改革和发展的重要内容。环渤海地区国有经济比重不仅远高于东南沿海地区，而且高于全国平均水平，国企改革的步伐缓慢。由于"左"的思想作怪，比起"长三角"、"珠三角"，环渤海地区对民营经济在市场准入、融资、征地、用工、引进技术和人才等方面的优惠政策要迟到10余年。"苏南模式"与"温州模式"在20世纪80年代末就显示出了巨大的经济效益，带动了江苏、浙江两省经济的发展，而在环渤海地区，思想障碍和体制障碍的存在长期制约了民营经济和外企的发展，这是造成环渤海相对落后的原因之一。由于民营经济、"三资"经济不发达，造成目前不同经济成分比例不恰当的竞争格局，使得市场发育不成熟，缺少活力，这也是该区经济发展滞后于另两个区域的一个重要原因，长期下去，对区域经济的持续稳定发展极为不利。

---

① 武鹏，王镇，周云波．中国区域海洋经济发展水平综合评价［J］．经济问题探索，2010，（2）：26-32.

② 王双．我国主要海洋经济区的海洋经济竞争力比较研究［J］．华东经济管理，2013，（3）：70-75.

（2）行政区划制约生产要素的自由流动

由于这一地区国有经济成分比重较高，政府的力量要比市场的力量强大许多，而由计划经济造成的行政壁垒，在市场经济的冲击下虽有许多松动，但还没有彻底打破，至今还很坚固，这是造成该区域发展不及另外两个区域的又一个原因。行政上的分割，制约了生产要素的流动，制约了区域内各地的协调发展。环渤海经济圈由三省二市组成，5 个省级集权导致区域内联合的协调性较差，地方保护色彩浓重，各地区在生产上都试图建立完整独立的体系。这种行政区划分割和各自为政不利于各种生产要素的自由流动，制约经济发展，阻碍生产效率的提高，从而使整个区域内的资源优势和必要的互补并没有完全体现出来，难以形成分工协作的局面。由于长期受计划经济和行政区划经济的影响，市场经济意识淡薄，体制性障碍阻滞了生产要素按市场规律流动和配置，各自为政、独成一体的诸侯经济使各方联系松懈，优势不能互补，最后导致区域内竞争大于合作，区域合作意识低，整体实力不强，由此造成"环渤海经济区"实质性进展较慢，在很多方面至今仍停留在地理概念上。现行的体制决定了我国目前仍以行政区域规划经济发展的思路，致使在环渤海区域内，天津关注的是如何联手打造"京津冀经济圈"；随着东北战略实施，辽（宁）大（连）发展重心偏向东北；山东半岛形成了以青岛为龙头的良好产业带，"半岛都市群"经济重心向南偏移，这都使要素资源得不到优化配置，区域经济一体化发展步履艰难。现行分灶吃饭、财政包干的政策是一把双刃剑，一方面它固然调动了地方官员大抓项目的积极性，但另一方面也造成交易环境的混乱和规则的不统一，有碍于全国统一资本和产权市场的形成。[①] 在政府主导型经济的条件下，地方政府作为地方利益的代表，往往只强调本地的经济发展，为了追求 GDP 数量上的"政绩"，在招商引资方面采取了一系列不正当竞争的方法，从而给企业的自主经营活动带来不便。此外，区域内信息不能共享，技术、人才流动不畅等问题制约了环渤海经济区的发展。

（3）对外开放程度较低，外向型经济落后

东南沿海地区与环渤海地区面积相当，而东南沿海的出口份额占全国的 70% 以上，环渤海地区的份额仅占 20%。根据《中国统计年鉴 2013》，2012 年"长三角"地区进出口总额为 12 968.6 亿美元，广东省全年进出口总额为 9 838.2 亿美元，而环渤海地区外贸进出口总额为 5 156 亿美元，并且区域内存在较大差异——山东全年进出口总额 2 455 亿美元，天津全市进出口总额 1 156 亿美元，辽宁全年进出口总额 1 039 亿美元，而河北全年进出口总额 506 亿美元。

从环渤海地区自身外向型经济发展的现状看，区域内部经济开放程度的地域差异也较大，既有天津和大连、青岛一些外向型经济发达地区，也存在沈阳等一些经济较为封闭的内陆地区。[②] 环渤海地区利用外资和外向型经济总量小，且结构不合理，是影响区域经济整合的一个重要因素。

---

① 乾斌，徐东升. 海洋经济可持续发展的系统特征分析［J］. 海洋开发与管理，2011，28（1）：49-52.

② 邵桂兰，韩菲，李晨. 基于主成分分析的海洋经济可持续发展能力测算：以山东省 2000—2008 年数据为例［J］. 中国海洋大学学报（社会科学版），2011.

（4）基础设施建设共享机制不顺畅

与"长三角"和"珠三角"相比，环渤海区域地理跨度比较大，各主要经济体之间的间隔远，需要完善与发达的交通体系来弥补这方面的不足。目前，环渤海具备公路、铁路、水运等多种运输体系，拥有全国密度最高的公路网和铁路网，但各网络缺乏高效连接，降低了交通网络的效率，尤其是环渤海地区的港口建设，缺乏明确的分工与合作，各自为政，相互竞争，降低了经济效益，在一定程度上阻碍了环渤海经济圈的形成。青岛、天津、大连 3 个港口的定位基本一致，都是力争 2010 年集装箱吞吐量达到 $1\,000 \times 10^4$ TEU，成为中国北方的国际航运中心。为此，三大港口展开了激烈的竞争，争规模、争效益、争集装箱量、争吨位，这种局面非常不利于基础设施的共享和区域合作的开展。

3.2 环渤海地区海洋经济发展现状

3.2.1 环渤海地区海洋经济总体发展情况

近年来，随着我国海洋强国战略和沿海区域发展战略的实施，环渤海地区海洋经济发展取得了巨大成就：海洋经济实力显著增强，海洋产业结构日趋优化，海洋经济在地区经济中的地位逐步提高，在沿海地区经济合理布局和产业结构调整、促进国民经济持续健康发展进程中发挥了重要作用。

3.2.1.1 海洋经济得到高度重视，国家和地方战略部署与时俱进

海洋是潜力巨大的资源宝库，是人类赖以生存的蓝色家园，也是支撑未来发展的战略空间。开发和利用海洋，大力发展海洋经济，是缓解资源瓶颈、拓展发展空间的迫切需要，是促进沿海区域经济增长、扩大国内有效需求的重要渠道。发展海洋经济的重要性早已为党中央国务院以及沿海地方党委、政府所认知，一直不断地为海洋经济发展创造良好条件和宏观政策环境。

国家层面，党中央、国务院就曾多次对海洋经济发展作出重要部署。2003 年，国务院印发了我国首部《全国海洋经济发展规划纲要》，对我国 21 世纪前 10 年的海洋经济发展进行部署；2006 年，《国民经济和社会发展第十一个五年规划纲要》中要求："保护和开发海洋资源"，"积极开发海洋能"，"开发海洋专项旅游"，"重点发展海洋工程装备"等；2006 年，时任中共中央总书记胡锦涛在中央经济工作会议上明确指出："在做好陆地规划的同时，要增强海洋意识，做好海洋规划，完善体制机制，加强各项基础工作，从政策和资金上扶持海洋经济发展"；2007 年，党的十七大报告作出"发展海洋产业"的战略部署；2010 年 10 月发布的《中共中央关于制定国民经济和社会发展第十二个五年规划的建议》提纲挈领，用百余字专门部署海洋经济工作；2011 年 3 月，《中华人民共和国国民经济和社会发展第十二个五年规划纲要》正式出台，专设第十四章"发展海洋经济"，明确提出"科学规划海洋经济发展，合理开发利用海洋资源，积极发展海洋油气、海洋运输、海洋渔业、滨海旅游等产业，培育壮大海洋生物医药、海水综合利用、海洋工程装备制造等新兴产业。加强海洋基础

性、前瞻性、关键性技术研发，提高海洋科技水平，增强海洋开发利用能力。深化港口岸线资源整合和优化港口布局。制定实施海洋主体功能区规划，优化海洋经济空间布局。推进山东、浙江、广东等海洋经济发展试点"；2012 年党的十八大报告，确立了"建设海洋强国"的战略目标。

地区层面，环渤海地区的三省一市也在不同时期推出了沿海地区发展战略和海洋经济支持政策。

（1）辽宁

早在 1986 年辽宁就提出了建设"海上辽宁"的战略设想，并制定下发了《"海上辽宁"建设规划》。2005 年年底，结合改革开放以来与先进沿海经济发达地区的差距与自身优势、潜力，辽宁提出了"五点一线"战略。"五点"是指大连长兴岛临港工业区、营口沿海产业基地、锦州湾沿海经济区、丹东产业园区、大连花园口工业园区；"一线"则是指从丹东到葫芦岛 1 330 km 余的滨海公路。2008 年年初，辽宁省决定适当扩大辽宁沿海经济带重点支持发展区域范围，赋予其相应政策，以此来推动辽宁沿海经济带又好又快发展。2009 年 7 月 1 日，《辽宁沿海经济带发展规划》获国务院批复，确定了辽宁沿海经济带"立足辽宁，依托东北，服务全国，面向东北亚，把沿海经济带发展成为特色突出、竞争力强、国内一流的临港产业聚集带，东北亚国际航运中心和国际物流中心，建设成为改革创新的先行区、对外开放的先导区、投资兴业的首选区、和谐宜居的新城区，成为东北振兴的经济发展主轴线和新的经济增长带"的战略定位。

（2）河北

早在 2006 年河北就提出了"建设沿海经济社会发展强省"的概念，2010 年 10 月河北省政府通过《关于加快沿海经济发展促进工业向沿海转移的实施意见》，但是河北一直没有出台相关的配套政策以及产业布局的规划，只是在相关文件中提到要注重发展海水利用和海洋生物等新兴产业。2011 年 11 月，《河北沿海地区发展规划》获国务院批复，上升为国家战略，确定了突出沿海经济特色，大力发展循环经济，提升产业综合竞争能力，推动产业结构优化升级，形成以先进制造业和现代服务业为主的产业结构的产业发展重点任务。

（3）天津

2006 年 5 月，国务院批准并发布《关于推进天津滨海新区开发开放有关问题的意见》，对天津滨海新区确定了"依托京津冀，服务环渤海，辐射'三北'，面向东北亚，努力建设成为我国北方对外开放的门户、高水平的现代制造业和研发转化基地、北方国际航运中心和国际物流中心，逐步成为经济繁荣、社会和谐、环境优美的宜居生态型新城区"的发展定位。2010 年 9 月，天津市政府向国务院呈报了"关于申请将我市列入全国海洋经济发展试点的请示"。2012 年，国务院同意将天津列为全国海洋经济发展试点地区之一。2013 年 9 月《天津海洋经济科学发展示范区规划》获国务院批复，规划确定了天津市"十二五"时期"优化海洋经济空间布局、构建现代海洋产业体系、发展海洋科技教育、推进海洋生态文明建设、完善涉海基础设施"的发展重点。

（4）山东

1991 年，山东省委省政府审时度势，确立了建设"海上山东"的发展方略，2005 年又提出了构建"半岛城市群"，之后在"半岛城市群"的基础上提出"一体两翼"的总体布局方针和经济发展方略。2009 年在时任中共中央总书记胡锦涛关于建设山东半岛蓝色经济区的讲话发表之后，山东省委省政府作出积极响应，提出了打造山东半岛蓝色经济区[①]，并编制完成《山东半岛蓝色经济区发展规划》，于 2011 年 1 月获国务院批复。

多年来从国家到地方的发展战略和宏观政策规划，显示出中国已经开始迈入海洋经济大发展的时代，海洋经济正成为沿海地区竞相争夺的"新经济制高点"。

3.2.1.2 海洋经济实力显著增强，区域内各地差距长期存在

近年来，随着我国海洋强国战略和各地海洋强省（市）战略的实施，环渤海地区海洋经济总量持续增长。如图 3-1 所示，2001 年环渤海地区海洋生产总值仅为 3 017 亿元，2012 年已增至 17 925 亿元，增长了近 5 倍，11 年间年均增速达 17.6%，高出同期地区经济年均增速 1.4 个百分点；海洋生产总值占地区经济比重，也由 2001 年的 13.7% 上升到2012 年的 15.7%，提高了两个百分点。

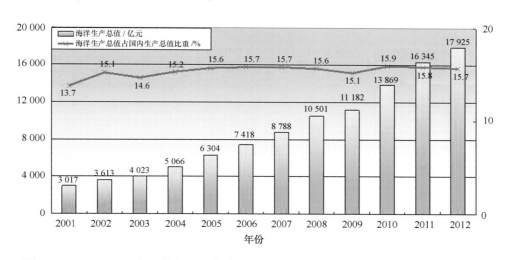

图 3-1　2001—2012 年环渤海地区海洋生产总值及海洋生产总值占地区生产总值比重

分地区来看，环渤海地区的辽宁、天津、河北、山东三省一市海洋经济总量差异明显，且长期存在（图 3-2）。2001—2012 年间海洋经济总量最大的山东海洋生产总值相当于海洋经济总量最低的河北的 4~6 倍，与天津、辽宁相比也基本是其总量的 2~3 倍。地区间的差异阻碍了这个地区的协同发展。

3.2.1.3 区域间比较总量优势明显，各地区部分产业位居前列

与"长三角"和"珠三角"相比，由于环渤海地区所辖地域广，包括辽宁、天津、

---

① 王诗成. 山东海洋经济发展战略研究［EB/OL］.［20110109］. http：//hycfw.com.

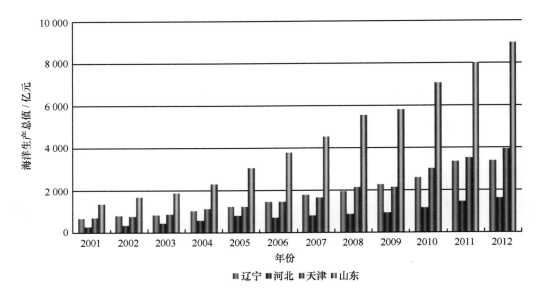

图 3-2　2001—2012 年环渤海地区三省一市海洋生产总值比较

河北、山东三省一市，"长三角"所辖地区包括江苏、上海、浙江三地，"珠三角"地域范围为广东省，因此环渤海地区海洋经济总量明显高于"长三角"和"珠三角"（图 3-3）。此外，山东省不仅在环渤海地区海洋经济总量始终保持第一的位置，在全国 11 个沿海地区中海洋经济总量也一直处于前列，仅次于广东省。

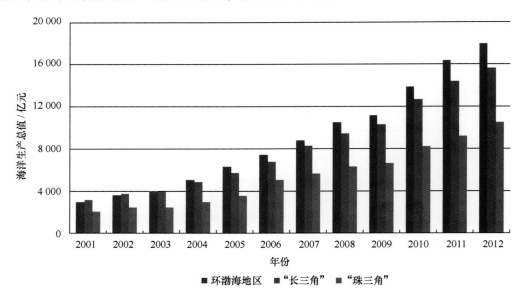

图 3-3　2001—2012 年环渤海地区与"长三角"、"珠三角"地区海洋生产总值比较

分产业来看，受历史、区位、资源、科技等多方因素的影响，环渤海地区各省市海洋产业发展水平不一，部分海洋产业在全国占据很高地位。其中，山东的海洋渔业、海洋油气业、海洋矿业、海洋盐业、海洋化工业、海洋生物医药业、海洋电力业、海洋工

程建筑业、海洋交通运输业、滨海旅游业，天津的海洋油气业、海洋盐业，辽宁的海洋渔业、海洋电力业、海洋船舶工业，河北的海洋盐业、海洋化工业近些年均位居沿海地区前列（表3-5）。

表3-5　环渤海地区三省一市位居前列的海洋产业及排名

地区	海洋产业	2006年	2007年	2008年	2009年	2010年	2011年	2012年
山东	海洋渔业	1	1	1	1	1	1	1
	海洋油气业	3	3	3	3	3	3	3
	海洋矿业	6	6	2	2	2	2	2
	海洋盐业	1	1	1	1	1	1	1
	海洋化工业	2	2	4	4	3	2	2
	海洋生物医药业	2	2	2	2	1	1	1
	海洋电力业	1	1	1	1	1	1	1
	海洋工程建筑业	1	1	2	2	1	1	1
	海洋交通运输业	1	1	1	1	1	2	2
	滨海旅游业	3	4	4	4	3	3	3
天津	海洋油气业	1	1	1	1	1	1	1
	海洋盐业	3	3	2	2	3	3	2
辽宁	海洋渔业	4	4	2	2	3	2	3
	海洋电力业	3	3	2	2	3	2	2
	海洋船舶工业	1	2	2	2	2	2	4
河北	海洋盐业	2	2	3	3	2	2	2
	海洋化工业	4	3	2	3	2	3	3

3.2.1.4　产业布局日趋优化，产业结构加速调整

产业布局方面，"十一五"以前，环渤海地区海洋经济发展基本没有明确的规划，更谈不上合理的产业布局，经常出现盲目上项目，重复建设无序竞争的情况。"十一五"以来，环渤海地区沿海各地逐渐重视海洋产业的布局，在各地区海洋经济"十一五"发展规划中，首次专门提出了本地区海洋经济的区域布局，其中辽宁将沿海区域划分为辽东半岛海洋经济区、辽河三角洲海洋经济区、辽西海洋经济区，明确了各海洋经济区重点发展的海洋产业；河北确定了以滨海旅游和加工业为主导的秦皇岛经济区、以临港重化工为主导的唐山经济区、以滨海化工业为主导的沧州经济区的布局；天津提出在海岸带地区重点建设6个海洋产业区，即海水资源综合利用区、海滨休闲旅游区、海港物流区、滨海中心商务商业区、滨海化工区、临港产业区；山东提出海洋经济应按照"一洲二带三湾四港五岛群"的构架展开布局（表3-6）。随着海洋经济的发展，环渤海地区沿海各省市不断优化海洋产业布局，提出"十二五"时期各地区海洋经济发展新格局，其中《辽宁沿海经济带发展规划》提出辽宁沿海要形成"一核、一轴、两翼"的总体布局；《天津海洋经济科

学发展示范区规划》提出天津要推进形成"一核、两带、六区"的海洋经济总体发展格局；《河北沿海地区发展规划》提出河北沿海要形成由滨海开发带与秦皇岛、唐山和沧州组团构成的"一带三组团"空间开发格局；《山东半岛蓝色经济区发展规划》提出山东沿海形成"一核、两极、三带、三组团"的总体开发框架（表3-7）。

表3-6 环渤海地区"十一五"海洋经济发展布局

地区		海洋经济布局	海洋经济发展重点
辽宁	3个海洋经济区	辽东半岛海洋经济区	建设多功能、区域性物流中心；加快大连东北亚航运中心建设；提高船舶制造的自动化水平和产品层次；建设丹东、大连、旅顺滨海旅游带；重点发展海珍品养殖和海洋药物研发基地，建设海洋牧场；大力发展水产品深加工基地；稳定复州湾盐业生产基地；培植海水综合利用和海洋能源开发等高新技术产业；加快发展先进海洋装备制造业
		辽河三角洲海洋经济区	重点建设辽东湾的海上油气田；构筑石油开采与石化工业基地；加快海水资源开发利用；稳定锦州和营口盐业生产基地，加快盐化工基地建设；增殖和恢复渔业资源，保护渔业水域生态环境，建设滩涂、浅海贝类增养殖基地，发展港湾养殖和水产品加工业；发展旅游业；加快营口港建设；加快湿地资源保护和开发，实施苇、鱼、蟹立体养殖和综合利用
		辽西海洋经济区	加快绥中海洋石油资源开发，大力发展石油化工；加快发展船舶机械工业和船舶修造业，建成船舶机械制造基地；积极发展旅游业，打造"辽西走廊"黄金旅游线；加快锦州湾港建设；大力发展浅海、滩涂渔业增养殖基地和水产品深加工；积极发展海水淡化和海水直接利用
天津	6个海洋产业区	海水资源综合利用区	重点发展海水直接利用、海水淡化、盐化工和海洋精细化工，并延伸下游产品
		海滨休闲旅游区	重点建设海滨旅游设施，形成旅游集群景区和具有天津特色的黄金海岸
		海港物流区	重点发展海洋运输、国际贸易、现代物流、保税仓储、分拨配送及与之配套的中介服务业
		滨海中心商务商业区	发展金融保险、商务商贸、文化娱乐、旅游和居住等设施
		滨海化工区	重点建设百万吨级乙烯炼化一体化等项目，发展石油化工、海洋化工、一碳化工、能量综合利用等循环经济产业链，相应发展下游产品
		临港产业区	规划布局为港口服务区、物流服务区、产业区和生态环境区，实现与临港工业区的一体化发展

地区	海洋经济布局		海洋经济发展重点
河北	3个经济区	秦皇岛经济区	建设现代化综合性国际贸易、客运港和陆海物流中心；大力发展滨海度假、海洋观光、生态旅游和文化旅游；打造粮油食品、金属压延、玻璃、机械装备制造和和修造船五大强势产业，加快海洋生物工程产业基地和出口加工基地建设；加快发展浅海渔业养殖
		唐山经济区	建设以矿石、原油、集装箱运输为主的北方航运中心；建设以矿石、石油为主的储运加工基地，以钢铁、能源为主的原材料生产基地和以盐化、煤化为主的化工生产基地；建设中国北方现代化海洋牧场及水产品加工基地，发展远洋捕捞船队
		沧州经济区	以黄骅港建设为重点，形成以煤炭外运为主，兼顾杂货、石油、集装箱运输的重要海上门户；以黄骅港城为中心，以石化和盐化结合为重点，建设中国北方新型化工基地和精细化工系列产品加工制造中心；发挥滩涂、浅海资源优势，大力发展海水增养殖业
山东	一洲	黄河三角洲高效生态经济区	继续加快石油与天然气的勘探开发步伐；重点发展石油化工、盐化工和海洋化工、农用化工、精细化工；实施港口扩建工程，构架大交通网络格局；强化渔业资源可持续发展，实现滩涂贝类资源的农牧化经营和海水养殖的规模化、集约化生产
	二带	阳光海岸带黄金旅游区	青岛倾情打造"亚洲第一金沙滩"和"东方温情港湾"的旅游形象；烟台发展"人间仙境、海上仙山"休闲度假游；威海发展康体度假游和分时度假游；日照重点开展中国北方最有魅力的太阳之城滨海民俗和避暑度假游；东营和滨州发展母亲河观光、滨州贝壳堤旅游、湿地生态休闲和油田工业旅游；潍坊打造中国民俗旅游胜地和"中国菜园子"生态农业观光游
		健康养殖带特色渔业区	滨州、东营、潍坊岸段加大对虾、卤虫、文蛤等海水养殖标准化生产示范基地建设；烟台岸段调整优化养殖结构，压缩传统养殖品种，扩大海参、鲍鱼等海珍品精养规模，引进和推广深海鱼类苗种繁育和养殖技术；威海岸段推广浅海新型筏式养殖模式，引进和推广工厂化养殖用水循环利用和生物净化技术，发展标准化深水网箱养殖；青岛岸段限定近海养殖规模，拓展外海养殖及海洋农牧化生产；日照岸段推广深海网箱养殖、浅海综合养殖、立体养殖、工厂化养殖、人工鱼礁生态示范和无公害养殖示范区建设等方式来推动健康养殖业的发展
	三湾	沿莱州湾综合经济区	大力发展海参、对虾、大鲮鲆等优质水产品的海水增养殖业，发展以出口创汇为主的水产品的精深加工；重点发展高技术含量和高附加值的盐化产品
		沿胶州湾综合经济区	重点发展港口、旅游和渔业；大力发展船舶机械制造为主的临港和临海制造业、石油化工业及来进料加工为主的水产品加工业
		沿荣成湾综合经济区	重点发展以海参、鲍鱼为主的高档水产品养殖；大力开展海洋生物技术应用和推广，加大海洋保健药品、食品的开发力度；加强旅游基础设施建设；大力发展船舶制造业

地区	海洋经济布局		海洋经济发展重点
山东	四港	青岛临港经济区	以集装箱运输为重点，全面发展原油、铁矿石、煤炭等大宗散货中转运输；积极开展进出口、转口和过境贸易；重点发展大型物流配送、连锁经营等现代流通形式
		日照临港经济区	以煤炭、矿石和原油等大宗散货中转运输为主，兼顾集装箱等其他运输，建成现代化的综合性大港；积极开拓沿线地区运输市场；积极开展港口中转、储运、货物联运和代理业务，建立综合配套的中转服务体系；加快建设日照精品钢铁基地
		烟台临港经济区	重点发展矿石、煤炭、原油、集装箱运输，同时发展客货滚装服务
		威海临港经济区	服务于本地的集装箱、煤炭、石油中转及进口；充分发挥邻近日、韩的区位优势和利用产业转移的良好契机，发展制造业和加工业
	五岛群	庙岛群岛及烟台岛群	重点发展海岛旅游业和渔业，旅游业重点发展生态旅游、探险旅游、渔家风情旅游和休闲度假旅游；渔业重点发展现代化海珍品增养殖和水产品精深加工基地
		威海岛群	要发挥港口、渔业、旅游三大海岛资源优势，在发展优质高效渔业和旅游业的同时，发展海洋运输业，创建临海工业区和保税岛，发展外向型经济
		青岛近海岛群	以青岛经济技术开发区为依托，建设能源、交通和港口工业群，发展外向型经济。其他应以灵山岛、田横岛、竹岔岛为中心，开发崂山湾、胶州湾附近系列岛群，重点发展以海珍品为主的增养殖业和依托青岛市的集旅游、度假、避暑、疗养为一体的海岛旅游业
		日照前三岛岛群	重点发展海产品增养殖业，适度发展旅游业
		滨州近岸岛群	重点发展浅海滩涂增养殖、盐和盐化工、经济和药用植物种植以及贝壳砂的开发利用等

表 3-7 环渤海地区"十二五"海洋经济发展布局

地区	海洋经济布局		海洋经济发展重点
辽宁	一核	大连	努力建设东北亚国际航运中心；加快构建东北亚国际物流中心；建设星海湾金融商务区，逐步建成区域性金融中心；建设先进装备制造业基地、造船及海洋工程基地、大型石化产业基地、电子信息及软件和服务外包基地，大力发展集成电路、海洋与生物工程等高技术产业集群
	一轴	大连—营口—盘锦主轴	加快大连长兴岛临港工业区建设，重点发展船舶制造、石油化工、机床、精密仪器仪表等，配套发展航运、物流、商贸等现代服务业，形成临港产业集群。加快营口沿海产业基地建设，重点发展装备制造、电子信息、精细化工、现代物流等产业，逐步建成大型临港生态产业区。加快盘锦辽滨经济区建设，重点发展中、小型船舶修造、光电、海洋工程装备制造、合成橡胶等产业

地区	海洋经济布局		海洋经济发展重点
辽宁	两翼	渤海翼	加快锦州滨海新区建设,重点发展石油化工、新材料、制造业、船舶修造等产业,建设锦州湾国家炼化基地和国家石油储备基地。加快盘锦石油装备制造业发展,重点发展石油装备制造与配件、石油高新技术、工程技术服务等相关产业,建成我国具有较强竞争力的石油装备制造业基地。加快葫芦岛北港工业区建设,重点发展石油化工、船舶制造与配套、有色金属、机械加工、医药化工和现代物流等产业
		黄海翼	积极培育发展庄河工业园区、花园口经济区、登沙河临港工业区、长山群岛经济区、皮杨陆岛经济区,重点发展沿海临港装备制造、新材料、石化、能源、家居制造、服装服饰、水产品增养殖和加工、旅游、现代物流等产业。进一步发展丹东产业园区,重点发展汽车及汽车零部件、精密轻型装备等装备制造业,制药、精细化工以及电子信息等高新技术产业,旅游、口岸物流等服务业
天津	一核	天津滨海新区	着力推进航运物流、滨海旅游、海水利用、海洋工程装备制造等优势海洋产业集聚发展
	两带	沿海蓝色产业发展带	以海滨大道为骨架,加强海岸带及邻近陆域、海域优化开发,突出产业转型升级和集聚发展。加快构建现代海洋产业体系和"北旅游、中航运、南重工"的空间开发格局
		海洋综合配套服务产业发展带	发展海洋金融保险、航运物流、科技和信息服务等海洋服务业。加快完善海港、空港等物流配套基础设施
	六区	南港工业基地	重点发展海洋油气开采、存储、炼油、乙烯生产、轻纺加工和液化天然气进口、接卸、储运及综合利用等产业
		临港经济集聚区域	重点发展港口机械、海洋交通运输装备、海上石油平台等制造业和造修船业
		天津港主体区域	重点发展海洋运输、国际贸易、现代物流、保税仓储、分拨配送及配套的中介服务业
		塘沽海洋高新技术产业基地	重点提升海洋科技服务、海洋人才培养、海洋科技成果转化和产业化等功能,培育发展海洋新兴产业和现代服务业
		滨海旅游区域	重点建设海洋文化产业集聚区域,发展海洋旅游及相关装备研发制造、海洋文化创意等产业
		中心渔港	重点发展海洋水产品精深加工、冷链物流和游艇等特色产业
河北	一带	滨海开发带	合理规划建设北戴河新区、曹妃甸新区、沧州渤海新区,促进人口和产业有序向滨海地区集聚,建成滨海产业和城镇集聚带。在丰南沿海工业带、唐山冀东北工业集聚区和沧州冀中南工业集聚区,优化发展以精品钢铁、石油化工、装备制造为主的先进制造业,培育壮大电子信息、新能源、新材料、生物工程、节能环保等战略性新兴产业,大力发展以滨海休闲旅游、港口物流为主的服务业

地区	海洋经济布局		海洋经济发展重点
河北	三组团	秦皇岛组团	重点发展休闲旅游、港口物流、数据产业、文化创意等服务业，积极发展装备制造、电子信息、食品加工业，加快发展葡萄种植等特色农业
		唐山组团	积极发展装备制造、精品钢铁、新型建材、电子信息等先进制造业，大力发展现代物流、休闲旅游等服务业，加快发展林果、蔬菜、畜禽、水产等特色农业
		沧州组团	优化发展石油化工、装备制造业，培育发展电子信息、生物医药、新材料等新兴产业，大力发展文化旅游、仓储物流、金融服务等服务业，加快发展优质林果、绿色有机蔬菜、特种养殖等特色农业和农产品加工业，建设石油化工和管道、装备制造基地
山东	一核	胶东半岛高端海洋产业集聚区	以青岛为龙头，以烟台、潍坊、威海等沿海城市为骨干，着力推进海洋产业结构转型升级，构筑现代海洋产业体系。加快提高海洋科技自主创新能力和成果转化水平，推动海洋生物医药、海洋新能源、海洋高端装备制造等战略性新兴产业规模化发展；加快提高园区（基地）集聚功能和资源要素配置效率，推动现代渔业、海洋工程建筑、海洋生态环保、海洋文化旅游、海洋运输物流等优势产业集群化发展；加快提高技术、装备水平和产品附加值，推动海洋食品加工、海洋化工等传统产业高端化发展
	两极	黄河三角洲高效生态海洋产业集聚区	大力发展现代渔业；加强油气、矿产等资源勘探开发，加快发展海洋先进装备制造业、环保产业；大力发展临港物流业、滨海生态旅游业等现代海洋服务业
		鲁南临港产业集聚区	集中培育海洋先进装备制造、汽车零部件、油气储运加工等临港工业；加强集疏运体系建设，密切港口与腹地之间的联系，加快发展现代港口物流业
	三带	海岸开发保护带	加强海洋环境保护和生态建设，提升资源开发利用水平，推进海洋产业结构优化升级，重点打造海州湾北部、董家口、丁字湾、前岛、龙口湾、莱州湾东南岸、潍坊滨海、东营城东海域、滨州海域9个集中集约用海片区，构筑功能明晰、优势互补的开发和保护格局
		近海开发保护带	按照重点开发、合理保护的原则，加快海洋资源勘查和开发利用，壮大海洋能源矿产资源开发、海洋工程建筑等产业；全面规范近海开发利用秩序，扩大人工放流和底播增殖规模，严格执行禁渔期和禁渔区制度；推行清洁生产，防止海上油气矿产开采、船舶航行、海上倾废等造成海洋环境污染
		远海开发保护带	按照维护权益、有序开发的原则，加大资源勘探开发力度，发展海洋捕捞、海底能源矿产开发、海洋工程建筑等产业；维护国家海洋权益，切实履行保护海洋环境的国际义务和责任，维护海洋生态系统平衡
	三组团	青岛—潍坊—日照组团	充分发挥青岛的区域核心城市作用，大力发展海洋高新技术产业和现代服务业。充分发挥潍坊连接主体区与联动区的枢纽作用，重点发展海洋高端高效产业；日照重点发展现代临港产业
		烟台—威海组团	加强组团内产业分工与协作，推进一体化进程；充分发挥与日韩经贸联系密切的优势，大力发展外向型经济，促进海洋高端产业集聚发展
		东营—滨州组团	突出高效生态和海洋经济特色，做大做强优势产业，加快发展循环经济，着力建设特色海洋产业集聚区

产业结构方面，海洋经济的三次产业结构由 2001 年的 8.3∶50.0∶41.7，调整为 2012 年的 6.6∶51.4∶42.0（图 3-4），与 2001 年相比，第一产业比重下降了 1.7 个百分点，第二产业比重提高了 1.4 个百分点，第三产业比重上升了 0.3 个百分点，海洋产业结构调整取得了一定的成效。日趋优化的海洋产业结构，对于保护渤海近海渔业资源的可持续利用、增强环渤海地区海洋工业生产能力与综合实力、提高完善海洋服务业水平具有重要的意义。

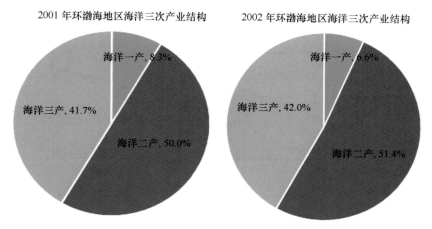

图 3-4 2001 年和 2012 年环渤海地区海洋三次产业结构比较

3.2.2 环渤海地区主要海洋产业发展情况

21 世纪以来，环渤海地区海洋渔业、海洋油气业、海洋盐业、海洋船舶工业、海洋交通运输业、滨海旅游业不断优化升级，支柱作用越发凸显，海洋生物医药业、海洋电力业、海水利用业在国家培育壮大战略性新兴产业政策支持下快速发展。

3.2.2.1 环渤海地区海洋渔业发展情况

1）海洋渔业生产领域不断拓展

我国加入 WTO 以后，环渤海地区的海洋渔业开始以更加开放的姿态融入到世界渔业发展格局，远洋渔业特别是大洋性公海渔业得到较快发展，远洋渔船已遍布世界三大洋和 40 多个国家和地区的管辖海域，远洋渔业捕捞产量增长迅速。

2）海洋渔业平稳增长

环渤海地区海洋渔业增长主要源于海水养殖业的发展。随着近海渔业资源的衰退，渤海地区海洋捕捞产量逐年减少。相比之下，海水养殖业却发展迅速，为渤海地区海洋渔业的持续发展注入了新的动力。与此同时，环渤海地区海水养殖业在发展中求转型，由过去单纯追求养殖面积的扩大和养殖产量的增加，转向更加注重品种结构的调整和产品质量的提高，新的养殖技术和新的养殖品种不断推出，养殖领域进一步拓展，名特优水产品的养殖规模不断扩大，工厂化养殖、深水网箱养殖、生态健康养殖模式迅速发展，养殖业的规模化、集约化程度逐步提高。与此同时，以水产品加工和休闲渔业为代表的渔业第二产业和第三产业发展较快，从而推动了环渤海地区海洋渔业的稳定增长。山东是我国的渔业大省，海洋渔业始终保持全国第一的位置（图3-5）。

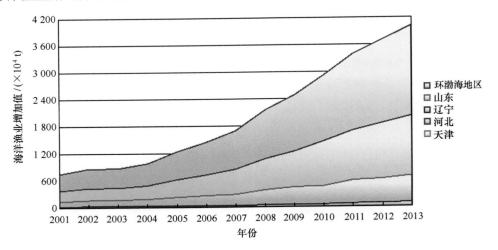

图3-5　环渤海地区海洋渔业增加值变化

3）渔业生产结构逐步优化

随着渔业的转型和升级，环渤海地区海洋渔业的增长方式开始由过去单纯追求产量增长转向更加注重质量和效益的提高，更加注重资源的可持续发展。为了减缓海洋捕捞产量高速增长对资源造成的压力，环渤海地区对海洋渔业结构实行战略性调整，对海洋捕捞强度实行严格控制。自2002年起对海洋捕捞渔民实施转产转工程，经过多年努力，目前已基本形成了以养为主的海洋渔业生产结构（图3-6），捕养比例已由2002年的47：53，调整为2012年的33：67，生产结构逐步得到优化。①

3.2.2.2　环渤海地区海洋油气业发展情况

1）海洋油气开采能力逐步增强

渤海海上石油开采是我国海洋石油开发的先驱，在全国六大海洋油气沉积盆地中，物探工作开展最早，已建成的固定生产平台最多，占全国同类平台总数的90%以上。目前，渤海不仅是泛黄海地区油气工业最为集中的地区，也是我国最主要的海洋油气产区，油气资源勘探程度和开发程度均居全国各海区之首。环渤海地区海洋油气资源勘探开始于1958年，1971年在渤海发现了具有开采价值的海四油田，建设了两座开发平台，建成了我国第

---

① 数据来源：中国海洋统计年鉴。

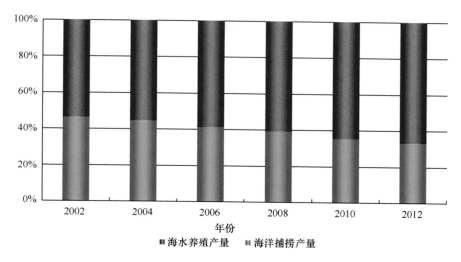

图 3-6　环渤海地区海洋捕捞与海水养殖比例

一个海上油田。① 此后渤海海域油气勘探开发驶入快车道，2007 年 5 月中石油公司在我国渤海湾滩海地区自主勘探发现 10 亿吨整装油田——冀东南堡油田，这是我国 40 多年来石油勘探史上的重大发现。

2）海洋油气产量产值不断提高

环渤海地区是我国重要的海上油气产区，海洋油气开采技术的逐步成熟，海洋石油天然气开采能力的不断增强，带动了环渤海地区海洋油气产量的稳定增长（图 3-7 和图 3-8）。2012 年环渤海地区海洋原油产量 3 207×10⁴ t，海洋天然气产量 316 376×10⁴ m³，与 2001 年相比分别增长了 2.7% 和 2.6%。海洋油气产业增加值由于受国际原油价格和供需因素的影响，存在波动，但总体依然表现出持续增长的态势（图 3-9）。

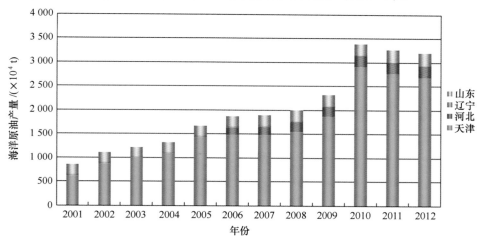

图 3-7　环渤海地区海洋原油产量变化情况

---

① 都晓岩. 泛黄海地区海洋产业布局研究［D］. 青岛：中国海洋大学，2008.

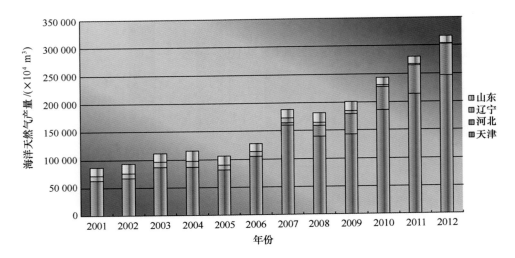

图 3-8　环渤海地区海洋天然气产量变化情况

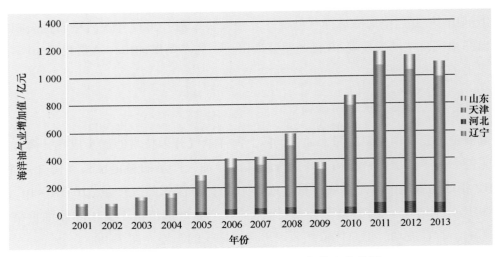

图 3-9　环渤海地区海洋油气业增加值变化情况

3）海洋油气配套产业迅速扩张

随着环渤海地区海洋油气业的迅速发展，依托油气开采的上下游配套产业快速扩张，海洋油气服务业、海洋石油钻探技术制造业、海洋石油炼化与加工业等行业也进入了蓬勃发展的时期。

3.2.2.3　环渤海地区海洋盐业和盐化工发展情况

1）环渤海地区是我国海盐重要产区

我国海盐生产按地域划分为北方海盐区和南方海盐区，环渤海地区的三省一市均属于北方海盐区，是我国海盐生产的主力军，海盐产量和生产能力占全国的90%以上。其中，山东省的原盐产量、生产能力均居全国各省（区、市）之首，2012 年全省原盐生产能力超过 2 500×10⁴ t。① 河北省盐业生产历史悠久，现为全国第二大海盐产区，拥有南堡、大清河和长芦黄骅三大盐区，2012 年原盐生产能力超过 450×10⁴ t。辽宁省宜盐滩涂广阔，盐田资源丰富，也是我国重要的海盐产区之一，盐田主要分布在辽东湾北部及辽东半岛南部，有锦州、营口、复州湾、金州、旅顺及皮口 6 家大中型盐场。天津市沿海海水含盐度高，成盐质量高，是全国重要的海盐产区，也是世界著名"长芦盐"的主要产地。隶属于天津渤海化工集团公司的海晶集团和汉沽盐场两家制盐企业，均系国有大型海盐生产企业。

2）海洋盐业稳步发展

海洋盐业是指利用海水生产以氯化钠为主要成分的盐产品的活动，包括采盐和盐加工。该产业容易受多种因素影响，特别是地处北方海盐区的渤海三省一市，其产量受气候影响较大，此外下游两碱行业的发展以及国外原盐价格也容易造成海洋盐业的波动，但总体来看，自"十五"以来，环渤海地区海洋盐业呈现出稳步增长的态势。如图 3-10 所示，2013 年海洋盐业增加值与 2001 年相比增长了近 1 倍。②

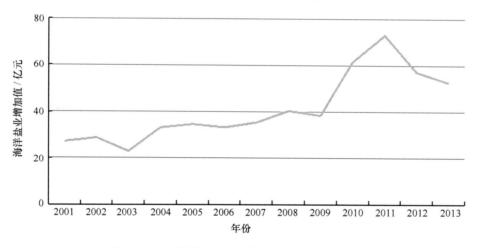

图 3-10　环渤海地区海洋盐业增加值变化情况

3）盐化工业加速发展壮大

盐化工业包括海盐化工、海水化工、海藻化工。环渤海地区在国家产业振兴政策带动下，发挥沿海地区盐卤资源丰富的优势，依靠当地科技和龙头企业，加快发展盐卤资源加工和盐精细化工，建立了一批海洋化工项目，初步形成了海洋化工的产业集群。与此同时，海水卤水资源综合利用也取得了一批技术成果，海水提溴已经产业化，海水提钾在山东、河北、天津已建成万吨级规模的钾盐工厂，海水提镁和锂等技术也取得了一些技术

---

①　数据来源：《中国海洋统计年鉴 2013》。

②　2013 年为初步核算数据，数据来源于海洋经济核算。

突破。

4）海洋盐业关键技术不断创新

作为我国海盐的主要产区，环渤海地区的各省市不断创新海洋盐业关键技术：一是在海盐结晶工序上使用新的饱和卤水晒盐，增加结晶池盐水深度，减少收盐次数，延长结晶时间的"新、深、长"，适合我国地质和气象特点的海盐生产工艺，产生了显著的经济效益；二是盐田生物技术为海盐生产提高产量和质量提供了一条新的途径；三是研制出了多种适应我国海盐生产特征的产、收、运、储、修等机械设备，极大地提高了海盐生产技术装备水平，如活渣机、收盐机、输盐管道、运盐机组、压池机和采盐船等专门机械，大大减轻了工人的劳动强度，提高了劳动生产率；四是国外制盐技术和设备的引进，促进了我国精制盐生产向自动化、大型化、节能化和优质化方向发展，缩小了我国与制盐先进国家的技术差距。

3.2.2.4　环渤海地区海洋船舶工业发展情况

1）环渤海地区船舶企业分布情况

环渤海地区的三省一市中，辽宁省海洋船舶工业较为发达，造船大企业主力军是大连新船重工、渤海重工、大连重工等，主要是中船重工集团的下属企业。经过多年的投资与发展，目前，辽宁省已形成了大连、葫芦岛、辽河入海口三大造修船基地的均衡发展、错位竞争的格局，产品已进入包括希腊、挪威、美国、英国等航运大国和日本、韩国、丹麦、意大利等主要造船国在内的五大洲40个国家和地区。山东省造修船企业多是中小型企业，在远洋渔船、散货船、集装箱船等船型上具有一定竞争优势，主要造船企业有北海船舶重工有限责任公司、蓬莱渤海造船有限公司、黄海造船有限公司、烟台莱佛士船业有限公司、威海船厂等。天津市和河北省目前海洋船舶工业规模较小，大多为中、小船厂，其中，天津市规模较大的船舶企业主要有天津市船厂和天津新港船厂。河北省规模较大的船舶企业只有位于秦皇岛市经济技术开发区的中船重工集团下属的山海关船厂。

2）产业发展出现波动，总体弱于"长三角"和"珠三角"地区

从环渤海地区海洋船舶工业增加值曲线（图3-11）可以看出，"十五"和"十一五"期间，环渤海地区海洋船舶工业基本呈现出稳定增长的态势，进入"十二五"出现了下滑的情况，主要原因是由于国际金融危机的滞后影响逐渐显现，全球航运市场持续低迷，交船难、接单难、盈利难等问题突出，船舶出口量下滑，经济效益明显回落。此外，与"长三角"和"珠三角"各省市相比，环渤海各地区海洋船舶工业发展相对落后（图3-12）。

3）加速产业转型升级，积极发展海洋工程装备制造业

面对复杂严峻的国际环境，环渤海地区船舶企业适应新形势，奋力打造转型"升级

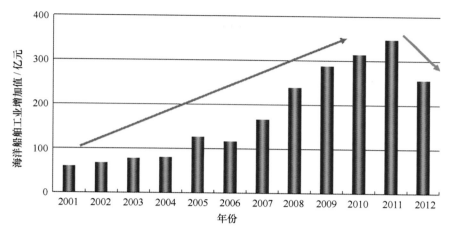

图 3-11　环渤海地区海洋船舶工业增加值变化情况

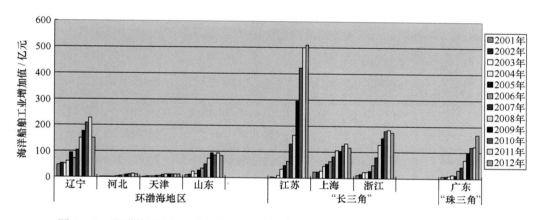

图 3-12　环渤海地区、"长三角"、"珠三角"地区海洋船舶工业发展情况比较

版"，积极发展海洋工程装备制造业。其中，中船重工在环渤海地区已形成大连、青岛两大专业海洋工程装备总装建造基地和大连、青岛两大船舶与海工装备配套基地，具备从修理到改装、从局部建造到完整建造、从分包施工到总承包建造的能力。

3.2.2.5　环渤海地区海洋交通运输业发展情况

1）海洋交通运输业产值实现了跨越式增长

进入 21 世纪，在经济全球化和区域经济一体化的大环境下，环渤海地区海洋交通运输业迎来了前所未有的发展阶段。虽然受国际金融危机影响，该产业受到重创，出现负增长，但总体来看，海洋交通运输业实现了跨越式增长（图 3-13）。2012 年环渤海地区海洋交通运输业增加值达到 1 873 亿元，比 2001 年翻了 3.5 倍，其中山东省海洋交通运输业规模最大，不仅在环渤海地区位居首位，在 11 个沿海地区也始终位于前列。

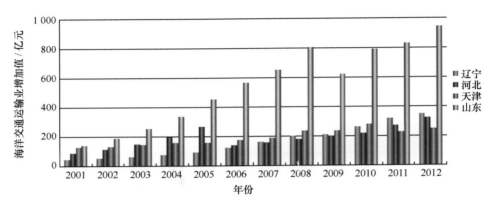

图 3-13　环渤海地区海洋交通运输业增加值变化情况

2）港口航运基础设施建设进一步加快

环渤海地区沿海港口由辽宁沿海、津冀沿海和山东沿海三大港口群组成。以大连港和营口港为主的辽宁沿海港口群，是东三省和内蒙古东部地区经济社会发展的重要支撑和对外交流的重要口岸；以天津和秦皇岛为主的津冀沿海港口群，是京津和华北以及我国北方地区能源物资、原材料的进出口岸和对外交流的重要窗口，天津港作为中国沿海的重要港口，立足于建设东北亚国际集装箱枢纽港；以青岛港、烟台港、日照港为主的山东沿海港口群，是山东省和华北中南部以及中原地区内外贸物资运输的重要口岸。

近年来，环渤海地区港口建设投资规模持续扩大，2012 年环渤海地区规模以上港口生产用码头长度达到 189 km，万吨级泊位 579 个，较 2001 年分别增长 1.7 倍和 1.5 倍。码头设施大型化、规模化、专业化和航道深水化水平有了大幅度提升，大连、天津、青岛国际航运中心正在加紧建设中，环渤海地区沿海港口的发展较好地适应了地区经济和对外贸易发展需要。

3）运输服务能力明显增强

（1）沿海港口生产形势大好

2012 年，环渤海地区沿海港口货物吞吐量为 319 088×10⁴ t，10 年间增长了 3 倍（表 3-8）；国际标准集装箱吞吐量为 4 733×10⁴ TEU，比 2001 年增长了 6.3 倍（表 3-9）。截至 2012 年年底，我国沿海亿吨级的大港已经达到 19 个，其中，环渤海地区占有 9 席，分别是天津港、青岛港、大连港、唐山港、营口港、日照港、秦皇岛港、烟台港和黄骅港。

（2）运输量波动式增长

2001—2012 年的 11 年间，环渤海地区海洋货物运输量稳定增长（图 3-14），年均增速为 9.4%，其中辽宁增速最快，海洋货物运输量年均增速达到 15.2%。然而，由于国际金融危机的冲击和世界经济的持续低迷，2008 年和 2012 年，环渤海地区各地海洋货物运输量均出现明显的下探过程，但总体来看呈现增长的趋势。

表 3-8　环渤海地区沿海港口货物吞吐量　　　　　　　（单位：×10⁴ t）

年份	辽宁	河北	天津	山东	环渤海地区
2003	19 026	17 795	16 182	23 752	76 755
2004	24 002	22 238	20 619	27 822	94 681
2005	29 131	27 028	24 069	34 917	115 145
2006	35 658	33 805	25 760	47 006	142 229
2007	41 492	39 984	30 946	57 547	169 969
2008	48 684	44 065	35 593	65 789	194 131
2009	55 259	50 874	38 111	73 072	217 316
2010	67 790	60 344	41 325	86 421	255 880
2011	78 344	71 300	45 338	96 188	291 170
2012	88 502	76 234	47 697	106 655	319 088

表 3-9　环渤海地区沿海港口国际标准集装箱吞吐量　　　（单位：×10⁴ TEU）

年份	辽宁	河北	天津	山东	环渤海地区
2001	149.0	2.3	201.1	291.9	644.3
2002	175.1	4.7	240.8	376.3	796.9
2003	221.3	5.8	301.5	474.9	1 003.5
2004	298.9	8.8	381.6	576.8	1 266.1
2005	377.9	14.0	480.1	738.6	1 610.6
2006	468.4	29.5	595.0	936.8	2 029.7
2007	582	49	710	1 165	2 506.0
2008	744	65	850	1 321	2 980.0
2009	812	57	870	1 312	3 051.0
2010	969	62	1 009	1 531	3 571.0
2011	1 200	77	1 159	1 691	77.0
2012	1 514	90	1 230	1 899	4 733.0

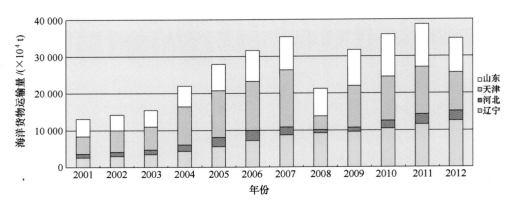

图 3-14　环渤海地区（三省一市）海洋货物运输量变化情况

3.2.2.6　环渤海地区滨海旅游业发展情况

1）滨海旅游产业规模日益扩大

环渤海地区滨海旅游资源丰富，为发展滨海旅游业创造了良好的条件。21 世纪以来，环渤海地区不断整合和优化旅游资源，统筹开发滨海旅游资源，进一步提升滨海旅游业的服务水平，滨海旅游业呈现出良好的发展态势，不仅成为各地区发展海洋经济的支柱产业，也成为地区发展外向型经济的先导和改善投资环境的重要组成部分。据海洋经济核算结果显示，2012 年环渤海地区滨海旅游业实现增加值 2 134 亿元，比 2001 年翻了将近 7 倍（图 3-15）。

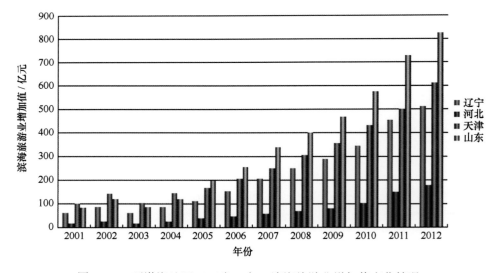

图 3-15　环渤海地区（三省一市）滨海旅游业增加值变化情况

2）国内外旅游呈现旺盛发展势头

近年来，环渤海地区无论是国内旅游还是国际旅游都呈现出旺盛的发展势头，其中滨海国内旅游在扩大内需、促进消费的战略推动下快速增长。"十一五"期间环渤海地区滨海国内旅游人数年均增速达到15.8%（表3-10），国内游客已成为渤海地区滨海旅游市场的重要组成部分，是创造滨海旅游收入的重要来源；滨海国际旅游方面，接待入境者旅游人数和国际旅游（外汇）收入也是屡创新高，大连、秦皇岛、天津、青岛、烟台和威海在环渤海地区沿海城市中最为突出（表3-11和表3-12）。

表 3-10 环渤海地区沿海城市国内旅游人数 （单位：万人次）

地区	2005 年	2006 年	2007 年	2008 年	2009 年	2010 年	2011 年	"十一五"期间年均增速
环渤海地区	18 140	15 473	24 708	28 783	32 280	37 796	47 787	15.8%
天津	5 013	—	6 018	7 004	5 537	6 118	10 605	4.1%
河北	2 098	2 377	2 613	2 553	3 362	3 968	4 790	13.6%
唐山	565	685	762	957	1 226	1 532	2 001	22.1%
秦皇岛	1 302	1 409	1 510	1 227	1 638	1 861	2 101	7.4%
沧州	231	283	341	369	498	575	688	20.0%
辽宁	4 061	4 901	6 150	7 735	9 800	11 655	13 585	23.5%
大连	1 900	2 150	2 480	3 000	3 412	3 777	4 261	14.7%
丹东	773	950	1 100	1 420	1 897	2 248	2 646	23.8%
锦州	426	532	680	870	1 191	1 442	1 704	27.6%
营口	242	285	450	585	820	1 074	1 279	34.7%
盘锦	260	454	760	980	1 270	1 654	1 959	44.8%
葫芦岛	460	530	680	880	1 211	1 460	1 736	26.0%
山东	6 968	8 195	9 927	11 491	13 580	16 055	18 807	18.2%
青岛	2 449	2 801	3 259	3 390	3 903	4 397	4 956	12.4%
东营	197	242	329	428	515	637	775	26.4%
烟台	1 436	1 694	1 999	2 346	2 763	3 272	3 863	17.9%
潍坊	887	1 038	1 414	1 869	2 313	2 946	3 603	27.1%
威海	981	1 130	1 358	1 586	1 839	2 112	2 372	16.6%
日照	777	1 001	1 226	1 451	1 724	2 031	2 426	21.2%
滨州	241	289	342	421	523	661	812	22.4%

数据来源：中国海洋统计年鉴。

"—"表示无该项统计数据。

表 3-11　环渤海地区主要沿海城市接待入境旅游者人数 　　（单位：人次）

年份	大连	秦皇岛	天津	青岛	烟台	威海
2001	433 286	140 010	421 422	323 422	112 446	93 114
2002	491 100	141 620	506 038	417 452	135 816	95 656
2003	373 000	81 997	489 017	342 959	114 060	89 230
2004	520 035	162 751	615 900	522 498	149 109	121 739
2005	600 030	179 217	740 071	684 407	185 124	168 350
2006	700 032	199 451	880 588	854 462	239 690	204 866
2007	840 032	221 828	1 032 268	1 080 341	307 373	267 317
2008	950 045	187 267	1 220 392	800 836	352 090	288 277
2009	1 050 043	224 206	1 410 244	1 000 670	400 901	322 676
2010	1 166 020	242 337	1 660 682	1 080 511	472 023	372 646
2011	1 170 035	264 372	730 615	1 156 391	548 533	415 114
2012	1 284 176	286 401	737 481	1 270 076	530 184	456 594

表 3-12　环渤海地区主要沿海城市国际旅游外汇收入 　　（单位：万美元）

年份	大连	秦皇岛	天津	青岛	烟台	威海
2001	30 422	6 235	28 017	17 751	7 876	3 734
2002	33 000	6 841	34 238	23 975	8 979	4 537
2003	25 120	3 386	32 947	18 061	7 560	4 204
2004	35 000	8 040	41 253	29 182	10 479	5 097
2005	40 000	9 257	50 901	41 493	13 207	7 086
2006	46 500	10 407	62 590	54 262	16 590	8 929
2007	58 125	13 073	77 871	67 507	22 950	12 447
2008	65 835	10 169	100 139	50 030	26 708	13 734
2009	72 748	11 909	118 264	55 178	31 081	16 083
2010	80 386	12 022	141 951	60 103	37 707	19 151
2011	80 519	13 770	175 553	68 933	46 816	21 855
2012	87 349	19 454	222 641	82 459	48 146	25 283

3）滨海旅游接待能力不断加强

滨海旅游客房奇缺是滨海旅游业发展的主要制约因素。"十五"以来，随着国家扩内需、促消费政策的推动和国际交往的日益扩大，环渤海地区各沿海城市国内和国外旅行者旅游观光、探亲访友的人数与日俱增，旅游饭店和涉外星级饭店数量也不断增加，2009年渤海地区主要沿海城市星级饭店数与2001年相比翻了一番。

3.2.2.7 环渤海地区海洋新兴产业发展情况

1）海洋生物医药业发展情况

根据海洋经济核算结果（图3-16），2001—2012年的10多年，环渤海地区海洋生物医药业增加值累计298亿元，年均增长81.4%。

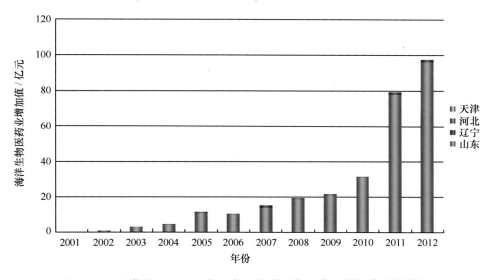

图3-16 环渤海地区（三省一市）海洋生物医药业增加值变化情况

在环渤海地区三省一市中，山东省海洋生物医药业发展规模最大，山东省的海洋生物医药产业始于20世纪70年代，是我国生物药业发展较早的地区之一，初期以水产品精深加工和海洋功能食品生产为主，后期向海洋新材料、海洋医药生产过渡。目前，山东省已初步形成了以海洋药物与功能食品为主体，以海洋新材料与活性物质提取为辅的海洋生物医药产业基础，具备了较完善的海洋生物医药产品体系。据不完全统计，目前山东沿海7地市从事海洋药物、海洋功能食品以及海洋生化制品生产的企业发展到百余家（表3-13）。2012年山东省海洋生物医药业增加值达到96亿元，占全国海洋生物医药业增加值的52%，居全国之首。

辽宁省资源条件、技术力量和相应的硬件设施，在海洋药物研发方面走在国内前列，但产业化程度低，产值小，2012年辽宁省海洋生物医药业产值仅为1.6亿元，占全国海洋生物医药业增加值的0.6%。

天津和河北海洋生物医药业发展尚处于起步阶段，但也涌现出一批高新技术企业。据不完全统计，天津规模以上海洋生物医药企业共 7 家，生产海洋生物医药产品 37 种。河北省水产研究所的高纯度河豚毒素生物提取技术在全国居于领先地位。天津和贝赫海洋生物医药业刚刚起步，规模较小，但发展前景极为广阔。

表 3-13　山东省主要海洋生物医药企业

企业名称	所处地市	产品类型
烟台东诚生化	烟台市	软骨素
山东鸿洋神水产	威海市	功能食品
胶南明月海藻	青岛市	海藻化工
烟台高成海藻	烟台市	海藻酸钠
烟台大鹏海藻	烟台市	海藻酸钠
张裕集团	烟台市	功能食品
芝罘岛生物科技	烟台市	功能食品
蓬莱登州海藻	烟台市	海藻酸钠
双鲸药业	青岛市	鱼肝油
海尔药业	青岛市	海洋药物
山东天顺药业	滨州市	螺旋藻
昌邑市汉盈医药	潍坊市	氨基酸盐
日照长富制药	日照市	海藻素
清华紫光科技	威海市	功能食品
五莲青莲海藻	日照市	海藻酸钠
烟台元生生物	烟台市	功能食品
新广远海洋制品	青岛市	海藻酸钠
蓬莱华泰保健品	烟台市	功能食品
烟台明月海藻	烟台市	海藻酸钠
青岛东海海藻	青岛市	海藻酸钠

2）海洋电力业发展情况

环渤海地区海洋能资源丰富，风能、潮汐、波浪、海流、海水温差和海水盐差等都蕴含着巨大的能量，开发前景可观。目前环渤海地区海洋风能的开发利用步入了大规模开发阶段，已经并网发电的风电场主要包括辽宁瓦房店东岗风电场、天津大神堂风力电场、天津大港沙井子风电场、天津马棚口风电场、山东长岛风电场、山东荣成海洋风电场等。除海洋风能的开发之外，其他海洋可再生能源的开发主要集中山东，20 世纪 70 年代，我国掀起了建设潮汐发电站的高潮，山东白沙口潮汐电站就是在这一大背景下动工兴建的，于1978 年投入使用，在运行了 30 多年之后由于海水腐蚀损坏、海洋生物附着等原因经常出现故障，不能正常运行，于 2010 年停止运行。山东省海洋波浪能利用开发情况也是走在全国的前列，已建有青岛即墨 30 kW 岸边摆式波浪发电站和鳌山卫镇大管岛 "100 kW 摆式波力发电站"。海洋温差能的利用，山东省开创了全国第一，2004 年 11 月，山东省青岛发电厂建成了全国第一个海水源热泵系统，在全国开创了大规模海水源热泵技术应用的先河，目前海水源热泵技术已在青岛奥帆赛基地大规模应用。

近年来，海洋可再生能源的开发利用得到了国家和沿海地方政府的大力支持，环渤海地区海洋电力业在国家和地方政策的鼓励和推动下获得了较快的发展。2012 年环渤海地区海洋电力业增加值突破 49 亿元（图 3-17），虽然规模不大，但发展速度快，2001—2012年间年均增速达到 44%。未来随着技术的进步，海洋能的开发应用将会进一步加快，海洋电力业将成为我国重要的新能源产业。

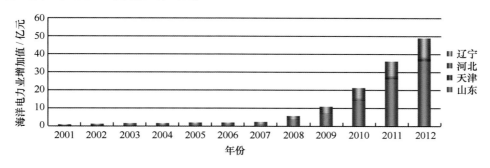

图 3-17　环渤海地区（三省一市）海洋电力业增加值变化情况

3）海水利用业发展情况

全国 11 个沿海省（市、区）中，已建成海水淡化工程的包括辽宁、河北、天津、山东、江苏、浙江、福建、广东和海南。从规模来看，河北、天津和浙江三省是海水淡化工程大省，规模均超过 10×10^4 t/d 以上；其次是辽宁、山东和广东，规模达到每天万吨以上；江苏和海南省规模较小（图 3-18）。从工程数量来看，大型工程主要集中在天津、河北、浙江、辽宁和广东，其中全国最大的两个 10 万吨级海水淡化工程均落户天津。相比较而言，环渤海地区海水淡化工程规模在全国处于领先地位。

环渤海地区的大连、青岛、天津、烟台、秦皇岛、威海等沿海城市是我国利用海水作为工业冷却水最早的区域，每年都大量利用海水作为工业冷却水，主要集中在电力、钢铁、石化和化工等耗水型行业。近年来，随着海水利用技术的不断成熟，海水利用领域不断拓展，从工业冷却水发展到集工业冷却水、饮用纯净水、浓海水制盐、海水提钾提镁提溴、海水冲厕等涉及多领域、高附加值的产业链条（表 3-14）。进入 21 世纪以来，环渤

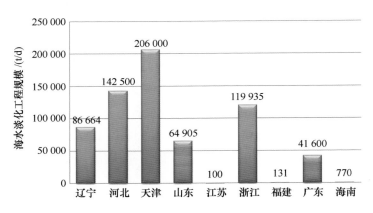

图 3-18　海水淡化工程区域分布规模

海地区海水利用业发展迅猛，2001 年增加值为 0.61 亿元，到 2012 年已经发展到 3.65 亿元，是 2001 年的 5 倍（图 3-19）。

表 3-14　环渤海地区海水综合利用类型及典型企业

行业领域	所在地区	工程情况
石化供水	天津	天津新泉海水淡化厂设计能力 $15×10^4$ t/d，主要为天津石化供水
市政供水	天津	北疆电厂海水淡化能力为日产 $10×10^4$ t，一期工程全部建成投产后，最终形成日处理 $20×10^4$ t 的能力。除项目自用淡水（$2×10^4$ t/d）外，将供给滨海新区 4 个自来水厂与净化后的自来水混合进入城市管网
	河北	2010 年 5 月 15 日，曹妃甸工业区与北控水务集团有限公司签署了海水淡化产业基地及基础设施建设战略合作协议，签约双方将共同在曹妃甸工业区建设超大型海水淡化产业化基地，并全面启动向工业区周边地区及北京供水工程相关工作
核电供水	辽宁	辽宁红沿河核电站海水淡化系统，作为我国核电站中首个海水淡化系统，它每天可提供约 10 080 t 淡水，满足红沿河核电一期工程的生产、生活用水需求。核电站与海水淡化系统的结合，很好地解决了核电站的运行问题，也解决了海水淡化的耗能问题
碱业	山东	青岛碱业 $2×10^4$ t/d 海水淡化项目在世界纯碱行业中首家形成"纯碱生产—海水淡化—浓海水化盐制碱—热电联产一体化"发展模式，在未来的发展规划中，青岛碱业将围绕低碳经济建成以石油化工、盐化工、生物化工、精细化工、清洁能源 5 大产业为支柱的综合化工基地
提钾提溴	天津	天津长芦海晶集团推进海水资源综合利用，截至目前已在天津建成国内规模最大的万吨级提钾装置及千吨级提溴装置

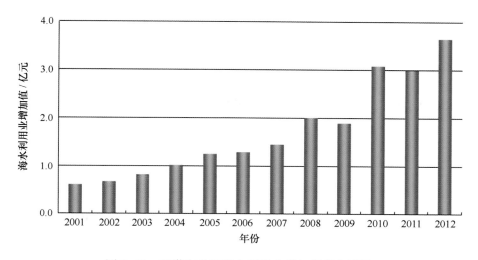

图 3-19 环渤海地区海水利用业增加值变化情况

3.2.3 环渤海地区海洋经济发展存在的问题

21 世纪以来，环渤海地区海洋经济实现了快速发展，不断迈上新台阶，取得了令人瞩目的成绩。但海洋经济发展过程中存在的问题依然不能忽视，特别是进入"十二五"时期，我国海洋经济进入了加快发展方式转变的关键时期，环渤海地区要努力保持海洋经济长期平稳较快发展的趋势，就要正视问题，解决问题。

3.2.3.1 海洋产业结构有待进一步优化

环渤海地区海洋经济发展基础较好，近年来海洋产业结构有了较大程度的优化，但环渤海地区传统海洋产业仍占据主导地位。据统计，2012 年环渤海地区海洋渔业、海洋油气业、海洋交通运输业、滨海旅游业增加值之和占主要海洋产业增加值的 84.2%。近些年虽然海洋生物医药业、海洋电力业、海水利用业发展速度快，但是产业规模较小，产业增加值占海洋经济总量比重较小，对海洋经济总体影响甚微。即使是占据主导地位的传统海洋产业，优化升级的空间还很大，海洋渔业中水产品加工、流通和休闲渔业发展滞后，远洋捕捞和深海养殖发展缓慢；海洋交通运输业受外部环境影响较大，需要在提高信息技术含量、构筑多元化外部市场方面增强稳定性和开拓性；海洋油气业对海洋经济贡献尚未充分发挥，需要加强服务能力建设；滨海旅游资源的经济效益尚未充分发挥，缺乏成熟的盈利模式，需要在资源集约利用、打造高端产品方面寻求突破。

3.2.3.2 区域内联合与协作不足

环渤海经济圈提出 20 多年来，由于行政区域与经济规划不协调，制约着生产要素的流动，其一体化进程不尽如人意。在海洋开发和合作方面，环渤海地区各省市只注重发展本地的海洋经济，一直没有形成统一的战略规划。2006 年，辽宁省全面启动了"五点一线"沿海经济带开发战略，2009 年又通过了《辽宁沿海经济带发展规划》；1993 年，河北省实施了"两环开放带动战略"，2004 年，提出了"一线两厢"区域经济发展战略构想，2007 年又通过"1+4"发展规划，2011 年，通过《河北沿海地区发展规划》提出形成"一带三组团"空间开发格局；天津的海洋产业主要集中在滨海新区，围绕滨海新区建设提出了"一核双港、九区支撑、龙头带动"的发展战略，2012 年国家发改委将天津列入全国海洋经济发展试点地区之一，天津海洋经济科学发展示范区加紧建设；1991 年，山东省委省政府审时度势，确立了建设"海上山东"的发展方略，2005 年又提出了构建"半岛城市群"，之后在"半岛城市群"的基础上提出"一体两翼"的总体布局方针和经济发展方略，2009 年在时任中共中央总书记胡锦涛关于建设山东半岛蓝色经济区的讲话发表之后，山东省委省政府作出积极反应，提出打造山东半岛蓝色经济区。环渤海地区各省市一直在围绕着自己的海洋资源和本地区短期目标或长远目标在实施相应的海洋规划，缺乏整个区域内的海洋合作，没有形成整体的利益整合。产业发展方面表现为，辽东半岛、津冀地区、山东半岛各自为政，除了钢铁、煤炭、化工、建材、电力、重型机械、汽车等行业外，又在竞相发展电子信息、生物制药、新材料等高新技术产业，呈现"诸侯经济"格局。沿海港口布局不够合理、重复建设，竞争大于合作，没有形成优势互补的港群体系。在渤海湾5 800 km岸线上，密布着大小港口 60 多个，平均不到 100 km 就有一个港口。2012 年全国沿海共 19 个亿吨大港，环渤海地区就有 9 个。在 640 km 长的津冀海岸线上，分布着天津、秦皇岛、唐山（含京唐港区和曹妃甸港区）、黄骅四大港，其中曹妃甸港距离天津港仅 38 n mile。辽宁的锦州港与葫芦岛港海上直线距离不足 10 km。此外，对于北方国际航运中心的争夺也一直存在，环渤海地区的青岛、天津、大连三港口都规划了大笔投资，目标直指国际性航运中心，希望成为未来环渤海港口群的"龙头老大"。环渤海区域内竞争大于合作，优势互补得不到实现，影响了环渤海地区海洋经济的共同发展。

3.2.3.3　海洋资源与环境可持续利用能力不强

渤海是我国唯一的半封闭型内海，有辽河、海河、黄河等主要河流入海，河口湿地面积广阔，在我国海洋生态系统中具有重要作用和独特的功能。但由于封闭性强，水体交换周期长，渤海环境承载能力较弱。21 世纪以来，环渤海地区海岸带开发进入高强度开发时期，对渤海产生了更大污染及生境破坏压力，海洋生物资源衰竭，空间资源减少，海洋污染严重，海洋滩涂围垦、填海造地、拦海修坝等开发活动，使环渤海地区自然岸线不断减少，自然岸线的生态功能逐步萎缩，对海洋生物多样性和海洋生态造成严重影响。据《2012 年中国海洋环境质量公报》显示，2012 年，渤海符合第一类海水水质标准的海域面积比例已降低至约 47%，第四类和劣于第四类海水水质标准的海域面积与 2006 年同期相比增加了近 3 倍，达到 1.8×10^4 km²，约占渤海总面积的 23%。2006 年以来，渤海河口、海湾等重点海域生态系统均处于亚健康或不健康状态。

3.2.3.4　海洋科技人才培养流通机制不够顺畅，海洋科技成果产业化程度低

环渤海地区海洋科技研发基础很好，研究实力雄厚，大连、青岛、天津均有一定数量

和相当实力的涉海高等院校和海洋科研院所，拥有一大批海洋科研人才，具备很好的海洋科技研发基础。然而，由于受科研体制限制，环渤海地区海洋科技资源分散在行业部门、高校与研究所、地方等不同机构与部门，海洋科技整合度较低，跨区域的海洋科技人才流通受户籍、社会保障、收入、人事管理等诸多因素影响障碍重重，很难发挥科研人才的优势参与国内外竞争。同时由于环渤海地区缺少有效的组织协调，政策措施不能及时到位，海洋产学研尚未建立有效的合作机制，海洋科技成果产业化程度偏低，海洋高新技术产业发展缓慢，海洋科技进步贡献率有待进一步提高。

3.2.4 环渤海地区海洋经济与区域经济灰色关联分析

据中国海洋统计年鉴数据，2001—2012 年环渤海地区三省一市的海洋经济规模不断扩大（图 3-20）。2013 年达到 19 734 亿元，复合增长率达到 16.7%，环渤海海洋经济占区域经济的比重由 2002 年的 15.1%上升到 2012 年的 15.9%，可见环渤海经济区海洋经济对区域经济的影响和贡献作用正在不断加强。为了进一步研究海洋经济各要素对区域经济影响程度，本研究选择了灰色关联分析方法，通过选取影响环渤海海洋经济和区域经济的代表性因素，测算环渤海海洋经济与区域经济的灰色关联度，从而为环渤海海洋经济规划提出参考性建议。

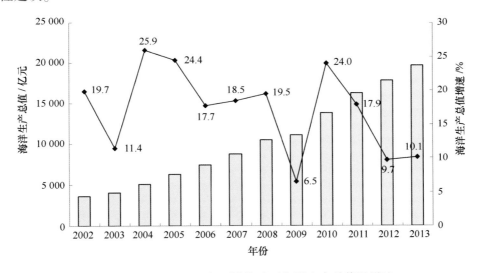

图 3-20　2002—2013 年环渤海地区海洋生产总值及增速

图中 2002—2012 年环渤海地区海洋生产总值数据来源于《中国海洋统计年鉴 2013》；2013 年环渤海地区海洋生产总值数据来源于《2013 年中国海洋经济统计公报》

3.2.4.1 灰色关联度测算的指标选取

通过影响因素调研，基于基础数据可得性，本研究选取环渤海三省一市的人均 GDP 的时间序列数据作为参考序列，以反映该区域的整体经济发展水平。同时，分别选取环渤海三省一市的人均海洋生产总值、海洋第三产业产值占海洋生产总值的比重、海洋科研课题数量、主要港口货物吞吐量时间序列数据作为比较序列，以分别反映海洋经济劳动生产率、海洋产业结构、海洋科技水平、港口设施四大方面的发展水平。

3.2.4.2 环渤海地区海洋经济与区域经济灰色关联度测算

利用所构建的灰色关联分析模型，定义环渤海地区人均 GDP 分别与该区域人均海洋生产总值的关联度为 R_1，与海洋第三产业增加值占海洋生产总值的比重关联度为 R_2，与海洋科研课题数量的关联度为 R_3，与主要港口货物吞吐量的关联度为 R_4，利用 2.3.1.2 节中介绍的方法计算各个灰色关联度，计算结果如表 3-15 所示。

表 3-15 环渤海地区海洋经济与区域经济灰色关联度计算结果

指标	R_1	R_2	R_3	R_4
关联度	0.850 0	0.748 4	0.624 7	0.844 5

根据表 3-15 灰色关联度计算结果可以得出以下结论。

（1）海洋经济劳动生产率的提高对促进环渤海地区经济的发展起到了重要的推动作用

在 4 个子序列中，海洋经济劳动生产率与人均 GDP 的关联度是最高的，达到 0.850 0。这说明海洋经济劳动生产率对于提升环渤海地区整体经济实力起到重要的促进作用。随着海洋产业规模的扩大以及产业结构的优化，海洋产业吸纳劳动力的能力不断增强，劳动生产效率不断提高。由计算结果来看，沿海区域经济发展更多地依赖港口建设的推动、劳动生产率的提高，而不是产业结构的优化和科技力量的拉动，说明到目前为止，环渤海地区海洋产业的发展还不健康，尚有较大的潜力可以挖掘。

（2）渤海沿海港口建设是影响区域经济发展的一个重要因素

计算结果显示出不同关联因素的相对重要性略有不同。在 4 个子序列中，港口货物吞吐量与人均 GDP 的关联度排名第二，达到 0.844 5。这说明港口建设在促进沿海区域经济增长，提高人民收入水平等方面起到了相对重要的作用。环渤海经济区包括天津、河北、辽宁、山东，区域地理位置、交通条件优越，区内有天津港、大连港、秦皇岛港等亿吨大港，中小港也迅速发展，港口建设为环渤海经济区的经济发展作出了重要贡献。

（3）海洋科技与产业结构调整对渤海经济增长的拉动作用不明显

在 4 个子序列中，海洋科研课题数量和海洋第三产业增加值比重与人均 GDP 关联度排在最后两位，分别只有 0.748 4 和 0.624 7，低于港口货物吞吐量与人均 GDP 的关联度 0.844 5，说明环渤海经济区尚未能充分发挥科技进步与产业结构优化拉动经济增长的作用。

通过灰色关联分析可以看出，近些年来，环渤海地区海洋经济的快速发展对区域经济的发展起到显著的促进作用，产生了积极的影响，但是，从整体来看，促进区域经济发展的影响因素不尽合理，海洋经济的发展很大程度上还是依赖于港口建设的推进及海洋经济劳动生产率的提高。从另一方面也可以看出，环渤海经济区科技进步对区域经济发展的影响力还有充分的挖掘潜力。要进一步加快环渤海区域经济的发展，必须尽快将促进区域经济发展的动力转移到产业结构优化和提高科技水平上来。

3.3 环渤海地区海洋经济发展潜力及需求分析

环渤海地区海洋经济发展具有良好的基础和条件，同时存在着不协调、不平衡和不可持续的问题。应结合国家战略定位、区域社会经济一体化发展对海洋经济的新要求，综合评价和分析各个要素对海洋经济发展的影响，特别是经济增长、结构优化、发展质量、产业发展、就业拉动、收入分配、生活质量、空间资源、生物资源、矿产资源、环境压力、环境治理、科技投入、科技产出等关键核心要素对海洋经济发展产生的关联影响，并在此基础上，确立环渤海地区海洋经济发展具备的潜力和重点产业发展方向，实现环渤海地区海洋经济的差别化发展和可持续发展。

3.3.1 环渤海地区海洋经济可持续发展潜力测算

海洋经济飞速发展，已成为国民经济新的增长点，同时在地区经济中的地位日益提高，对地区经济的辐射与关联作用日趋明显。因此，分析区域海洋经济的可持续发展潜力对于调整产业结构、优化合理布局、增强地区可持续发展能力等具有重要意义。本研究在借鉴已有文献中海洋经济可持续发展能力相关理论的基础上，提出了区域海洋经济可持续发展潜力测算的方法，最后以环渤海地区为例，测算了 2007—2012 年环渤海地区三省一市海洋经济可持续发展潜力。

3.3.1.1 环渤海海洋经济可持续发展潜力评价方法

1）海洋经济可持续发展内涵

可持续发展能力是实施可持续发展战略、评价可持续发展状态的重要概念。区域可持续发展能力是指区域内人地系统各要素通过自身发展及相互间反馈作用所拥有的支撑区域可持续发展的整体能力。就海洋经济而言，其可持续发展能力可表述为：在一定技术条件下，海洋内部各要素通过自身的发展和相互间的互动反馈，获得的支撑海洋经济可持续发展的整体能力；就沿海地区而言，它是区域可持续发展能力的重要组成部分。

借鉴中国社会科学院可持续发展研究组编写的《2003 年中国可持续发展战略报告》对区域可持续发展能力的阐述，海洋经济可持续发展能力应包括以下几方面内容。

（1）海洋经济发展

海洋经济发展是指沿海地区利用海洋资源、人力、技术以及资本等经济发展要素，通过合理的海洋经济结构和产业配置，可以转化为产品和服务的总体能力。海洋产业的发展对沿海地区社会经济发展具有重大的推动作用，海洋产业产值占地区生产总值的比重及增长速度反映了人类对海洋的开发程度和海洋产业的经济贡献。

（2）社会民生

社会民生反映了海洋发展对沿海社会民生改善的贡献程度，主要涉及就业拉动、生活质量、科教水平等各方面。

（3）海洋资源支撑

海洋资源支撑是指某一沿海区域范围内海洋资源的数量和质量，其对沿海区域海洋经济的发展起基础性支撑作用。

（4）海洋环境状况

海洋环境状况是指沿海地区海洋环境压力，以及为使海洋环境恢复到一定目标各级政府及社会有关各界所采取的治理海洋环境污染措施。

（5）海洋科技创新

海洋科技始终影响着海洋经济发展的各个历史进程，并渗透到海洋经济可持续发展系统中的各个要素，从而对海洋经济可持续发展能力产生巨大的推动作用，如海洋科技可提高海洋资源的利用效率，提高海洋环境保护能力，因此，海洋科技发展水平直接体现海洋经济可持续发展的能力和潜力。

2）环渤海海洋经济可持续发展潜力指标体系构建依据与框架

作为结构复杂的巨系统，海洋经济可持续发展能力系统具有变量庞杂、不确定指标显著等特点。单独选出几个指标难以反映海洋经济可持续发展能力的总体特征，选出全部指标则会由于指标过多、过细而增加资料获取和构建模型的难度。因此，设置海洋经济可持续发展指标体系应从"突出能力指标、综合全面评判"的基本思路出发，并遵循系统性、科学性、可操作性的核心原则。

本研究提出的环渤海海洋经济可持续发展潜力评价指标体系由 3 个层次构成：目标层、准则层、方案层。将环渤海海洋经济可持续发展总体潜力作为目标层；海洋经济、社会发展、海洋资源、海洋环境和海洋科技作为准则层；具体指标为方案层。该指标体系的设计反映了海洋经济可持续发展的内涵和可持续发展能力的定义，具有逻辑的一致性和整体性；在具体指标的选取上注重指标的可量化性，数据均来自公开的统计资料，保证了评价的客观性。

3）指标权重确定方法

考虑到环渤海海洋经济系统的多目标性、高阶性等特点，以及海洋经济可持续发展评价指标体系应具有的通用性和稳定性，为建立一个较为稳定的指标权重体系，本研究选取专家咨询法（德尔菲法）、层次分析法（AHP 法）、熵值法综合确定指标权重。

（1）德尔菲法

德尔菲判定法也称专家调查法或专家意见法，是一种客观地综合多数专家经验与主观判断的评定或判别方法。应用德尔菲判定法选择因素确定权重的基本程序如下。

① 选择专家

德尔菲判定法的主要工作是通过专家对大量非技术性的无法定量分析的因素权重作出概率估计，要求专家总体的权威程度较高，应是熟悉海洋管理和海域利用状况的有关行业的技术、管理专家以及高层次决策者，如海洋管理、海洋战略、海洋经济等方面的专家，同时应有严格的专家推荐和审定程序。

② 专家评估和多轮间反馈信息

专家征询评分根据相应工作的背景材料和评分说明，在不协商的情况下进行，并且从第二轮评分起，必须参考上一轮的评分结果。采用德尔菲判定法分 2~3 轮征询（也称派生德尔菲法）。第一轮，因素权重评估：专家对所发的征询表格中的每一个因素作出评价，写出各因素的权重值，权重值精确到小数点后两位。第二轮，轮间信息反馈和再征询：根据第一轮专家咨询结果，专家在重新评估时，可以根据总体意见的倾向（以均值表示）和分散程度（以标准差表示）来修改自己前一次的评估意见。采用类似的办法对第二轮结果进行处理和开始第三轮征询，最后就能得到协调程度较高的结果，并确定评价因素的权重。

③ 测定结果的数据处理

各因素权重平均值和离散度计算公式为：

$$E_l = \frac{1}{m}\left(\sum_{k=1}^{m} a_{lk} \right)$$

$$S_l = \sqrt{\frac{1}{m-1}\sum_{k=1}^{m}(a_{lk} - E_l)^2}$$

其中，E_l 为某因素 l 权重平均值；a_{lk} 为第 k 位专家对因素 l 评分后的权重值；S_l 为某因素 l 的离散度；m 为专家人数。通过方差运算，若专家评分的离散度满足 2 倍方差要求，可在各因素多轮专家评分的基础上，按下式确定因素权重值：

$$W_l = E_l / 100$$

其中，E_l 为某因素 l 权重平均值；W_l 为某因素 l 权重值。专家们根据前一轮所得出的均值和标准差来修改自己的意见，从而使 E_l 值逐次接近最后的评估结果，而 S_l 将越来越小，意见的离散程度越来越小。

（2）AHP 法

层次分析法（Analytic Hierarchy Process，简称 AHP）是对存在不确定情况及多种评价准则问题进行决策的一种方法。这种方法基于对问题的全面考虑，将定性与定量分析相结合，将决策的经验予以量化，是比较实用的决策方法之一。层次分析法确定渤海海洋经济可持续发展潜力指标体系各指标权重的过程如下。

① 建立层次结构

按目标的不同、实现功能的差异，将系统分为几个等级层次，如目标层、准则层、方案层等，用框图形式说明层次的递阶结构与因素的从属关系。当某个层次包含的因素较多时，可将该层次进一步分为若干子层次。层次分析模型是层次分析法赖以建立的基础，是层次分析法的第一个基本特征。

② 两两比较，建立判断矩阵，求解权向量

判断元素的值反映了人们对于各因素相对重要性的认识，一般采用 1~9 标度及其倒数标度的方法（表 3-16）。为了从判断矩阵中提炼出有用的信息，达到对事物规律性的认识，为决策提供科学依据，就需要计算每个判断矩阵的权重向量和全体合成权重向量。通过再现对比按重要性等级赋值，从而完成从定性到定量的过渡，这是层次分析法的第二个特征。

③ 层次单排序及其一致性检验

层次单排序就是把本层所有要素针对上一层某一要素，排出评比的次序，这种次序以相对的数值大小来表示。为进行判断矩阵的一致性检验，需要计算一致性指标 $CI = \dfrac{\lambda_{max} - n}{n - 1}$。其中，$\lambda_{max}$ 是比较矩阵的最大特征值，n 是比较矩阵的阶数。CI 的值越小，判断矩阵越接近于完全一致。反之，判断矩阵偏离完全一致的程度越大。

④ 层次总排序

计算各层元素对于系统目标的合成权重，进行总排序，以确定结构图中最底层各个元素在总目标中的重要程度。这一过程是从最高层次到最低层次逐层进行的。

表 3-16　层次分析法 1~9 标度方法

标度值	含义
1	表示两个因素相比较，具有同等的重要性
3	表示两个因素相比较，一个元素比另外一个元素稍微的重要
5	表示两个因素相比较，一个元素比另外一个元素明显的重要
7	表示两个因素相比较，一个元素比另外一个元素强烈的重要
9	表示两个因素相比较，一个元素比另外一个元素极端的重要
2, 4, 6, 8	2, 4, 6, 8 分别表示相邻判断 1~3、3~5、5~7、7~9 的中值
倒数	表示因素 i 与 j 比较得判断 b_{ij}，则 j 与 i 比较得判断 $b_{ji} = 1/b_{ij}$

层次分析法所得权重与数据没有关系，与一般的评价过程，特别是模糊综合评价相比，AHP 方法主观性高，但当涉及因素过多（超过 9 个）时，标度工作量太大，易引起标度专家反感和判断混乱。同时，对判断矩阵的一致性讨论得较多，而对判断矩阵的合理性考虑得不够。

（3）熵值法

首先，将指标同度量化，计算第 t 年第 l 项指标的指标值所占的比重 p_{lt} 如下（其中，x_{lt} 表示第 l 个指标在第 t 年的取值，n 表示三级指标的个数，m 表示年份数）：

$$p_{lt} = \frac{x_{lt}}{\sum\limits_{t=1}^{m} x_{lt}} (l = 1, 2, \cdots, n; \ t = 1, 2, \cdots, m)$$

其次，计算第 l 项指标的熵值 e_l 如下（其中，$k>0$，$\ln$ 为自然对数，$k = \frac{1}{\ln m}$，$0 \leqslant e_l \leqslant 1$）：

$$e_l = -k \sum_{t=1}^{m} p_{lt} \ln p_{lt}$$

最后，定义三级指标中每个因素的权数 w_l，令

$$w_l = \frac{g_l}{\sum\limits_{l=1}^{n} g_l}, \ g_l = 1 - e_l$$

4）指标无量纲化

由于不同指标数据有不同的单位（量纲），使指标之间存在不可公度性。在进行指数计算时，需要排除量纲的变化对于指数结果的影响，这就是对数据的非量纲化，仅用数值的大小来反映指标的优劣。本体系通过采取初始化变换对数据进行无量纲化处理。设原始指标数据为 x_{lt}（其中，$l = 1, 2, \cdots, n; \ t = 1, 2, \cdots, m$），即原始数据矩阵 $X = (x_{lt})_{n-m}$，根据指标的正逆性不同，指标的初始化处理如下：

当指标 x_{lt} 为正向指标时，初始化变换的指标数据为 $x_{lt}' = \frac{x_{lt} - x_{l1}}{x_{l1}}$；

当指标 x_{lt} 为逆向指标时，初始化变换的指标数据为 $x_{lt}' = \frac{x_{l1} - x_{lt}}{x_{lt}}$；

通过上述变换，得到无量纲指数化的指标数据矩阵 $X' = (x_{lt}')_{n \times m}$。

5）评价模型

环渤海海洋经济可持续综合发展指数（CISD，Comprehensive Index of Sustainable Development）是海洋经济可持续发展系统总体发展水平的集中体现。本研究通过构建环渤海海洋经济可持续综合发展指数来评价其可持续发展潜力，根据各指标的特征，运用递阶多层次综合评价法进行计算，基本公式如下：

$$CISD = \sum_{i=1}^{n} W_i R_i$$

式中，W_i 表示各指标权重，R_i 表示各指标标准化后的数值，n 在此处为5。

CISD 模型是关于渤海海洋经济可持续综合发展子系统 R、空间 S、时间 T 的复合函数，如下：

$$CISD = f(R_1, R_2, R_3, R_4, R_5, S, T)$$

$$\text{S. T}^* \quad R_1 + R_2 + R_3 + R_4 + R_5 \leqslant C^2$$

此模型中，$CISD$ 表示环渤海海洋经济可持续发展综合指数，$CISD$ 是经济 R_1、社会民生 R_2、资源 R_3、环境 R_4、科技 R_5 可持续发展指数的综合体现，是 R_1、R_2、R_3、R_4、R_5 中相应元素的综合加权求和。

参照中国科学院地理科学与资源研究所确定的"区域经济可持续发展指标体系"中的评价等级表，确定渤海海洋经济可持续发展状态等级，指数值越接近 0，表示系统距离标准值的目标越远，反之，其值越大，则表示系统距离标准值的目标越近。$CISD$ 的具体数值界定见表 3-17。

表 3-17 环渤海海洋经济可持续发展状态评价等级

$CISD$ 值	等级
<0.25	不可持续
0.25~0.50	弱可持续
0.50~0.75	中度可持续
>0.75	强可持续

3.3.1.2 环渤海海洋经济可持续发展潜力测算

1）指标体系构建

根据本研究对海洋经济可持续发展能力内涵的理解，并参考相关研究报告，确定环渤海三省一市海洋经济可持续综合发展指数子系统包括经济发展、社会民生、资源支撑、环境状况、科技创新 5 个；准则层包括经济增长、结构优化、发展质量、产业发展、就业拉动、收入分配、生活质量、空间资源、生物资源、矿产资源、环境压力、环境治理、科技投入、科技产出 14 个；指标层包括 GDP、海洋生产总值占 GDP 比重、海洋生产总值增长速度、海洋第三产业增加值占海洋生产总值比重、海洋新兴产业增加值占海洋生产总值比重、海洋劳动生产率、海洋经济密度、海水产品产量、港口货物吞吐量、滨海旅游人数等 35 个，见表 3-18。

---

* S. T 为 subject to 的缩写，意思是服从于；C^2 表示限定范围。

表 3-18 环渤海海洋经济可持续发展潜力指标体系

子系统	准则层	指标层	影响方向
经济发展（A_1）	经济增长（B_1）	海洋生产总值（C_1）	正
		海洋生产总值占 GDP 比重（C_2）	正
		海洋生产总值增长速度（C_3）	正
	结构优化（B_2）	海洋第三产业增加值占海洋生产总值比重（C_4）	正
		海洋新兴产业增加值占海洋生产总值比重（C_5）	正
	发展质量（B_3）	海洋劳动生产率（C_6）	正
		海洋经济密度（C_7）	正
	产业发展（B_4）	海水产品产量（C_8）	正
		港口货物吞吐量（C_9）	正
		滨海国内旅游人数（C_{10}）	正
社会民生（A_2）	就业拉动（B_5）	涉海就业人员（C_{11}）	正
	收入分配（B_6）	环渤海地区城乡居民收入占 GDP 比重（C_{12}）	正
		环渤海地区城乡收入比（C_{13}）	正
	生活质量（B_7）	环渤海地区城镇居民人均可支配收入（C_{14}）	正
		环渤海地区渔民人均纯收入（C_{15}）	正
		环渤海地区恩格尔系数（C_{16}）	正
资源支撑（A_3）	空间资源（B_8）	人均湿地面积（C_{17}）	正
		海水养殖面积（C_{18}）	正
		盐田总面积（C_{19}）	正
	生物资源（B_9）	海水养殖及捕捞量（C_{20}）	正
		海洋生物医药业增加值（C_{21}）	正
	矿产资源（B_{10}）	海洋油气产量（C_{22}）	正
		海滨砂矿开采量（C_{23}）	正
环境状况（A_4）	环境压力（B_{11}）	近岸海域海水环境质量（C_{24}）	正
		风暴潮直接经济损失（C_{25}）	逆
		工业废水直接入海排放量（C_{26}）	逆
	环境治理（B_{12}）	沿海城市污水处理率（C_{27}）	正
		海洋自然保护区面积（C_{28}）	正
		环渤海地区污染治理当年竣工项目数（C_{29}）	正
科技创新（A_5）	科技投入（B_{13}）	海洋研究与试验发展经费占海洋生产总值比重（C_{30}）	正
		万名涉海就业人员中海洋科技人员数（C_{31}）	正
		海洋科研机构数量（C_{32}）	正
	科技产出（B_{14}）	海洋专利授权数（C_{33}）	正
		海洋科研机构课题数（C_{34}）	正
		投入成果应用与科技服务合计占科研课题总数比重（C_{35}）	正

2）指标赋值及权重确定

环渤海三省一市海洋经济可持续发展潜力上述评价指标体系2007—2012年数据主要来源于各类统计年鉴与统计公报，如《中国统计年鉴》、《中国海洋统计年鉴》、《各省、区、市统计年鉴》、《中国渔业统计年鉴》、《中国海域使用管理公报》、《中国海洋灾害公报》、《中国海洋环境状况公报》等。根据指标的正逆性，采用指标初值化方法对原始数据进行无量纲化处理。

运用德尔菲法、AHP法和熵值法分别对各指标进行层次总排序，得到指标层对于目标层的综合权重，见表3-19。

表3-19 层次总排序权重

指标层	德尔菲权重（%）	AHP 权重（%）	熵值法权重（%）	综合权重（%）
海洋生产总值（C_1）	3.2	0.6	2.6	2.1
海洋生产总值占 GDP 比重（C_2）	2.7	1.4	0.0	1.4
海洋生产总值增长速度（C_3）	3.2	3.0	4.0	3.4
海洋第三产业增加值占海洋生产总值比重（C_4）	3.4	2.6	0.0	2.0
海洋新兴产业增加值占海洋生产总值比重（C_5）	4.1	3.2	9.2	5.5
海洋劳动生产率（C_6）	2.7	4.2	1.8	2.9
海洋经济密度（C_7）	3.3	2.8	2.6	2.9
海水产品产量（C_8）	1.5	1.6	0.1	1.1
港口货物吞吐量（C_9）	3.0	1.6	2.1	2.2
滨海国内旅游人数（C_{10}）	3.0	1.6	3.1	2.6
涉海就业人员（C_{11}）	8.0	5.7	0.1	4.6
环渤海地区城乡居民收入占 GDP 比重（C_{12}）	3.6	3.1	0.0	2.2
环渤海地区城乡收入比（C_{13}）	2.4	2.6	0.2	1.7
环渤海地区城镇居民人均可支配收入（C_{14}）	1.8	2.6	1.7	2.1
环渤海地区渔民人均纯收入（C_{15}）	1.8	1.6	0.7	1.4
环渤海地区恩格尔系数（C_{16}）	2.4	1.5	0.0	1.3
人均湿地面积（C_{17}）	5.0	1.2	0.3	2.2
海水养殖面积（C_{18}）	3.0	2.5	1.1	2.2
盐田总面积（C_{19}）	2.0	2.5	0.0	1.5
海水养殖及捕捞量（C_{20}）	2.4	3.6	0.3	2.1

指标层	德尔菲权重（%）	AHP 权重（%）	熵值法权重（%）	综合权重（%）
海洋生物医药业增加值（C_{21}）	3.6	2.6	17.9	8.0
海洋油气产量（C_{22}）	2.2	3.9	1.9	2.7
海滨砂矿开采量（C_{23}）	1.8	2.3	22.2	8.8
近岸海域海水环境质量（C_{24}）	3.0	3.6	0.2	2.3
风暴潮直接经济损失（C_{25}）	1.9	3.6	2.1	2.5
工业废水直接入海排放量（C_{26}）	2.6	3.6	0.0	2.1
沿海城市污水处理率（C_{27}）	2.6	4.3	0.4	2.4
海洋自然保护区面积（C_{28}）	2.6	3.6	0.7	2.3
环渤海地区污染治理当年竣工项目数（C_{29}）	2.3	3.0	5.0	3.4
海洋研究与试验发展经费占海洋生产总值比重（C_{30}）	2.1	4.2	6.3	4.2
万名涉海就业人员中海洋科技人员数（C_{31}）	2.1	3.1	0.4	1.9
海洋科研机构数量（C_{32}）	1.8	2.5	0.6	1.7
海洋专利授权数（C_{33}）	3.2	4.1	9.5	5.6
海洋科研机构课题数（C_{34}）	2.7	2.9	2.0	2.5
投入成果应用与科技服务合计占科研课题总数比重（C_{35}）	3.2	2.8	0.8	2.2

3）测算结果及分析

根据环渤海海洋经济可持续发展指标赋值及权重，计算得到 2007—2012 年环渤海海洋经济可持续发展综合指数和各子系统指数如图 3-21 和表 3-20 所示。

表 3-20　环渤海海洋经济可持续发展各子系统指数

年份	经济发展子系统	社会民生子系统	资源支撑子系统	环境状况子系统	科技创新子系统	*CISD* 值
2007	0.125 947	0.064 418	0.040 833	0.078 911	0.111 595	0.084 711
2008	0.282 680	0.120 464	0.153 580	0.199 463	0.001 720	0.162 246
2009	0.291 687	0.150 710	0.194 783	0.242 147	0.259 777	0.233 095
2010	0.685 851	0.203 624	0.322 564	0.337 349	0.570 636	0.448 599
2011	1.166 384	0.259 294	0.448 405	0.465 057	0.947 454	0.703 298
2012	1.346 462	0.317 340	0.484 212	0.531 654	1.362 499	0.852 989

由表 3-20 中的测算结果，参照表 3-17 中的可持续发展状态等级标准，可知 2007—

2009年环渤海海洋经济可持续发展系统总体效果为不可持续，2010年为弱可持续，2011年为中度可持续，2012年为强可持续。整体而言，2007—2012年，环渤海海洋经济可持续发展整体态势呈上升趋势（图3-21），海洋经济可持续发展潜力较大。其中，2008—2009年环渤海海洋经济可持续发展指数增速度较缓慢，主要是因为受2008年金融危机影响，海洋经济发展趋缓。随着2009年"蓝色经济"概念的提出和4万亿元投资计划的刺激，2010年环渤海海洋经济可持续发展指数增速快速回升。2011年之后在世界经济形势衰退和国民经济增速趋缓的影响下，指数增速回落。

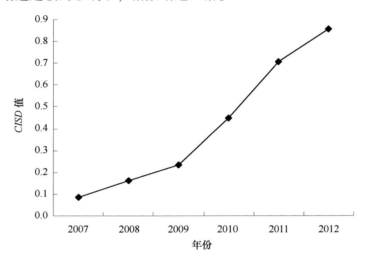

图3-21　2007—2012年环渤海海洋经济可持续发展综合指数

环渤海海洋经济各子系统的可持续发展水平分析如下（表3-21）。

（1）经济发展子系统

2007—2012年，该系统的可持续发展指数值从0.13持续平稳上升至1.35，相应的可持续发展等级由2007年的不可持续发展状态过渡到2008年的弱可持续，再由2009年的弱可持续过渡到2010年的中度可持续，2011—2012年指数值超过了强可持续发展等级0.75的临界值。

表3-21　环渤海海洋经济可持续发展各子系统发展水平

年份	经济发展子系统	社会民生子系统	资源支撑子系统	环境状况子系统	科技创新子系统
2007	不可持续	不可持续	不可持续	不可持续	不可持续
2008	弱可持续	不可持续	不可持续	不可持续	不可持续
2009	弱可持续	不可持续	不可持续	不可持续	弱可持续
2010	中度可持续	不可持续	弱可持续	弱可持续	中度可持续
2011	强可持续	弱可持续	弱可持续	弱可持续	强可持续
2012	强可持续	弱可持续	弱可持续	中度可持续	强可持续

（2）社会民生子系统

2007—2012 年，该系统的可持续发展指数值从 0.06 持续平稳上升至 0.32，相应的可持续发展等级也由不可持续发展状态过渡到弱可持续发展状态。

（3）资源支撑子系统

2007—2012 年，该系统的可持续发展指数值从 0.04 持续平稳上升至 0.48，相应的可持续发展等级也由不可持续发展状态过渡到弱可持续发展状态。

（4）环境状况子系统

2007—2012 年，该系统的可持续发展指数值从 0.08 持续平稳上升至 0.53，相应的可持续发展等级也由 2007—2008 年的不可持续发展状态过渡到 2010—2011 年的弱可持续发展状态，进而再过渡到 2012 年的中度可持续状态。

（5）科技创新子系统

2007—2012 年，该系统的可持续发展指数值有波动，先下降，2008 年降到谷底，然后平稳上升至 2012 年的 1.36，2007—2008 年的可持续发展等级均为不可持续，2009 年过渡到弱可持续，2010 年过渡到中度可持续，2011—2012 年指数值超过了强可持续发展等级 0.75 的临界值。

3.3.2 环渤海地区海洋经济发展潜力与需求综合评价

3.3.2.1 环渤海地区海洋经济发展面临的优势和机遇

第一，区域经济一体化为环渤海地区海洋经济发展提供高效便捷的要素流动市场，海洋经济发展的环境将更宽松。随着京津冀一体化等协作与互动趋势进一步增强，环渤海地区经济一体化步伐加快，共同构筑沿海与腹地优势互补、良性互动的区域发展新格局，使得生产要素在更大范围内自由流动组合，区域经济一体化已成为沿海各省拓展空间、增添活力、规避风险、实现互利共赢的有效途径，经济带和都市圈成为区域经济发展的主要趋势，这为环渤海海洋经济圈的形成与发展提供了重要契机。

第二，东北亚乃至全球产业转移和国际分工为环渤海地区海洋经济发展带来新的产业升级换代空间。随着东北亚乃至全球性产业转移步伐加快，在经济全球化和新科技革命的推动下，新一轮全球产业结构调整和产业转移，特别是日本、韩国等发达国家和新兴工业化国家制造业、现代服务业向发展中国家的转移步伐明显加快，并集中聚焦环渤海地区，使以天津、青岛、大连、唐山等为代表的沿海工业城市成为承接产业转移的新热区。这种产业转移趋势将随着"中国制造"实力的进一步增强，逐步由劳动密集型产业向资金密集型和技术密集型产业转变，以工程装备、能源精深加工、电子信息技术产品和大型生产性工业为代表的产业集群的兴起，将助推海洋经济向产业链高端化、后工业化方向发展。

第三，科技进步和创新步伐加快，加速环渤海地区海洋经济技术革新速度。以信息、电子和新材料等为代表的新科技革命方兴未艾，科学发明到实际应用的时间大大缩短，以高科技、高知识含量为特征的产业集群蓬勃兴起，自主创新能力显著提升，推动着新兴产业不断涌现并快速发展。环渤海地区是中国北方（以北京为核心）技术科研中心，海洋科技水平实力雄厚，有条件、有能力承接国际产业转移，有利于环渤海地区涉海企业应用先进技术，不断提高自主创新能力，发展以海洋可再生能源、海洋工程装备与高端船舶制造、海水淡化及综合利用、海洋生物技术、海洋新材料等新兴产业，将对环渤海地区海洋经济带的开发建设产生强大的推动力。

第四，国家沿海开发开放战略成为环渤海海洋经济发展走出去的重要保障。国家实施振兴东北老工业基地战略和进一步扩大沿海地区对外开放为环渤海经济区开发建设带来双重机遇。在中国参与东北亚战略合作、中韩/中日双边合作、京津冀一体化等合作框架体系构建背景下，渤海沿海各省将以海洋产业为突破口，进一步扩大对外开放，在更大范围、更广领域、更高层次上参与国际经济技术合作与竞争。

3.3.2.2 环渤海地区海洋经济发展的潜力产业

第一，以天津、青岛、大连为龙头的3个港口群竞相发展的大格局已形成和深化，充分利用沿海港口群优势，依托海港、空港、信息港，拓展国际航运、国际贸易和国际物流，形成服务辐射能力强、运转效率高的北方国际航运中心和国际物流中心，共同面向东北亚。

第二，打造海洋工程装备制造基地、海洋生物医药中试与产业化基地、海水综合利用示范区、海洋可再生能源基地、大型海洋水产品加工基地，着力形成具有全球影响力的先进海洋制造业基地。

第三，发展现代航运服务，逐步形成以港口为中心的物流网络和临港物流集聚区；改进和完善对海洋经济的金融服务，大力发展船舶融资、船运保险、资金结算等航运金融业务，推进形成现代海洋服务业基地。

第四，合力打造具有特色的区域性国际滨海旅游休闲区。整合渤海沿海旅游资源，重点发展国际滨海休闲度假、邮轮游艇、海上运动等高端海洋旅游业，打造具有地域特色的东北亚黄金旅游线路。

第五，加强海洋文化基础设施建设，构建以国家海洋博物馆为核心的海洋文化产业集聚区；加强以青岛为核心的海洋科技教育基地建设，打造具有世界先进水平的海洋科技教育核心区。

综上所述，当前世界经济的发展和中国经济的发展已呈现出两大明显的趋势：其一是世界经济的发展正在"东移"，即由西欧移向东亚，由大西洋移向太平洋；其二是中国经济的发展正在"北上"，即由南部的珠江三角洲北上到中部的长江三角洲，再进一步北上到北部的环渤海地区。两大经济发展趋势的交汇点，正好是环渤海地区，这为环渤海地区快速发展营造了千载难逢的良机。同时，环渤海地区地处中国东北、华北、西北、华东4大经济区的交汇处，是中国北方通向全世界最直接、最便捷的海上要道，又是内陆连接欧亚的要塞，还是中国经济由东向西扩展、由南向北推移的重要纽带。随着区域经济一体化浪潮的推进和国家经济战略北移，特别是在当前东北亚经济圈构建、东部率先发展战略、京津冀一体化发展战略等框架背景下，多重政治地缘因素决定了环渤海地区不仅是中国经济发展的新热点地区，而且也是世界经济发展最活跃的地区。环渤海地区在我国参与全球经济协作及促进南北协调发展中所处的重要地位，必然加快启动该地区的经济发展，将成为继"珠三角"和"长三角"之后的第三大引擎。这片老工业基地因"区域性资源供应基地"和"国家战略资源开发接替区"的定位重新焕发了生机，而海洋经济作为环渤海地区各省的重要经济增长点，将获得更多的发展空间，潜力巨大。

然而，不容否认的现实是渤海的资源环境承载能力已接近极限，生态环境不堪重负。经济发展对环境的需求与环境供给之间的矛盾成为渤海地区经济可持续发展的核心矛盾。如何保持渤海区域的可持续发展能力，如何实现渤海地区经济发展与环境的关系从对立走向统一，是摆在环渤海地区各级政府面前的首要问题。在上述机遇和挑战并存的宏观背景下，应找准渤海地区海洋经济发展的模式和途径，准确定位渤海生态环境与经济社会发展的关系，实现可持续发展、差别化发展。

4 渤海海洋资源开发和生态 环境保护政策建议

面对渤海沿海滩涂、湿地面积加速减少，生态系统功能退化严重，海域环境污染总体状况依然严峻，海洋经济产业同质同构严重问题，本章将契合区域经济发展、资源开发、环境现状问题与特点分析，借鉴国内外同类型海湾管理经验，探索打破现有海洋资源开发和环境保护管理格局的途径，提升海洋资源开发能力、保障海洋资源可持续利用、改善海洋环境质量、促进海洋生态系统健康协调发展。

4.1 强化渤海管理协调机制建设

基于渤海的跨区域性和复杂性，加强渤海区域管理的统筹协调能力，重点应在综合管理机构设置、运行机制设计、完善法律法规体系、研究拟定区域性综合规划、完善产业投入机制等方面构建起高效统一的管理和协调机制。

4.1.1 构建海洋综合管理机制

我国涉海产业部门有 20 个左右，各个行业和部门分别制定用海计划和工作方案，这种以行业部门管理为主的海洋管理模式忽视了渤海海洋生态环境的整体性以及更大尺度的河海生态整体性，加剧了"渤海公地"的无政府状态，使得渤海难以走出污染—治理—再污染的怪圈。为此，应基于各类海洋资源的关联性，在国家层面上建立更高层次的、跨行政区的、更具有权威性的海洋综合管理机构（如国家海洋事务协调委员会），以协调中央与地方、地方政府之间、各涉海行业之间的矛盾，打破长期以来形成的以行政区划为资源配置界限的体制，协调组织和统一管理海洋资源的开发和保护活动。海洋综合管理机构根据渤海地区的总体经济发展规划，协调各涉海行业和部门间的利益、矛盾关系，加强各层次的交流与合作，抓紧建立健全相关的运行制度、产业规划等，形成"拿总、管用"的协调机制。对涉及海洋资源各职能部门进行明确分工并建立规范和固定的协调机制。在地方层面上，应建立区域性和地方性的政府海洋管理委员会，确立并制定共同的陆海统筹管理的运行框架、技术标准和规范，以负责协调区域或地方海洋开发活动，带动行业协调有序发展，保护和可持续利用海洋中的各种资源，提高环渤海地区海域的综合效益。

4.1.2 完善法规强化海洋执法

渤海具有区域性和综合性并存的特点，现行的《海洋环境保护法》没有具体规定可操作性的条款，相关的配套法规并没有随之修订完善，而现有的《渤海环境保护总体规划》、

《渤海碧海行动计划》、《渤海综合整治规划》等由于缺乏国家法律赋予的权威性，无法有效地解决渤海面临的纷繁复杂的环境问题，需要进一步加强海洋立法，强化海洋执法，实现依法治海，有法必依，执法必严。应在《中华人民共和国海洋环境保护法》、《中华人民共和国防治陆源污染物污染损害海洋环境管理条例》、《中华人民共和国海洋石油勘探开发环境保护管理条例》、《中华人民共和国防止船舶污染海域管理条例》、《中华人民共和国防治海岸工程建设项目污染损害海洋环境管理条例》、《中华人民共和国海洋倾废管理条例》、《防止拆船污染环境管理条例》等现行法律法规的基础上，按照可持续发展原则、预防性原则、污染者付费原则等，制定"渤海环境管理法"，提出使用的主要法律制度，如环境影响评价制度、海洋功能区划制度、污染物总量控制和排污许可交易制度、入海污水达标排放制度等，针对渤海存在的主要问题，如近岸海域污染严重问题、生境退化和栖息地丧失问题、赤潮、溢油事故频发问题等制定特别措施，并明确实施机制和法律责任，打破行政区域与部门管理的界限，为海洋生态保护、海洋环境治理和海洋执法监察提供有力保障。

加强海洋执法力量是依法治海的保证。要增强执法力度，真正做到"执法必严，违法必究"，加强对政府环保职能部门的执法监督，克服地方保护主义，要求地方各级政府必须将海洋环保工作提到议事日程上来，更好地维护海洋秩序。对围填海工程及其他用海项目坚持可行性论证制度，对未经论证和审批的用海项目进行检查和处理，从源头上解决开发无序、利用无度和使用无偿的问题，协调好各种用海关系；严格执行建设项目环境影响评价制度，对未经环境影响评价擅自开工的涉海项目要依法责令停止建设，追究有关责任，对破坏海洋环境的企业做到违法必究，执法必严。加强监督执法能力建设，加强对执法人员的培训和教育，提高执法人员队伍素质，强化依法行政意识，不断改善执法手段和执法设施，完善和加强联合执法，提高执法效率，建立具有权威性的执法机构和执法队伍；规范环境执法行为，实行执法责任追究制，提高对环境执法活动的行政监察力度；严格查处破坏海洋资源、污染海洋环境的行为，努力打破部门分割和地方保护，杜绝重复监管、相互推诿和转嫁污染等现象，把海洋综合开发和海洋环境保护纳入科学化、法制化、规范化的轨道。

4.1.3 制定区域产业统一规划

针对环渤海地区港口用海、工业用海等用海密集度高，区域产业趋同的局面，为促进环渤海经济协调发展，建议构建产业发展和地区发展相协调的机制，即产业政策区域化和区域政策产业化。前者是指制定产业政策必须充分考虑发挥地区优势和地区合理分工，避免条块失衡和二元经济；后者是指制定区域政策要考虑产业专业化、高级化和经济规模，避免重复建设和地区壁垒。环渤海地区产业发展规划既要考虑国家和地区综合经济发展的需要，又要发挥各地的资源优势，突出地区专业化，还要考虑国际产业传递的需要，形成合理分工、协调发展、专业化、现代化的区域产业体系。可以将环渤海地区各省、市相同的支柱产业，予以联合组成跨省、市的集团公司。由产品质量好、技术强、知名度较高的企业带头，强强结合，促进结构和布局的调整，重新组合生产要素。用名牌产品来树立环渤海地区的形象，增强区域经济实力。围绕环渤海在北方地区进而东北亚地区的定位，规划经济布局和产业重点，建立重大产业项目统筹协商机制，优化区域内的社会化分工和专业化协作，推动优势互补，联合发展。要共同打造高新技术产业链，实施差异化竞争战略，创造竞争新优势。要加强同领域内企业横向联合，互相配套、互为市场，争取纵向形成产业链，横向形成产业群，通过协作分工获得各自的收益。

4.1.4 完善海洋产业投入机制

资金投入不足，是制约海洋经济健康、快速发展的一个重要因素。环渤海地区可以借鉴发达国家和地区拓宽资金投入渠道的措施，建立投资主体多元化、资金来源多渠道、经营组织多形式的支持海洋产业发展的新型投融资机制。

一是积极引导社会资金投入海洋产业。应该降低门槛，鼓励和吸引各类社会投资主体，以直接投资、承包、合资、股份合作等方式进入海洋开发领域。发挥金融市场作用，积极引用信托基金、产业基金、创业基金、资产证券化等新型融资方式，吸引社会资金发展海洋经济。支持海洋经济企业，特别是海洋高新技术企业进入产权交易市场，用技术和股权换取资金，实现投资主体多元化。推动海洋经济企业利用票据进行交易，发挥商业信用的融资功能。

二是建立和健全沿海地区科技兴海银行贷款机制。利用国家倾斜性政策，通过政府财政贷款，银行信贷或各种形式的合资，增加对海洋产业的投入。加强海洋产业与各级财政金融部门的结合，建立海洋开发基金周转制度。具有产业化前景的海洋科技成果商品化、海水养殖业和海洋油气业新兴海洋产业对高新技术的引进和消化，海洋环境技术的产业化，传统海洋产业发展外向型经济等应是银行贷款优先支持项目。

4.2 提高渤海基础设施利用效率

4.2.1 基础设施实行"一盘棋"布局

海洋基础设施建设包括港口设施建设和陆地上疏港交通体系的建设，环渤海区域要比肩"长三角"、"珠三角"就要在基础设施建设上规划布局"一盘棋"。当前环渤海三省一市围绕各自的中心城市发展，形成相对独立的区域空间结构，由于缺乏整体上的跨区域的大都市连绵区，渤海地区一体化水平仍然和"长三角"、"珠三角"存在差距，各自为政、各自为营的思想导致了基础设施的趋同建设。基础设施作为经济社会发展的基础和必备条件，抓好了可以为发展积蓄能量、增添后劲，抓不好就会拖区域发展的后腿。要提高渤海基础设施利用效率，在空间结构、港口建设、高速公路、铁路等方面，三省一市必须统一思想，加强规划对接，打破地缘限制，做到部门联动、上下互动，积极搞好政策对接和项目衔接，在强调均衡的基础上避免建设滞后和盲目建设。"一盘棋"就不能禁锢在一兵一卒上，为了区域一体化的快速提升，一定要从全局出发，大力改革，舍弃科技水平、服务能力较低的设施，整合加强技术过硬的，服务能力强的基础设施建设，让基础设施建设不再呈独立的点，而是消除地缘限制，布局为服务于环渤海地区的网状结构。

4.2.2　建立新常态的共享服务体系

环渤海地区在提高基础设施利用效率方面应建立基础设施共享服务体系，逐步建立符合区域发展的管理机制，着眼培育鼓励基础设施共享模式创新的良好环境。既要全面化解港口等建设的产能过剩，也要发挥市场机制作用探索未来的发展方向，必须全面把握总供求关系新变化，科学进行宏观调控，从改革设计的最初阶段就将区域共享的思想贯彻到行动中，实现新常态下的环渤海地区基础设施利用服务的共享局面，有效提升基础设施的利用效率。

4.3　科学开发利用渤海海洋资源

渤海海域海洋资源相对我国其他重点海域来说，开发利用强度过大，资源储量有限，应通过建立岸线保护红线制度，实施环渤海地区陆岛经济联动发展，加强资源统筹协调，突出区域特色等措施，提高海洋资源的保护力度，实现海洋资源的可持续开发利用。

4.3.1　建立自然岸线红线制度，严格控制岸线开发利用

近年来农业、渔业和盐业等传统行业占用岸线规模庞大，跨越式的港口发展导致了海岸线资源的浪费，热度不减的填海造地以及向沿海聚集的重化工业也进一步导致自然岸线的缩减。环渤海沿海各省（区、市）海岸线修测专项调查成果显示，除山东省外，环渤海地区的自然岸线保有率都明显低于《全国海洋功能区划（2011—2020 年）》提出的"至2020 年，大陆自然岸线保有率不低于 35%"的目标，其中天津市已无自然海岸线：保护自然岸线的形势不容乐观。在我国的资源保护制度中，以红线制度最为严格，红线制度给资源总量设定了不可逾越的保护线，通过设定自然岸线保护红线总量指标，能够有效遏制对自然岸线的过度开发和低水平利用，要像 18 亿亩土地红线那样作为一项长期而非阶段性的红线，严格控制占用岸线的开发利用活动，做到严防死守。同时，应采取改变占海岸线规模大的农业、渔业、盐业等传统产业的生产方式，规范填海规模和时序，提高现有港口的岸线利用效率等方法，高效利用环渤海区域已开发的人工岸线，并且对具有重要生态功能和观赏价值的人工岸线，综合利用物理、化学、生物手段，恢复其原有的地貌特征、生物种群、水文特征以及自然景观。

4.3.2　发挥海岛资源特色优势，推进陆岛经济联动发展

坚持陆岛联动，统筹陆岛发展，加强陆岛交通、能源、社会事业等统筹规划，将海岛的开发利用纳入区域发展总体规划中，发挥海岛特色优势，以旅游、渔业、清洁能源发展为重点，着重发展海岛特色产业，以陆地拓展为海岛发展提供基础和腹地，以海岛开发为陆地经济发展提供新的空间，发挥陆地对海岛的支撑作用。同时在渤海海岛开发过程中要

始终坚持制订科学合理的规划，树立"先保护后开发"的理念；要坚持制定完善的法规和制度，完善海岛开发、建设和经营的各项法规和制度，并应尽可能的翔实、具体，提高可操作性，使开发经营和管理监督有章可循，有法可依；要坚持实行最严格的生态环境保护，确保滨海旅游资源的生态不会因为过度开发而受到损害、不会破坏原有的地貌特征；要坚持实行相对宽松的政策，海岛开发应参照海南、厦门以及国外开发、利用、保护海岛的先进经验，在各项政策方面争取给予更大的自由度，鼓励外商以及民间资本共同参与海岛开发建设。此外，还要加强区域合作，突破制度障碍，发挥区域整体优势，推进海岛的保护与开发。

4.3.3 完善滨海湿地管理机制，防治湿地生态系统退化

海洋生态学家、中国工程院院士唐启升研究发现，这些年来渤海的生物种类正在大幅度减少，鱼类已从 1983 年的 63 种减少到目前的不足 30 种，而且，生物群也开始呈现小型化、低龄化的趋势。究其原因，滨海湿地的退化是影响海洋生物生存的重要原因之一。这些年整个渤海湾已经很难形成像样的虾汛和鱼汛了，多种鱼类已经濒临灭绝，渤海的渔业资源开始面临最为严重的危机。为改善滨海湿地环境，缓解滨海湿地退化，应采取以下对策：完善制度体制、协调发展管理体系、建设自然保护区、建立生态补偿制度等。通过法律法规的建立，明确管理目标，明晰产权关系，制定保护和利用规范，调整现行湿地管理体制，强化管理力度，使渤海区湿地保护和管理工作系统化、规范化、科学化。自然保护区的建立能有效遏制因经济发展而损害滨海湿地的现象。在当前滨海湿地资源普遍受到威胁和破坏，湿地管理体制、湿地法规尚待完善的情况下，对一些具有特殊生物多样性和珍稀濒危物种的典型滨海湿地生态系统、典型滨海自然景观和自然历史遗迹区设立自然保护区，是目前对其实施保护的有效措施和手段。同时建议在滨海湿地开发利用过程中，如果其开发会完全改变其结构和功能，在条件可能的情况下应该建造具有相同功能的等量滨海湿地以作为补偿；如果不能如此，要正确评估该湿地的生态价值，以其作为依据，征收生态补偿费。

4.3.4 加强区域间的资源统筹，突出区域旅游资源特色

环渤海地区海洋旅游资源丰富，应重点开发建设，做大做强海洋旅游业。环渤海地区拥有国家 4A 级景区 58 个，国家级风景名胜区 9 个，历史文化名城 3 个，优秀旅游城市 8 个。建议对本区丰富的旅游资源提供较为完善的基础服务设施，为海洋旅游业发展奠定基础。基于打造环渤海地区海洋旅游品牌的考虑，建议率先发展"中国优秀旅游城市"的海洋旅游，可考虑结合各城市优势开发多元化的海洋旅游产品，充分利用现有资源。例如，在大连老虎滩、星海公园、棒棰岛、营口金沙滩等地区开发趣味体验型旅游产品，具体娱乐活动包括帆板、跳伞、海上摩托、沙滩排球、节庆狂欢等；在威海刘公岛、成山头风景区、唐山景忠山、抗震纪念碑等地区开发海底潜水、荒岛生存训练、军事极限活动等刺激挑战性强的旅游产品；在葫芦岛兴城海滨疗养院、天津渤海度假村等地区从休闲保健、医

疗角度考虑，开发体育健身型旅游产品；在潍坊、天津盘山、东营、盘锦、丹东等地可以以杨家风筝节等民俗文化、佛门圣地等宗教文化为基础开展宗教旅游、工业旅游、生态旅游等以探索讨论为主题的旅游产品。同时加强其他高端产品的开发，进行海上旅游资源和陆地旅游资源的整合，突出区域特色。在此基础上，加强区域合作，整体营销环渤海地区海洋旅游产品。

4.4　海洋生态环境管理对策

4.4.1　控制陆源污染

陆源污染是造成渤海环境污染的主要原因，渤海的面积仅占我国 4 个海区总面积的 1.6%，承受污水总量却占 32%，污染物占 47%，黄河、海河等整个流域的污染物都随河道入海，流域周边的生活污水、工业废水和农药化肥污染是三大陆源污染源，多数陆源排污口长期超标大量排放，导致渤海近岸海域环境恶化趋势得不到有效控制，河口、海湾、湿地等典型生态系统健康状况每况愈下。因此，陆源污染问题是治理渤海污染的关键问题，可以从以下几个方面来控制陆源污染。

（1）强化总量控制，严格执行污水排放标准

按照河海统筹、陆海兼顾的原则，建立并实施排污总量控制制度，海上和陆上要统筹兼顾，制定切实可行的排污总量控制实施方案。在对河口、海湾和近岸海域进行调查研究的基础上，测算各海域环境容量，依据各海域环境容量，确定各海域污染物允许排入量和陆源污染物排海削减量，制定各海域允许排污量的优化分配方案，控制和削减非点源污染物排放总量。海洋部门根据渤海的自然地理特征、自净能力、污染状况、沿海工业发展情况等综合确定渤海海域纳污的限度，环保部门要严格执行污染物入海总量和污染物达标排放双控制度，根据海域污染物的最大接纳量来分配各个排污口污染物的排放量。做好入海污染物指标的监测与考核工作，开展总量控制的环境效益评估。发现重点污染物排放总量超过控制指标，或者海域环境质量未达到使用功能对水质的要求，应当及时报告有关地方政府并会同相关部门采取措施及时治理。

严格执行污水排放标准，加强对污水排放的监督、控制和管理。城镇污水处理厂排水应达到国家《城镇污水处理厂污染物排放标准》（GB 18918—2002）一级排放标准；排污单位排向污水处理厂的废水，要达到国家或地方的污水综合排放标准；直接排海的污水，要达到相应的海水功能区划要求；未达到排放标准或无合理排放去向的，禁止排放。

（2）调整产业布局，倡导绿色生产

加强对企业分类排污的研究，制定不同种类企业的排污实施计划和排污收费标准，加大企业的环境成本，促使重污染企业关、停、并、转，彻底根治污染源，淘汰技术落后、污染严重、浪费资源的企业。对于污染严重的企业，可以采取迁离沿海的措施。落实节能减排目标责任制，大力实施重点节能工程，突出抓好高耗能行业和重点耗能企业的节能减排工作。

开展生态工业园区建设，积极推广先进的清洁生产工艺，引进先进节能环保技术，鼓励和指导企业绿色生产，积极推进和支持重点企业的节能减排；推进重点行业、产业园区循环经济试点工作，试点将不同的企业连接起来形成共享资源和互换产品的产业共生组合，推广循环经济先进适用技术和典型经验，建设循环经济试点示范工程；建立和完善再生资源回收体系，促进重点行业废弃物再利用，提高各类资源的重复利用率，最大限度地减少工业废水排放；教育和引导企业把追求环境效益摆上重要位置，引进绿色生产理念，努力实现经济效益、社会效益、环境效益的共赢。

（3）加强对污水和垃圾的集中处理力度

加强对沿渤海区域工业污水、生活污水集中处理的力度，污水处理厂应该以共建共用为原则，构建城区-城镇-工业园区-大型企业相结合的污水处理厂格局，统一规划，优化布局，打破行政区划和工业园区界限，形成以大型综合污水处理厂为骨干、中小型污水处理厂为补充的污水处理系统。新建污水处理厂应具备脱氮除磷和污泥无害化、资源化功能，污水处理厂主体工程与废水收集及再生水回用管网统一规划，同步建设，实现投资最优化，避免重复建设和资源浪费，创新市场化建设与运营机制，实施企业化运营，发挥污水处理和再生水利用的综合效益。

加快沿渤海区域垃圾处理等环保设施建设，增加环渤海地区对生活垃圾无害化处理能力，强化对污泥和垃圾渗滤液的处置，防止产生二次污染，继续在沿海地区深入开展禁磷工作。

（4）加强面源污染控制

开展小流域综合治理，控制水土流失。开展农村面源污染综合治理的试点、示范，推广科学施用农药、化肥，提高农药、化肥利用效率。推动绿色食品和有机食品基地建设，大力发展节水农业和生态农业。推广农业资源节约和综合利用，大力发展农业循环经济。以沼气建设为纽带，合理利用秸秆资源，加强集中式畜禽养殖场污水、粪便综合利用和处理，提高农户沼气普及率。

实施农业面源污染控制工程。开展生态农业工程及生态农业示范区建设，完成一批对改善农业生态环境有重要影响的工程；推广少废农田，减少化肥施用量，进一步推广生物农药、复合肥的使用，控制使用总量。

（5）严控海洋（岸）工程污染

加强海岸工程污染防治和区域开发的生态环境保护，严格执行海洋功能区划和近岸海域环境功能区划。开展海洋（岸）工程建设项目环境影响评价，统筹考虑海洋环境容量，提高环境准入门槛，严把环保审批关，新建项目必须符合国家规定的准入条件和排放标准，需配套运行相关环保设施。加强清洁生产审核，从源头减少废物排放，形成低投入、低消耗、低排放和高效率的节约型增长方式。控制企业的用海指标和排污总量指标，集约利用海域，临港工业企业的污染物排放应符合所在海域的排放总量控制要求，已无环境容量的区域，禁止新建增加污染物排放量的项目。

通过对围填海历史进程、现状、社会需求、环境影响以及经济社会发展等因素的综合分析与评价，根据海洋功能区划，制定"禁止、限制、适度"等不同的分区管理措施，加强围填海的管理。确定围填海的总量控制目标，年度围填海规模及指标实施国家指令性计划管理。完善海洋工程的生态环境风险评估与管理，完善海洋工程生态损害赔偿和损失赔偿制度，增加海洋工程环境风险意识，提出风险管理方案和对策，提高风险管理能力，并建立健全海上重大污染事故应急机制。

4.4.2 防治海上污染

海上污染主要集中在船舶污染、海上油气开采、海上养殖、海洋倾废等方面，近年来随着海洋油气开发、海上运输和港口建设、海水养殖等产业的迅速发展，在取得显著的社会效益和经济效益的同时，对海洋环境造成的影响也逐步显现。船舶溢油事故、港口溢油、平台溢油事故时有发生，如塔斯曼海轮溢油事故、大连港"7·16"溢油事故、蓬莱"19-3"特大溢油事故等，给海洋环境带来巨大的生态损害和经济损失，因此要加强对船舶、港口、海上油气平台等的监管，加大对海上养殖、海洋倾废行为的监管力度，防治海上污染。

（1）控制港口和船舶污染

树立建设生态型港口的理念，合理设置港口及其配套设施的空间布局，补充和完善港口环保基础设施，努力打造达标排放、高效节能、清洁生产、环境优美的具有可持续竞争力和环境友好的港口。通过绿色经营，环保运作，优化船舶操作流程，控制船舶运行中产生的污染。

制订港口环境污染事故应急计划，加强风险防范培训和管理，加快建设与临港产业规模相适应的应急响应系统，防止、减少突发性污染事故发生。完善港口船舶含油污水、压载水、洗舱水和船舶垃圾接收处理设施，港口、码头、装卸站和船舶修造厂必须按照规定配备足够的用于处理船舶污染物、废弃物的接收设施，船舶修造、打捞和拆船单位应备有足够的防污器材和设备，各单位应保证上述设备处于良好状态。装卸油类的港口、码头、装卸站和船舶修造厂必须编制溢油污染应急计划，并配备与其污染风险相适应的溢油应急力量（包括设备、器材和人员）。各级政府应采取积极措施，根据各类港口建设需要，建设集约化的综合性船舶污染物接收处理设施和污染应急设备库，加强船舶溢油应急技术支持及保障能力。

要规范强化对港口和船舶相关作业活动的监督管理，禁止船舶及相关作业活动违法向海洋排放油类、油性混合物，含油污水及其他污水，船舶垃圾、废弃物和其他有毒有害物质，船舶所存含油污水及垃圾必须交由岸上接收单位处理。改善港口污水处理设施，加强港口船舶废弃物接收和处理能力，提高船舶和码头防污设备的配备率，在大、中型港口建设岸基油污水接纳处理站或配备油污水接纳处理船，实现含油污水、含化学品污水零排放和污水处理100%达标排放。

（2）控制海上油气平台污染

渤海是我国重要的海上油气产区，也是我国北方的海上门户，其石油产量占我国海上石油产量的一半以上。目前，拥有采油平台216个，钻井平台48个，储油轮6艘，海上人工岛9个。随着经济的发展，渤海已进入大规模石油勘探开发期，成为溢油事故的多发区。2011年发生蓬莱"19-3"特大溢油事故，造成海洋污染面积超过6 200 km²，造成的海洋生态损失达16.83亿元人民币，引起社会公众对海上油气污染事故的广泛关注。

要加强对海上石油平台生产和排污全过程的监管，加强对环保设施"三同时"检查、环保设施竣工验收检查，严格对海上油气平台化学消油剂使用的审批管理和含油泥浆钻屑排放的审批管理，各类生产污水、生活污水、泥浆、钻屑等必须达标排放，严格控制各类漏油、超标排放行为。

会同海上各部门制定海洋溢油应急处置预案，配备制定应急保障制度，开展溢油应急能力建设；不断完善各类防污设备器材、消油剂、应急船舶、应急飞机等应急设备储备，提高溢油事故的应急响应和应对能力；积极开展人员培训，组织开展应急事故处置演习，提高人员应急指挥能力和事故处理能力；开发建设应急监测与信息保障系统，能够在应急事件发生后，快速指导应急人员作出相应的应急计划，实施有效的应急措施，为阻止溢油扩散、减少经济和生态损失争取时间。

（3）控制海上养殖污染

加快完善海水养殖规划，协调好海水养殖与其他涉海开发活动的关系，建立海上养殖区环境管理制度和标准，对海上养殖活动进行合理规划、科学布局、控制密度；加强水产苗种、饲料、药物等投入品的使用监督管理，实施科学投饵、用药，保障水产品质量安全，禁止直接向沿岸海域水体施肥，对养殖池塘清淤污泥进行合理处置，禁止清淤污泥冲刷入海，减少水产养殖造成的污染；鼓励采取生态养殖，帮助渔民建立各种清洁养殖模式，实施各种养殖水域的生态修复工程和示范，利用水生生物的生态功能净化改善水质，尽可能减轻海域养殖业引起的海洋环境污染，为改善海洋生态环境发挥积极作用。

加强对养殖渔民的宣传教育。将养殖环境保护作为其中的重要内容，不断强化养殖渔民的生态环境保护意识，规范水产养殖行为，促进海洋环境保护工作；对废弃的养殖网具、浮标和生活垃圾等及时收集，集中回收处理，避免对海洋环境的污染，配备进港渔船的垃圾回收装置，运输实现密闭化；合理划定水产品交易区域，设立交收地点和提示标志，及时清除每日交易后的废弃物和下脚料，并清洗干净交易场地，对部分重点渔港做到垃圾日产日清。

（4）严格海上倾倒区管理

坚持科学选点、严格管理、规范使用、减轻污染原则，全面提高海洋倾倒区管理水平，规范海洋倾倒区的管理，控制、调整、优化海域倾倒区的区域布局，淘汰落后倾倒设施，提高疏浚物资源化利用水平，严格执行倾倒区的环境影响评价和备案制度。

严格控制在港口或临海工业区域设立新的海洋倾倒区。设立新的海洋倾倒区必须经过严格的科学论证，按法定程序申报批准，符合我国海域倾废管理条例要求，坚持环境保护优先和科学、合理、安全、经济的原则，新设立的倾倒区原则上水深须在20 m以上、离海岛或海岸5~10 n mile的港口、河口以外的适当水域。

加强海上倾倒区的监督管理和执法监察，对海上倾倒活动实施跟踪监测，监测水深、底质等条件，对海上倾倒区可利用程度进行定期评估，及时了解倾倒区周边海域环境状况及资源状况，对海洋生态系统和海洋生物资源有明显影响的，要坚决停用、关闭。加强对海上倾废行为的执法监察力度，在倾废船舶上安装倾废记录仪，建立倾倒过程监控系统，禁止无证倾倒、不到位倾倒等违法行为，逐步完善海域倾倒区的规范管理。

4.4.3 坚持陆海统筹

陆海统筹是指在区域社会经济发展过程中，综合考虑陆海资源环境特点，系统考察陆海的经济功能、社会功能和生态功能，在评估陆海资源环境生态系统的承载力、社会经济系统活力和潜力的基础上，以陆海协调为基础进行区域发展的规划、计划和执行。目前，渤海管理职能分属于海洋、渔政、环保、港务、盐务等10余家资源与环境部门，庞大和支离的管理力量已经不适应现代海洋管理的要求。另一方面，在机构设置和职能定位上存在一定缺陷，机构职能单一，某一单项资源管理只局限于所属范围，忽略了资源与环境的内在联系，机构内部缺乏协调性，存在着职能模糊、政出多门、各行其是的现象。针对当前渤海分块、分条的管理机制，只有建立跨地区、跨部门和跨行业的渤海综合管理部门，建立精简高效、协调透明、职责分明和互相配合的科学协调机制，坚持陆海统筹，才能更好地实现区域社会、经济、环境的可协调发展。

（1）建立综合性区域管理机制

渤海海域的入海污染物来自五大流域，横跨多个省市，要建立内外协调的管理机制，使部门由各自为政的分散管理向陆海统筹管理转变，需要构建一个综合性的区域管理委员会。在国家层面上应建立更高层次的国家海洋事务协调委员会，以协调中央与地方、地方政府之间、各涉海行业之间的矛盾；在地方层面上，应建立区域性和地方性的政府海洋管理委员会，以负责协调区域或地方海洋开发活动，带动行业协调有序发展。一是充分发挥各自职责效能，陆海同步控制入海排污种类和数量，强化海洋环境整治的系统管理；二是确立并制定共同的陆海统筹管理的运行框架、技术标准和规范，注意中央与地方、部门与部门之间力量综合，完成信息、物力资源等的配置；三是建立陆海联动环境执法体系，强化海洋环境保护监督部门的监督处罚职能，实施陆海同步的有效监督。

（2）实现海陆产业对接，协调海陆生态系统

从区域发展的空间看，海陆产业联动发展应以海域和海岸带为载体，以沿海城市为核心，向远海和内陆发展，海陆一体，梯次推进。环渤海各地要根据海洋资源禀赋和陆域经济基础科学合理地确定海陆经济的接点，实现海陆产业间的要素流动。海陆经济的接点主要是港口和海洋产业基地，如山东潍坊依靠丰富的地下卤水资源，建立了以海洋化工业为主的滨海开发区，带动了周围滨海项目区、旅游区和港口工业区的建设，沿海岸线分布的海洋经济带正迅速形成。沿海城市是海陆一体化的枢纽，应该重点发展临海产业，一方面把海洋资源的优势由海域向陆域转移和扩展；另一方面促使陆域资源的开发利用及内陆的经济力量向沿海地区集中，把陆域经济、技术和设备运用到海洋资源开发中。

实施陆海统筹，河海同治的联动机制，关键在于协调海陆生态系统。为保持海陆生态系统之间的平衡，环境治理必须从海陆域复合生态系统的结构与功能出发，将陆源污染防治和海域污染防治相结合，应针对陆上点源污染制定相应的总体控制目标指标体系，在控制排污总量的同时，提倡科学的排放方式，合理利用海水自净能力，在有条件的海域尽量采取离岸深海排放方式。要"以海定陆"调整产业结构；海洋开发的重点应由近海趋向大洋，由传统海洋产业扩大到新兴海洋产业；由过去的相对独立的海洋产业向海陆统筹发展的海洋产业转变；由无偿使用掠夺性开发海洋资源向有偿使用可持续发展的海洋产业转变；海洋经济建设要由单纯追求经济利益到强调海洋生态经济开发；海洋管理方式要由行业分散管理转向协作性加强的统筹管理，管理重点由产业开发转向海洋生态建设和海洋环境保护。

4.4.4 加强监视监测

渤海近岸海域污染严重，生态环境问题频发。近岸海域环境监测是近岸海域环境管理的基础和组成部分，是近岸海域环境保护工作的"眼镜"和"尺子"，紧扣近岸海域环境管理需求。目前，渤海沿海各省市海洋环境监测能力发展不平衡，部分地区监测力量相对薄弱，尚无法满足从整体上掌握渤海近岸海域生态环境状况的需求，某些引起社会广泛关注的近岸海域生态环境问题缺乏权威性监测评价结论。亟须强化近海海域生态环境监测工作，进一步巩固、完善现有海洋环境监测站网，提高监测能力，加快建立渤海近岸立体监测网络体系，掌握渤海近岸海域生态环境状况的话语权，为渤海近岸海域海洋生态环境综合管控工作提供基础依据。

（1）完善监测网络体系

为进一步深化海洋环境监测与评价业务体系，促进海洋环境监测评价业务工作更好地为海洋生态文明建设服务，提升海洋生态环境保护公共服务和决策支撑水平，建议以近岸海域为重点，全面强化组织领导和统筹协调，不断创新发展监测业务体系，巩固壮大海洋环境监测力量，统筹发展地方和国家相结合的监测体系。

一方面，要深入巩固现有海洋环境监测网络，不断壮大各级监测机构，加快建设重点海域县级机构设立工作，有效填补监测网络空白，组织沿海地方统筹规划所辖海区监测机构布局，建立形成层次分明、定位准确、分工合理、协调互补的海洋环境监测网络，并制定海洋环境监测机构能力建设的分级标准，全面推进各级监测机构能力的标准化建设。另一方面，要进一步发挥基层监测机构的基础性作用，切实推进基层海洋环境监测站的建设发展，全部海洋站实现水质监测和快速应急监测能力，部分重点海洋站实现沉积物、海洋生物、海洋大气监测能力，确保基层监测机构发挥实质作用。

（2）强化污染物入海监测和生态监测

控制污染物入海是遏制海洋生态环境不断恶化的关键，沿海地方要根据海陆联动的污染防治工作需求，开展陆源排污口、入海江河、海水养殖、海洋大气等入海污染源普查工作，全面掌握本地区每一个入海污染源及污染物入海状况。在此基础上，进一步优化排污口、入海江河监测网络，加大对排污量大、排放有毒有害物质、对邻近海域生态环境影响较大的重点入海排污口及主要入海河流的监督力度，根据污染物排海特点优化完善监测指标。

围绕海洋生态安全和生态健康，加强对沿海生态脆弱区、生态环境破坏严重区域实施监测。进一步强化生态监控区、生物多样性等海洋生态系统监测，适时增加监控区数量、扩大监控区范围，突出生态系统结构和功能监测内容，优化完善海洋生物多样性监测工作，适度调整监测指标和频率，全面掌握典型海洋生态系统健康状况及变化趋势。

（3）实施海洋资源环境承载能力监测预警

深化拓展区域海洋生态环境状况、海洋资源开发利用状况和经济发展状况等的综合分析，加强对海洋资源过度开发区域和海洋生态环境受损区域的监测，尽快摸清海洋资源环境承载能力家底，划定资源环境超载预警区。围绕渤海生态红线划定、区域限批等工作需求，开展承载能力试点监测工作，建立海洋资源环境承载能力监测预警指标体系。

（4）加快推进在线监测技术

目前我国近岸海域每年 2~3 次的监测频率已满足不了管理部门掌握区域环境状况动态变化、实时发布环境信息产品的需求，现有的监测手段已不能完全适应近岸海域环境监测工作发展的需求，不能完全满足政府对公共安全管理的需要，因此，加快在线监测等先进技术手段的应用，提高监测评价频率，加大环境信息发布频率，实行环境信息实时公开制度已经成为管理部门的迫切需要。

加快推进在线监测技术手段的应用，建立近岸海域水质自动监测系统，充分利用现代化的监测手段动态掌握渤海海域污染状况与变化特点。首先，可以实现部分污染因子的连续监测，随时了解区域污染变化情况，实现近岸海域水质主要污染因子的日报、周报、月报等多形式信息产品发布，为生态环境治理、管理决策提供最科学、及时的监测数据；其次，可以解决长期以来海洋环境监测存在的一些人力无法解决的问题，能够准确地监测范围海域的环境变化趋势，监测数据具有良好可比性和准确性，对监测海域的变化分析也可由定性描述转为定量测算，对于一些突发性赤潮、绿潮等灾害和环境污染事件，可以通过监测参数的变化作出预警；最后，在线监测系统的运行将大大提高渤海近岸海域环境监测的自动化和信息化水平。随着浮标监测数据的积累和与业务评价系统的对接，将对渤海海域开展大尺度的时空研究提供数据支撑和平台支撑，进而为海洋经济持续健康发展提供良好的生态环境保障。

4.4.5 完善法律法规

渤海具有区域性和综合性并存的特点，现行的《中华人民共和国海洋环境保护法》没有具体规定可操作性的条款，相关的配套法规并没有随之修订完善，而现有的《渤海环境保护总体规划》、《渤海碧海行动计划》、《渤海综合整治规划》等规划由于缺乏国家法律赋予的权威性，缺乏高层的有力支持和指导，缺乏部门间的共识和协调，缺乏涵盖整个渤海各方面工作和流域的综合性，无法有效地解决渤海面临的纷繁复杂的环境问题，需要进一步加强海洋立法，强化海洋执法，实现依法治海，有法必依，执法必严。

（1）加强海洋立法

海洋立法对维护国家海洋权益、管理和保护海洋资源环境，保证海洋可持续发展起到至关重要的作用，也是依法治海的依据。濑户内海、黑海等的治理经验表明，国家立法先行，将对海洋生态环境的成功治理起到极大的推动作用。设立区域专项海洋法律法规可以更好地协调和管理区域各项资源开发活动，保护区域海洋生态环境，提高管理部门行政效率。因此，要根据国家总体发展战略在已颁布的有关法律、法规的基础上，加强调研，系统考虑，整体推进，逐步形成比较完整的渤海海洋法律法规体系，做到渤海区域管理有法可依。

应在《中华人民共和国海洋环境保护法》、《中华人民共和国防治陆源污染物污染损害海洋环境管理条例》、《中华人民共和国海洋石油勘探开发环境保护管理条例》、《中华人民共和国防止船舶污染海域管理条例》、《中华人民共和国防治海岸工程建设项目污染损害海洋环境管理条例》、《中华人民共和国海洋倾废管理条例》、《防止拆船污染环境管理条例》等现行法律法规的基础上，按照可持续发展原则、预防性原则、污染者付费原则等，制定"渤海环境管理法"，提出使用的主要法律制度，如环境影响评价制度、海洋功能区划制度、污染物总量控制和排污许可交易制度、入海污水达标排放制度等。针对渤海存在的主要问题，如近岸海域污染严重问题、生境退化和栖息地丧失问题、赤潮、溢油事故频发问题等制定特别措施，并明确实施机制和法律责任，打破行政区域与部门管理的界限，为海洋生态保护、海洋环境治理和海洋执法监察提供有力保障。

（2）强化海洋执法

加强海洋执法力量是依法治海的保证。要增强执法力度，真正做到"执法必严，违法必究"，加强对政府环保职能部门的执法监督，克服地方保护主义，要求地方各级政府必须将海洋环保工作提到议事日程上来，更好地维护海洋秩序。对围填海工程及其他用海项目坚持可行性论证制度，对未经论证和审批的用海项目进行检查和处理，从源头上解决开发无序、利用无度和使用无偿的问题，协调好各种用海关系；严格执行建设项目环境影响评价制度，对未经环境影响评价擅自开工的涉海项目要依法责令停止建设，追究有关责任，对破坏海洋环境的企业做到违法必究，执法必严。

加强监督执法能力建设，加强对执法人员的培训和教育，提高执法人员队伍素质，强化依法行政意识，不断改善执法手段和执法设施，完善和加强联合执法，提高执法效率，建立具有权威性的执法机构和执法队伍；规范环境执法行为，实行执法责任追究制，提高对环境执法活动的行政监察力度；严格查处破坏海洋资源、污染海洋环境的行为，努力打破部门分割和地方保护，杜绝重复监管、相互推诿和转嫁污染等现象，把海洋综合开发和海洋环境保护纳入科学化、法制化、规范化的轨道。

4.4.6　加强生态保护

（1）海洋保护区管理与建设

加强对渤海国家级和地方级各类海洋自然保护区、海洋特别保护区、海洋公园的管理和保护,进一步提高海洋保护区的管护能力。建立和完善海洋自然保护区和海洋特别保护区管理机构,进一步完善保护区管理的社区共管体制,完善保护区的可持续财政支持渠道,加强保护区管理人员的培训,提高保护区基础设施和综合能力建设;根据自然保护区规范化建设标准要求,制定适合保护区生态系统保护的管理、监测与评估体系,定期开展保护区管理绩效评估,加强国际国内交流合作;建立海洋保护区管理评价制度,以科学的管理理念、技术和手段提高海洋保护区管理能力,实现保护区规范化和科学化管理。

对于尚未纳入保护区的海洋生态系统、自然历史遗迹、海洋珍稀、濒危物种以及重要栖息地,应尽快申报建立保护区予以保护。对典型的生态区域如滨海湿地、河口湿地等实施严格的生态保护和生态涵养,对脆弱敏感的海洋生态区实行限制开发与生态保护相结合,自然湿地修复和人工湿地建设相结合,加强对湿地、河口等受损生态系统与重点区域的生态修复,保护和恢复典型生态系统。

(2)加强海岸带保护和整治

开展海岸带调查评价,制定海岸与滩涂利用和保护规划,对具有特色的海岸带自然和人文景观加强保护和管理,保护海防林等护岸植被,严禁非法采砂;严格控制滩涂围垦和围填海规模,对于围垦和围填海活动,要严格按照要求开展科学论证,依法审批。

加强对海水侵蚀岸段的重点治理和保护,实施海岸带生态环境整治与修复工程,对海岸侵蚀严重的区段,采用海岸加固、植被护岸、人工海堤等工艺方法,提升海岸抵抗自然灾害的能力,改善海岸景观;加强沿岸防护林带的建设,优化防护林带的结构和功能,建设生态岸线、绿化隔离带等,恢复海岸带盐生植被、滩涂湿地和河口生态,保护生物多样性,提高海岸带环境质量和景观水平,形成海岸带生态走廊,恢复和改善海岸带生态环境。

(3)开展海洋生物资源养护

开展渤海湾物种资源调查,建立海洋生物安全监管体系和生态影响监测评价体系,采取多种措施保护海洋生物多样性,维护海洋野生动植物栖息地的生态系统安全与稳定;加强对本地海洋生物物种的保护,加强对外来物种入侵的防范,通过在船处理压载水、岸上处理压载水等措施有效防止船舶压载水污染,加强集装箱检疫和国际航行船舶压舱水的监管和检测力度,防止有害生物物种入侵;加强对引进外来物种的安全管理,逐步建立外来入侵物种监测系统,对危险物种的入侵进行科学合理的预警、预防和控制。

发展外海远洋渔业,保护近岸海洋生物资源,有计划地控制和压减近岸海域和近海生物资源的捕捞强度,严格执行禁渔区、禁渔期及伏季休渔制度,积极引导渔民做好作业调整。加强对入海河口、海湾等重点渔场繁育区的保护,改善渔场生态环境;对濒危珍稀野生动植物物种实施拯救工程,建立一批繁育基地,通过救护、繁育等措施,扩大野生动植物物种种群;加大浅海渔业资源增殖放流和浅海滩涂增养殖的力度,建设人工鱼礁群,加强水生生物资源保护区建设,选择合适的区域建立海洋生物资源恢复增殖区,使近海水生生物资源及水域生态环境得到有效养护,实现生态养殖和海洋生物资源可持续利用的良性发展。

（4）划定生态红线区

生态红线是依据"保底线、顾发展"的基本原则，辨识生态价值较高，生态系统比较敏感及有关键生态功能的区域，是实施分类管理和控制，有效保障重要生态区域，避免人为活动干扰的有效方法之一。划定海洋生态红线，严格生态准入，强化生态监管，施行生态补偿，对于恢复和改善海洋生态功能，实现沿海及海洋保护与开发的协调，维护海洋生态安全具有重要意义。2012年，国家海洋局印发《关于建立渤海海洋生态红线制度的若干意见》，为更好地贯彻党的十八大和十八届三中全会精神，依据《渤海海洋生态红线划定技术指南》，在渤海严格执行海洋生态红线制度，在重要生态功能区、生态敏感区、生态脆弱区、海洋环境容量和海洋资源超载区等区域划定亟须严格保护的海洋生态红线区。

坚持"陆海统筹、多措并举、科学实施、分区分策、严格监管"的原则，按照"严标准、限开发、护生态、抓修复、减排放、控总量、提能力、强监管"的总体思路，严格实施红线区开发活动分区分类管理，对红线区分别制定不同区域的环境目标、政策和环境标准，有效推进红线区生态保护与整治修复，严格监管红线区污染排放，大力推进红线区监视监测和监督执法能力建设，细化海洋生态红线规范和监管措施，以确保渤海生态安全。

（5）开展生态赔偿和生态补偿

建立海洋生态损害赔偿和补偿制度，运用经济杠杆调节环境利益相关者的利益格局，是海洋环境保护制度最主要的政策手段之一，不仅有利于使生态保护经济外部性内部化，也能够加快区域海洋生态文明制度、资源有偿使用制度等建设，对于加强区域海洋环境保护，恢复海洋生态，促进海洋经济可持续发展，提高区域海洋生态损害评估工作的规范化程度意义重大。

按照"谁受益谁补偿，谁损坏谁修复"的原则，在渤海建立健全海洋生态损害赔偿和损失补偿配套办法和相关技术标准，完善海洋生态损害赔偿和损失补偿机制，可以有效促进海洋行政管理部门更好地履行海洋环境保护管理职责，加大对海洋环境污染事件、破坏海洋生态的违法行为的责任追究力度，推动海洋生态资源有偿使用、海洋生态索赔、海洋生态修复等工作的开展，维护生态平衡，促进生态系统健康可持续发展，做到开发和保护并重，污染防治和生态修复并举。

4.4.7 建设生态文明

党的十八大提出，要"把生态文明建设放在突出地位，融入经济建设、政治建设、文化建设、社会建设各方面和全过程"。开展生态文明建设是对科学发展观和党中央战略部署的贯彻落实，因此要推进沿海地区海洋生态文明建设，深入开展海洋生态文明宣传教育活动，普及海洋生态环境科普知识，建设海洋生态环境科普教育基地，传播海洋生态文明理念，培育海洋生态文明意识。发挥新闻媒介的舆论宣传作用，提高公众投身海洋生态文明建设的自觉性和积极性。

（1）开展海洋生态文明宣传教育

通过广播、电视、报刊等媒体，广泛宣传保护渤海近海资源实现可持续性利用的重要性和必要性，广泛宣传海洋生态环境保护知识、海洋环境保护的法律法规和相关政策以及违章排污的危害性，使社会各界充分认识到保护海洋环境的重要性和紧迫性，充分调动广大人民群众和非政府组织的积极性，鼓励企业、社团和市民积极参与海洋环境保护活动，发挥人民群众的监督作用，争取社会各界对海洋环境保护工作的关心和支持，创造良好的社会氛围。

各级政府应将海洋生态文明的相关知识纳入宣传计划，充分利用各种媒体，开展多层次、多形式的舆论宣传和科普教育。在各级党校、行政学院教育中，设置与循环经济、海洋环境保护和海洋生态文明建设有关的课程，提高各级领导干部和企业管理人员的环境保护意识和综合发展的决策能力。运用科学发展观的新思想、新观点、新知识，从整体上转变人们的生产方式、消费方式、思维方式、传统观念和行为习惯。

（2）提高公众参与意识

保护海洋生态环境是一项全民的事业，渤海的生态环境问题需要社会各界人士共同参与，提高社会公众参与意识是搞好海洋环境保护工作非常重要的一环，社会公众自觉地参与、协助会大大提高环保工作的效率。日本政府和社会各阶层通过各种方法进行宣传保护濑户内海的重要性和必要性，为濑户内海的整治工作打下了良好的群众基础，是濑户内海能够整治成功的一条重要原因。这些好的做法，可以作为宣传素材，对人民群众宣传，以提高人们对渤海治理的关注度和维护渤海环境的自觉性。

建立公众参与机制，鼓励社会各界参与海洋生态文明建设，加强政府与NGO组织的合作，充分发挥NGO组织的积极作用。NGO组织借助公众参与吸纳社会闲散力量使其组织化体系化，宣扬环保理念，开展有目的的生态文明建设活动，可以使公众个体的力量得到更高层次和更深程度的发挥，产生更广泛的影响，公众的支持和参与是推动NGO组织建立和发展的最重要力量，并能强化环保组织在生态文明建设中的重要参与地位。通过NGO组织开辟公众参与海洋生态文明建设的有效渠道，有利于增强全社会可持续发展意识，激发民众参与保护海洋资源、保护海洋环境的热情，形成广泛的群众基础，进而带动和吸引更多的人力和社会资源进入到渤海生态环境治理和管理的进程中，营造全社会共同参与海洋生态文明建设的良好氛围，牢固树立海洋生态文明理念。

4.5 发挥海洋科技创新作用

渤海区域发展的功能定位是我国北方对外开放的重要门户、全国科技创新与技术研发基地，以及全国现代服务业、先进制造业、高新技术产业和战略性新兴产业基地，其发展已进入依靠科技进步推动结构升级的重要历史阶段。构建海洋科技创新体系、增强自主创新能力成为渤海海洋事业发展必不可少的重要举措。国务院《全国海洋经济发展规划纲要》中明确提出继续实施科技兴海计划，大力发展海洋科技，建设海洋强国的战略目标；党的十八大报告中再次强调要提高海洋资源开发能力，坚决维护国家海洋权益，建设海洋强国。海洋强国战略意义深远，发展海洋事业刻不容缓。

现代海洋科技创新发展已成为世界各国开发利用海洋资源、发展海洋经济的重要手段。要想成为创新型海洋发展地区，就必须把握海洋科技的未来发展趋势，选择适合本区域实际情况的科技发展路径，确定研发重点，使有限的海洋资源得到优化配置和利用，实现跨越式发展。环渤海地区各省市应明确海洋科技创新发展规划，将海洋科技创新发展纳入地方科技发展计划中，并加强与科技攻关、科技兴海、海洋基础性研究等国家计划的有机结合，充分发挥海洋科技创新促进海洋事业发展的重要作用。

4.5.1 加强海洋科学研究

（1）大力加强海洋基础科学研究，提高科研成果的转化率

促进海洋科技创新发展，应大力加强海洋基础科学研究，提高科研成果的转化率。为此需动员全社会力量，特别是海洋开发企业的力量，建立健全海洋科技推广网络，大力推广科研成果，推进航运物流、重大旅游项目建设，合理控制渤海油气资源的开发规模和布局石化产业集群，积极发展生态型增殖养殖业，稳定盐业生产，推进海水淡化及综合利用和海洋化工循环经济产业链建设，以开展海水淡化工程示范和争取财政支持为重点，推动自主技术及装备的示范应用。应发挥海洋科技优势，进一步推动海洋经济创新发展区域示范工作，以攻克海洋生物等战略性海洋新兴产业发展难题为核心，重点促进产业链、创新链联动发展，形成特色产业聚集发展态势，进一步培育和壮大海洋生物、海工装备制造等战略性海洋新兴产业。同时，应加强入海河流小流域综合整治和渤海湾海域污染防治，强化陆源污染控制。

海洋科学研究是海洋科技水平提高的保障，而海洋科技水平的不断提高是海洋经济持续、健康、快速发展的基础。大力促进海洋科技进步及其成果的转化和应用，是促进海洋产业结构优化，发展海洋事业的必经之路。我国海洋科技创新是指通过国家、企业、科研机构的学习与研发活动，逐步推进产-学-研一体化建设，探索海洋科学技术的国际前沿领域，突破技术难关，研究开发具有自主知识产权的技术，逐步形成以企业为主体的海洋应用技术创新体系，提高海洋产业竞争力，加快海洋科技成果的转化和产业化，达到预期目标的创新活动。

（2）切实重视产-学-研结合，加快推进科技创新平台建设

发达国家实施高技术创新的实践证明，产-学-研结合是以企业为主体的技术创新得以实现的基本途径。因此，环渤海地区要建立以海洋科技创新推动发展的海洋高技术产业，必须切实重视产-学-研结合在海洋科技创新中的重要作用，通过制定和完善产-学-研合作相关配套政策、法规及建立面向市场需求的产-学-研紧密结合的运行机制，建设以海洋企业为主体、以涉海高校和科研院所科技力量为依托、以现代企业制度为规范的三位一体的新型产学研结合模式，积极推动海洋企业、科研机构及高等院校联合建设双方或多方结合的海洋产业技术新战略联盟，促进产-学-研各方在战略层面建立持续稳定、有法律保障的合作关系。

加快推进科学技术创新平台的建设，是为产-学-研合作开展技术攻关提供良好的基础条件。围绕打造以国家级重点实验室、工程技术研究中心和企业技术中心为核心，辅之以省市级重点实验室、工程技术研究中心和企业技术中心及特色型技术中心的层次分明、结构完善、布局合理的海洋技术创新平台体系，鼓励和支持有条件的海洋企业建设高水平的实验室、工程技术研究中心，就重大关键性、基础性和共性技术问题进行系统化、配套化和工程化研究，增强企业或行业共性、关键技术开发能力，加快先进实用技术和产品的推广应用；支持海洋科技型中、小企业采取合作方式建设特色型技术中心，为企业自身发展提供产品开发、工艺创新等技术保障，培育支撑未来海洋产业和技术发展的后备力量。

加强企业与高校合作创办研究中心，大力开展技术开发，建立科学园区，设立促进高校与工业间的技术转移和产品商品化的科学研究和发展研究机构，着手培育一批科技含量较高、生产规模较大、管理水平较高、有较强的自主研发能力的海洋技术开发型领头企业，作为海洋科技创新的主体。鼓励科研机构与高等院校紧密结合企业需求开展研发活动，以重点实验室、博士后流动站和海洋技术研究开发机构等产-学-研基地为链接点，有效链接涉海科研机构、高等院校和企业，联合建设产学研合作的海洋高技术创新战略联盟。推动临海产业集群技术创新，以产业集群中具有较强创新能力的企业和行业研发机构为核心，合理配置研发资源，加大对集群内基础性科研、关键性技术与共性技术的研发力度，使产业集群成为自主创新的重要载体，促进产业集群技术共享、扩散和更高水平创新，推动产业集群与技术创新互动发展。

4.5.2 实施"人才强海"战略

我国正处于全面推进国家海洋战略、建设海洋强国的关键时期，海洋人才是发展海洋事业的第一资源，也是实施海洋强国战略的根本保障。要实现海洋事业的跨越式发展，关键靠人才，实施"人才强海"战略迫在眉睫。海洋人才可以大致划分为：海洋管理人才、海洋研究人才、海洋技术人才、海洋技能人才、海洋教育人才、海洋体力劳动人才等，涉及海洋经济、管理、科研、服务与教育等几大领域。海洋人才的竞争在全球范围内日益激烈，谁拥有一流的海洋人才队伍谁就能在世界海洋竞争中处于领先地位。综观发达海洋强国的经验，可以看出各国均将海洋人才的培养和教育作为国家实施海洋开发战略的重中之重。

面对世界海洋强国的竞争，海洋人才的培养应被提上重要日程。加强海洋人才的培养对建设海洋强国、促进海洋经济发展、提高海洋科技水平、推进海洋教育事业发展具有重要意义。但是，目前我国海洋人才的培养现状还存在国家重视程度不够，培养主体不成体系，培养机制不健全，保障措施不完善等问题，面对我国海洋人才培养的问题，我国政府需要进一步加强海洋人才的培养，紧密联系海洋人才现状、切实结合海洋事业未来发展需要，提高现有海洋人才的素质和能力，挖掘开发潜在海洋人才、培育教育海洋专业技术人才，打造一支技术能力强、教育程度高、专业全面、涉海就业平衡、各地均衡发展的高水平、高质量的复合型海洋综合人才队伍。

（1）强化海洋科技创新人才队伍建设

建设海洋科技创新平台的关键是人才，应紧紧围绕建设海洋经济强区和海洋科技创新发展的客观需要，大力推进海洋人才战略：强化海洋科技创新人才队伍的建设，明确海洋人才培养的指导思想，制定海洋人才培养的战略性目标和法规政策；实施海洋学者计划、海洋科技人才工程和优秀海洋科技创新团队建设计划；结合国家重大海洋专项，依托重点学科和科研基地，加强海洋科技创新与人才培养的有机结合，鼓励科研院所与高校联合培养，采取重点扶持与跟踪培养、人才引进与流动以及团队吸纳与项目合作等多种形式，有目的地重点培养和引进高层次海洋科技人才，形成汇聚高级人才的长效机制；充分利用国际国内海洋人才资源，培养和引进一批高层次的海洋科技领军人物，努力打造海洋优秀创新群体和创新团队；重视海洋社会科学和战略研究人才培养，注重发现和培养一批海洋战略科学家和海洋科技管理专家；建设高素质、创新能力强和团结协作的科技创新队伍，推动海洋科技创新平台的快速发展；制定配套的法规政策，切实保障海洋人才的自身权益，使其能够毫无顾虑地投身海洋事业发展中去。

（2）完善海洋科技创新人才培养交流机制

统一完善人才规划机制，首先要做好人才预测，进行深入细致的专业调查工作，在调查研究的基础上，了解国家、地方建设需要的海洋人才。从战略角度规划人才建设，进一步研究海洋人才的开发、培养、成长和管理规律，建设一支具备专业知识和素质能力、学习和创新能力的复合型人才队伍。制定战略性和宏观性的全面规划，引领海洋人才队伍建设协调全面发展。

人才引进与培养方面，要积极培育创新团队和领军人才，制定一系列政策措施，积极打造创业创新领军人才队伍，采取多种手段培养海洋科学研究和开发管理所需要的人才。配合组织部门做好海洋领军人才项目的管理工作，不断优化人才引进、培养的环境和机制，为海洋事业发展提供有力的人才支持。

完善人才培养交流机制，包括对本地人才的开发和海外人才的引进，制定吸引人才的优惠政策，举办海洋人才招聘会和引荐会，并采取其他积极措施，加大引进工作力度，有重点有目的地吸引国际人才参与我国某些海洋项目的建设和合作，落实人才培训和继续教育机制，建立科学的人才培训体系，包括确定培训需求、设定培训目标、确定培训内容、挑选参训人员、制定培训时间表、选择合适的培训师、评估培训效果等。具体还可以采用进修班、研讨班等方式，通过对各类海洋人才的培训，使整个人才队伍定期接受培训和继续教育，不断提高海洋人才的能力和素质。完善人才使用和管理机制，需引入竞争机制，改革用人制度，为海洋人才的培养提供公平的竞争机会。对科研水平高、技术能力强的海洋人才可破格提升，重点提拔挖掘科研骨干和学科带头人，充分调动青年人才的积极性。采用物质奖励和精神激励相结合的手段，增强海洋人才对海洋事业的热爱。

（3）加强海洋科技创新人才储备

对海洋人才的管理体制进行创新，建立全国海洋人才资料库，分设不同的专业和科技人才，对海洋人才的管理做到统一分类。加强海洋科技创新人才的储备工作，首先要营造重视海洋人才培养的社会氛围，为海洋人才培养提供充足的资金保障。其次，要促进海洋文化的繁荣，提高民族海洋意识，加大海洋文化、海洋意识、海洋历史等的宣传和教育，在全社会中形成浓厚的海洋文化氛围，为海洋人才的培养奠定文化基础。最后，要健全完善海洋教育体系，创造良好的科研环境，鼓励地方建立当地的海洋学校，鼓励沿海地方院校和国家重点院校增加开设海洋类的各科专业，为培养复合型人才奠定专业基础；加大建设国家海洋科学实验室和海洋研究基础设施，确立重大海洋科技研究项目，加大资金投入力度和设立专项资金，创设良好的科研创业环境，加强图书馆和网络等基础设施建设，提供科研资料和科研指导人员等，为海洋人才提供优越的科研环境。

（4）大力促进国际海洋科技创新人才交流

实施海洋科技创新战略，人才是关键，要积极加强与国外海洋科技力量的联合协作，引进、聘用海洋科技专家，投入渤海海洋资源、海洋环境、海洋产业等的研究与开发工作。根据地区海洋经济发展的需要，做好人才引进规划。根据人才的紧缺程度，制定相应的优惠政策，从国内外引进各类海洋人才。加强人才交流与国际合作机制，打破海洋人才体系中各个部门、各个单位所固有人才的局面，促进海洋人才在整个人才市场中合理流动，合理配置人才资源。通过不同政府单位之间、政府与企业之间、学校与科研院所之间等进行岗位轮换、挂职锻炼等形式进行交流，形成开放的人才体系。加强国际交流与合作，利用国际教育资源，开展与国外先进海洋院校联合培养人才，进行联合科研，学习运用世界先进的海洋技术。改革人才管理模式，建立"开放、流动、竞争、协作"的用人机制，促进区域间和产业间人才交流。

采取优惠政策引进国内外高层次海洋人才，抓好海洋科技队伍建设，充分发挥海洋科技人员的作用，积极开展国际间和与港澳台地区的海洋科技合作，博采众长，为我所用。依托重点项目、高新技术产业园区、大学科技园、留学人员创业园，积极吸引拥有技术或项目的各类人员及海外留学人员创业，集聚海内外高端人才。同时，深化用人制度改革，为引进人才创造良好的工作和生活环境，出台激励机制，做到人尽其才，才尽其用。通过海洋产业发展的引资项目，多渠道引进国外智力资源，建立海外留学人员资料库和国际海洋人才信息库，到海外招聘，引进能带动海洋产业迅速发展的高层次国际人才。

4.5.3 加大海洋科技创新投入

（1）建立多元化的海洋科技创新投入体系

需采取有效措施，建立以政府为引导，社会、企业、民间及外资等参与的多元化、多渠道的海洋科技创新投入体系。

政府发挥引导作用，一方面要进一步加大对海洋科技创新的投入力度，建立健全财政性海洋科技投入稳定增长的机制；建立对公益类科研院所的稳定支持机制，重视和发挥其在海洋科技创新中的中坚作用；着力加大对基地和队伍的稳定支持，并根据国家重大项目需求填补交叉学科和前沿学科领域的研究空白，建设一批高水平的国家海洋研究基地；安排海洋科技创新专项经费，用于海洋科技创新载体和平台建设以及对经济社会带动面广的重大海洋科技攻关项目。另一方面，政府需把海洋科技创新战略实施计划列入国家经济发展等有关计划给予支持。重点支持渤海区域的海洋资源开发和海洋环境保护的高新技术研究和海洋产业发展的关键技术攻关，以及重大海洋科学研究项目和有关基础设施建设。

在强调政府增加投资的同时，积极推进民间资本、工商资本和外资资本对海洋科技的投入，引进风险投资、课题招标等市场运行机制，形成多元化的投资格局。要激励引导海洋企业加大自主创新投入，海洋企业是海洋技术创新的主体，也是高科技成果的承接者、应用者和受益者，在国家和地方政府财政投入引导下，要不断提高海洋企业技术创新投入的比重，大力塑造海洋技术创新企业投入的主导地位，引导各类商业金融机构支持海洋企业自主创新与高新技术的产业化。与此同时，相关机构则需要改善对海洋中小企业科技创新的金融服务，如完善信用制度，建立商业银行与科技型海洋中、小企业稳定的双方关系，对创新活力强的予以重点支持。要加快推动融资市场建设，逐步建立以民间资本为主体的风险投资机制。积极扶持竞争力强、成长性好、发展潜力大的海洋高科技企业上市融资，推进中、小企业制度创新，简化程序加快具备条件的海洋中、小型科技企业上市进程。大力吸引国际风险投资，鼓励国外投资机构等各类投资主体建立科技创新风险投资分机构，参与中国海洋科技创新。

（2）建立海洋科技创新风险投资基金

针对海洋科技创新高风险、高投入、高回报的特点，应建立政府海洋科技创新风险投资基金，以分散海洋科技创新风险，形成海洋科技创新风险共担、成果共享的投入支持机制，实行"谁投资、谁受益"的原则，鼓励企事业单位和个人，特别是大企业、大集团参与海洋科技创新投资，与科研部门、高等院校联合建立海洋共性技术研发平台和海洋工程实验室。

4.6 促进海洋经济持续健康发展

渤海地区海洋经济发展已取得了可喜的成绩，面对发展海洋经济的新机遇，渤海地区海洋经济发展前景广阔，潜力巨大，但海洋经济发展中存在的产业结构、布局、发展方式等方面的薄弱环节还亟待解决，建议从以下几方面着手。

4.6.1 优化海水养殖业发展

渤海地区海洋渔业占全国海洋渔业产值一半以上，其中山东一直保持全国海洋渔业产值第一的位置，然而长期的无序过度的捕捞加上渤海生态环境恶化，造成渤海渔业资源严重退化，已无鱼可捕。而随着海洋生物科学和养殖技术的日益进步，海水养殖发展的规模和效益还有巨大的潜力。从投入产出的角度看，海水养殖有较大的利润空间，海水养殖的亩效益是粮田的 10 倍，被称为"一亩海水十亩田"。根据 2010 年的统计数据，亩海水养殖为广大人民群众提供的蛋白质和必需氨基酸分别相当于亩产粮食所含蛋白质、必需氨基酸的 1.6 倍和 2.0 倍，海水养殖在我国食品供应中的地位更为显著。

因此，为满足人民对海产品需求的日益增加，渤海地区应优化发展海水养殖业，一是要大力发展海水养殖技术，提高海水养殖品种质量，逐步扩大海水养殖面积和规模；二是要大力推广生态健康养殖模式，科学规划近海养殖容量，积极拓展深水网箱等海洋离岸养殖，支持发展工厂化循环水养殖；三是优选和培育适合深水养殖的海洋动物种类，建立从人工规模化繁育到规模化养成的技术系统，研发适合深水养殖的配套装备设施，开发适宜岛礁的海底养殖模式。

4.6.2 大力发展海水利用业

环渤海地区淡水资源匮乏，大多数城市均为缺水城市，甚至严重缺水，作为解决缺水问题有效途径之一的海水淡化，在环渤海地区快速发展。河北曹妃甸北控阿科凌 $50\,000\times10^4$ t/d 反渗透海水淡化工程、天津北疆电厂 10×10^4 t/d 低温多效蒸馏海水淡化工程、天津大港新泉 10×10^4 t/d 反渗透海水淡化工程等工程项目相继建成投产。然而由于技术成本以及体制机制等问题的限制，海水淡化水并未真正成为环渤海地区工业生产和居民生活用水的主要来源，一些从事海水淡化的企业处于入不敷出的境地。

为此，应从当前发展趋势和未来需求出发，理清海水淡化产业的公益性特征和市场特征的双重性质，制定完善鼓励海水利用业发展的政策措施和体制机制。一是对输送海水淡化水的管网建设需提前布局，将海水淡化管网建设纳入沿海城镇规划，政府进行规划时需做好管网预留工作，落实"管网先行"的原则，并将海水淡化水列入沿海缺水城市统一水资源配置中来。二是加大财政、税收、投融资政策支持，在财政方面，环渤海地区各省市政府设立专项资金支持海水利用业项目建设，在现有电价补贴基础上，进一步加大对海水淡化厂电价的优惠力度；税收优惠政策方面，鼓励海水利用技术、装备的出口，在出口关税、出口环节增值税方面给予更多优惠政策；投融资政策方面，进一步加强银行贷款、私募或创投/风险基金对海水利用业，特别是成长型企业的资金支持，探索开展海水利用企业对其相关海域使用权的抵押贷款融资模式。三是围绕制约海水淡化成本降低的关键问题，发展膜与膜材料、关键装备等核心技术，研发具有自主知识产权的海水淡化新技术、新工艺、新装备和新产品，提高关键材料和关键设备的国产化率。

4.6.3 加速沿海港口资源整合

改革开放以来，我国沿海港口基础设施建设实现了跨越式发展，环渤海地区已形成了辽宁沿海、津冀沿海和山东沿海三大港口群。然而环渤海地区港口资源比较集中，又各自独立，存在无序竞争等问题。仅渤海湾西岸 640 km 的海岸线上，就依次分布着秦皇岛、唐山、天津、黄骅四大港口。

环渤海地区应高度重视港口投资过热的风险，依据腹地经济发展需求和港口自身条件，借助京津冀协同发展战略的实施，统筹部署各港口的建设规模，确定各港口的发展方向和功能定位，引导形成差异化竞争格局。加强港航间、港港间的资源整合优化和产业融合发展，促进港口突围转型，增强整体竞争力。开展多式联运，促进沿海地区与内陆货源腹地的开拓。其中，天津港应该把重心放在高端业务上，继续以集装箱、外贸为主，将煤炭、矿石、油品等业务向河北几个港口转移，发挥综合型强的优势，建设具有较强竞争力的国际贸易大港。

4.6.4 合理布局临海产业

近年来，重化工业沿着中国漫长的海岸线遍地开花，从环渤海地区三省一市的发展规划中我们发现，钢铁、石化等重化工业在每个地区都有布局。而且，大部分新建的重工业项目都选址在围海造地形成的土地上，这极大地增加了近海生态环境污染和环境灾害风险。

为规避重化工业普遍滨海布局所带来的环境风险，最关键的是要调整布局，启动重化工业产业规划环评。严格进行重化工业产业规划环评，对重化工业的整体布局进行反思，充分考虑环渤海地区资源环境承载力因素，特别是结合海洋主体功能区规划，依据沿海布局重化工业的地理优势，对重化工业实行集中布局和集中污染治理，改变以往"布局分散，遍地开花"的局面。同时要加快建立临海产业环境准入和绩效考核体系。新建项目必须符合相关产业发展规划，严格钢铁、化工、水泥、纸浆、传统煤化工、多晶硅等新改扩建项目的环境保护准入门槛。

4.6.5 支持发展循环经济和低碳经济

当前，渤海的资源环境承载能力已接近极限，生态环境不堪重负，这与长期传统的经济发展方式有着直接关系，为逐渐弱化经济发展对环境的需求与环境供给之间的矛盾，建议发展循环经济和低碳经济。重点围绕海水养殖业、海水利用业、海洋盐业和海洋化工业等开展循环型生产，构筑沿海地区循环产业体系。通过财政补贴、税收减免、海域使用金返还等优惠措施，鼓励涉海企业加大海洋资源循环利用技术研发和市场推广方面的投入，支持传统高耗能高污染企业通过技术改造创新，淘汰落后生产工艺装置，加大节能环保设备的投入，在石化、钢铁等重化工业发展循环经济产业链，积极应用海水循环冷却、海水淡化和中水回用等技术。积极开发利用潮汐能、波浪能、海上风能等清洁能源，支持发展碳汇渔业、绿色船舶和绿色交通等低碳经济模式。

参考文献

卜志国，郑琳，崔文林，等．渤海海洋环境污染现状与管理对策研究 ［J］．海洋开发与管理，2009，26
（8）：34-36.

曹宇峰，孙霞，于灏，等．浅谈渤海海洋环境污染治理与保护对策 ［J］．海洋开发与管理，2014，（1）：
104-108.

程淑兰，马艳．能值理论及其在环境管理中的应用 ［J］．地域研究与开发，2005，24（1）：96-99.

狄乾斌，韩增林，孙迎．海洋经济可持续发展能力评价及其在辽宁省的应用 ［J］．资源科学，2009，31
（2）：288-294.

董彬．渤海污染的现状与对策分析 ［J］．生态科学，2012，31（5）：596-600.

董萍，李争时．一种新型的经济——环境污染投入产出关联模型 ［J］．财经问题研究，2001，（4）：
21-23.

董夏，韩增林．中国区域海洋经济差异演化研究 ［J］．资源开发与市场，2013，（5）：482-485.

杜碧兰．日本濑户内海环境立法与管理及其对我国渤海整治的借鉴作用 ［J］．海洋发展战略研究动态，
2003，8：2.

范常忠，张淑娟．佛山市生活垃圾的灰色预测与构成特征研究 ［J］．环境科学研究，1997，10（4）：
61-64.

方平，王玉梅，孙昭宁，等．我国海洋资源现状与管理对策 ［J］．海洋开发与管理，2010，27（3）．

房恩军，马维林，李军，等．渤海湾天津近岸游泳动物初步调查报告 ［J］．河北渔业，2006，（9）：
46-47.

高天航，郑思远，秦爽，等．影响渤海环境的海上污染状况分析 ［J］．现代经济信息，2011，（24）：
281-282.

郭平，王京刚，周炳炎．我国工业危险废物产生量的预测研究 ［J］．环境科学与技术，2006，29（2）：
56-58.

国家海洋局．2013 年中国海洋环境状况公报．

国家海洋局．全国海洋功能区划（2011—2020 年）．

国家海洋局北海分局．2013 年北海区海洋环境公报．

国家海洋局国际合作司赴日本濑户内海考察团．赴日本濑户内海考察报告 ［R］．2003.

何广顺，王晓惠，朱凌．沿海区域经济和产业布局研究 ［M］．北京：海洋出版社，2010.

环渤海经济的前世今生．http：//www.sina.net 2008 年 11 月 26 日 16：47，城市中国．

黄良民．中国海洋资源与可持续发展 ［M］．北京：科学出版社，2007.

纪建悦，林则夫．环渤海海洋经济发展的支柱产业选择研究 ［M］．北京：经济科学出版社，2007.

蒋铁民．中国海洋区域经济研究 ［M］．北京：海洋出版社，1990.

李海清．特别法与渤海环境管理 ［D］．青岛：中国海洋大学，2006.

李靖宇，刘海楠．轮环渤海经济圈整体开发的区域一体化战略 ［J］．港口经济，2009，（1）．

李珠江，朱坚真．21世纪中国海洋经济发展战略［M］．北京：经济科学出版社，2007.

蔺雪芹，方创琳．城市群地区产业集聚的生态环境效应研究进展［J］．地理科学进展，2008，27（3）：110-118.

刘明．区域海洋经济可持续发展能力评价指标体系的构建［J］．经济与管理，2008，22（3）：32-34.

刘鹏飞．我国海洋区域管理的现状及完善对策研究［D］．青岛：中国海洋大学，2010.

刘思峰，谢乃明，等．灰色系统理论及其应用（第4版）［M］．北京：科学出版社，2008.

刘小丽，任景明．解决渤海环境问题的对策研究［J］．北方环境，2013，25（8）：128-131.

刘学海，袁业立．渤海近岸水域近年生态退化状况分析［J］．海洋环境科学，2008，27（5）：531-536.

吕洁，周鹏，任建兰．山东省可持续发展能力评估［J］．山东师范大学学报（自然科学版），2005，20（3）：56-58.

马金书，李海江．促进云南生态文明建设的产业结构调整——基于各产业与经济增长、资源及环境的灰色关联分析［J］．中共云南省委党校学报，2008，9（2）：89-92.

马志荣，张莉．海洋区域经济和谐发展的对策探讨［J］．经济问题探索，2006，（3）.

屈强．实施渤海综合整治的几个问题探讨［D］．青岛：中国海洋大学，2004.

邵桂兰，韩菲，李晨．基于主成分分析的海洋经济可持续发展能力测算：以山东省2000—2008年数据为例［J］．中国海洋大学学报（社会科学版），2011.

宋世涛，魏一鸣，范英．中国可持续发展问题的系统动力学研究进展［J］．中国人口·资源与环境，2004，14（2）：42-48.

苏文明，徐水太．能值理论与分析方法的研究应用综述［J］．生态经济（学术版），2008，（2）：30-34.

苏勇．对接融入环渤海经济圈 加快促进老工业城市实现新的转型发展［J］．环渤海经济瞭望，2013，（12）.

孙晓华，原毅军．产业集聚效应的系统动力学模型研究［J］．经济与管理，2007，21（5）：10-13.

王甕．区域工业结构与污染效应分析——以成都市大邑县为例［D］．成都：四川大学，2003.

王淼，胡本强，辛万光，等．我国海洋环境污染的现状、成因与治理［J］．中国海洋大学学报（社会科学版），2006，（5）：1-6.

王淼，刘晓洁．海洋生态资源的价值初探［J］．工业技术经济，2004，（6）：68-70.

王诗成．山东海洋经济发展战略研究［EB/OL］．［20110109］.http：//hycfw.com.

王书明，周艳，李延．渤海污染及其治理研究回顾［J］．中国海洋大学学报（社会科学版），2009，（4）：27-31.

王双．我国主要海洋经济区的海洋经济竞争力比较研究［J］．华东经济管理，2013，（3）：70-75.

王伟伟，李方，蔡悦荫，等．辽宁省海岸带可持续发展能力评价［J］．海洋开发与管理，2010，27（7）：103-107.

徐璐．西安市产业结构的环境影响研究［D］．西安：西北大学，2007.

徐同道．区域海洋经济可持续发展评价研究［D］．南京：南京农业大学，2008：92-95.

徐志良，方堃，潘虹，等．中国"新东部"——海陆区划统筹构想［M］．北京：海洋出版社，2008.

徐质斌．中国海洋经济发展战略研究［M］．广州：广东经济出版社，2007.

杨强．论明清环渤海区域的海洋发展［J］．中国社会经济史研究，2004，（1）：9-16.

于法稳，刘永涛．重庆市工业结构与环境、资源灰色关联分析［J］．重庆师范学院学报（自然科学版），1995，15（1）：19-23.

于永海，苗丰民，张永华，等．区域海洋产业合理布局的问题及对策［J］．国土自然资源研究，2004，

（1）.

张协奎，安晓明．北海市城市可持续发展能力分析［J］．中国人口·资源与环境，2011，21（6）：37-41.

郑贵斌，高霜，李磊．海洋经济发展的战略体系与战略集成创新［J］．生态经济，2009，（10）：120-122.

周韧．环渤海经济圈产业结构现状分析［J］．经济视角，2011，（3）.

周艳．渤海环境治理的政策建构［D］．青岛：中国海洋大学，2010.

Brown M T, Ulgiati S. Emergy Evaluations and Environmental Loading of Electricity Production Systems［J］. Journal of Cleaner Production, 2002, 10（4）：321-334.

Donald A Hay, Derek J Morris, et al. Industrial Economics and Organization：Theory and Evidence［M］. Oxford University Press, 1991, 209-210.

J Westwood, H Young. The Importance of Marine Industry Markets to National Economies［R］. Ocean's 97. MTS/IEEE Conference Proceedings.